2. Auflage
aktualisiert

Das Buch zu Google Ads

Strategien für kleine und mittlere Unternehmen

Ingemar Reimer

Ingemar Reimer

Lektorat: Ariane Hesse
Korrektorat: Sibylle Feldmann, www.richtiger-text.de
Satz: Ulrich Borstelmann, www.borstelmann.de
Herstellung: Stefanie Weidner
Umschlaggestaltung: Michael Oréal, www.oreal.de
Druck und Bindung: mediaprint solutions GmbH, 33100 Paderborn

Bibliografische Information der Deutschen Nationalbibliothek
Die Deutsche Nationalbibliothek verzeichnet diese Publikation in der Deutschen Nationalbibliografie; detaillierte bibliografische Daten sind im Internet über http://dnb.d-nb.de abrufbar.

ISBN:
Print 978-3-96009-104-2
PDF 978-3-96010-294-6
ePub 978-3-96010-295-3
mobi 978-3-96010-296-0

Dieses Buch erscheint in Kooperation mit O'Reilly Media, Inc. unter dem Imprint »O'REILLY«. O'REILLY ist ein Markenzeichen und eine eingetragene Marke von O'Reilly Media, Inc. und wird mit Einwilligung des Eigentümers verwendet.

2., aktualisierte Auflage 2019

Wieblinger Weg 17, 69123 Heidelberg

5 4 3 2 1 0

Inhaltsverzeichnis

Kapitel 1 | Einleitung

Wenn Sie etwas mit Google gesucht haben, sind Ihnen mit Sicherheit schon die Anzeigen über den Suchergebnissen und darunter aufgefallen. Diese **Anzeigen** werden von Unternehmen mithilfe von **Google Ads** geschaltet.

Ihnen wird ebenfalls aufgefallen sein, dass diese Anzeigen in der Regel **zu Ihrer Suchanfrage passen**. Sie suchen z. B. nach einem Urlaub auf Sardinien. Sobald Sie Ihre Suchanfrage abgeschickt haben, erhalten Sie die entsprechenden Suchergebnisse sowie Anzeigen zu verwandten Themen.

Der Einsatz von Google Ads für das **eigene Onlinemarketing** ist für jede Person und für jedes Unternehmen, unabhängig von der Unternehmensgröße, möglich und bietet Ihnen eine Reihe von Vorteilen.

Was Google Ads kostet, ist dabei eine häufig gestellte Frage. Die Antwort ist sehr einfach – Sie selbst bestimmen, wie viel Sie für Ihre Werbung bezahlen wollen. Durch Festlegen eines **Tagesbudgets** haben Sie immer die volle Kontrolle über Ihre Werbeausgaben und bestimmen, wie viel Sie pro Monat ausgeben. Sie zahlen nur, wenn der Nutzer auf Ihre Anzeige klickt. Beim Einblenden Ihrer Anzeige entstehen noch keine Kosten.

Wenn Sie ein lokales Geschäft betreiben oder ein Unternehmen leiten, das nur einen bestimmten Einzugsbereich hat, können Sie auch dies bei Google Ads berücksichtigen. Sie schalten Ihre Werbung nicht im gesamten Internet, sondern nur für Nutzer, für die Ihr Angebot infrage kommt.

Haben Sie schon einmal eine Printanzeige geschaltet und sich hinterher gefragt, ob diese erfolgreich war und wie viele Menschen sie wahrgenommen haben? Diese Frage ist nur sehr schwer zu beantworten. Beim Einsatz von Google Ads können Sie jedoch **genau verfolgen**, wie oft Ihre Anzeige in den Suchergebnissen gezeigt und wie häufig eine Ihrer Anzeigen **angeklickt** wurde.

Dieses Buch führt Sie **Schritt für Schritt** durch Google Ads, damit Sie in Zukunft Onlinewerbung schalten können, die Erfolg verspricht.

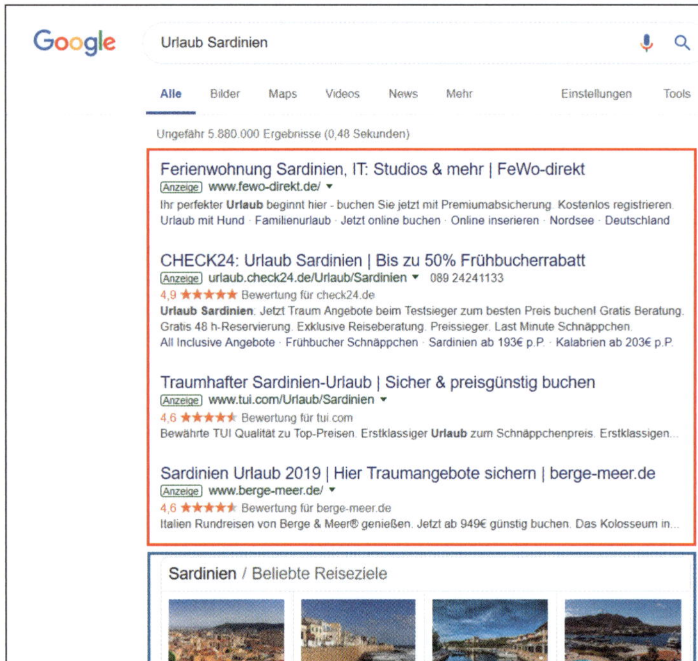
Google
Urlaub Sardinien
Alle
Bilder
Maps
Videos
News
Mehr
Einstellungen
Tools
Ungefähr 5.880.000 Ergebnisse (0,48 Sekunden)
Ferienwohnung Sardinien, IT: Studios & mehr | FeWo-direkt
Anzeige www.fewo-direkt.de/
Ihr perfekter Urlaub beginnt hier - buchen Sie jetzt mit Premiumabsicherung. Kostenlos registrieren.
Urlaub mit Hund · Familienurlaub · Jetzt online buchen · Online inserieren · Nordsee · Deutschland
CHECK24: Urlaub Sardinien | Bis zu 50% Frühbucherrabatt
Anzeige urlaub.check24.de/Urlaub/Sardinien 089 24241133
4,9 ★★★★★ Bewertung für check24.de
Urlaub Sardinien: Jetzt Traum Angebote beim Testsieger zum besten Preis buchen! Gratis Beratung.
Gratis 48 h-Reservierung. Exklusive Reiseberatung. Preissieger. Last Minute Schnäppchen.
All Inclusive Angebote · Frühbucher Schnäppchen · Sardinien ab 193€ p.P. · Kalabrien ab 203€ p.P.
Traumhafter Sardinien-Urlaub | Sicher & preisgünstig buchen
Anzeige www.tui.com/Urlaub/Sardinien
4,6 ★★★★★ Bewertung für tui.com
Bewährte TUI Qualität zu Top-Preisen. Erstklassiger Urlaub zum Schnäppchenpreis. Erstklassigen...
Sardinien Urlaub 2019 | Hier Traumangebote sichern | berge-meer.de
Anzeige www.berge-meer.de/
4,6 ★★★★★ Bewertung für berge-meer.de
Italien Rundreisen von Berge & Meer® genießen. Jetzt ab 949€ günstig buchen. Das Kolosseum in...
Sardinien / Beliebte Reiseziele

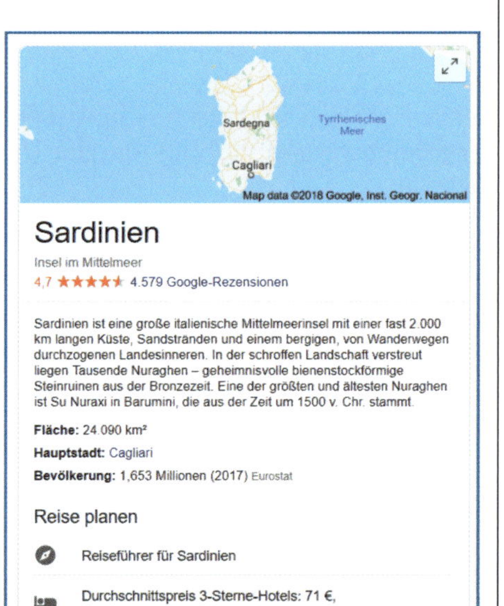
Sardegna
Tyrrhenisches Meer
Cagliari
Map data ©2018 Google, Inst. Geogr. Nacional
Sardinien
Insel im Mittelmeer
4,7 ★★★★★ 4.579 Google-Rezensionen
Sardinien ist eine große italienische Mittelmeerinsel mit einer fast 2.000 km langen Küste, Sandstränden und einem bergigen, von Wanderwegen durchzogenen Landesinneren. In der schroffen Landschaft verstreut liegen Tausende Nuraghen – geheimnisvolle bienenstockförmige Steinruinen aus der Bronzezeit. Eine der größten und ältesten Nuraghen ist Su Nuraxi in Barumini, die aus der Zeit um 1500 v. Chr. stammt.
Fläche: 24.090 km²
Hauptstadt: Cagliari
Bevölkerung: 1,653 Millionen (2017) Eurostat
Reise planen
Reiseführer für Sardinien
Durchschnittspreis 3-Sterne-Hotels: 71 €,
Durchschnittspreis 5-Sterne-Hotels: 143 €

Bezahlte Anzeigen und organische Suchergebnisse

Links sehen Sie ein klassisches Suchergebnis in der Google Suche. Im rot markierten Bereich befinden sich die **bezahlten Anzeigen**, die über Google Ads ausgeliefert wurden. Die Anzeigen 1 bis 4 sind über den organischen Suchtreffern angeordnet. Am Ende der organischen Suchtreffer finden sich nochmals bis zu drei Anzeigen. Aufgrund ihrer Position werden die Anzeigen auf den **ersten vier Plätzen** am stärksten wahrgenommen.

Die Anzeigen werden mit Zusatzinformationen unterschiedlichster Art (Links, Telefonnummer) ergänzt. Hierbei handelt es sich um sogenannte **Anzeigenerweiterungen**, die in Kapitel 10 detailliert vorgestellt werden.

Unter und neben den bezahlten Anzeigen folgen die organischen Suchtreffer (blau markiert). Schon diese Aufteilung macht deutlich, wie viel Raum und welche Bedeutung somit die bezahlten Anzeigen in der Google Suche einnehmen. Eine Studie von Google hat gezeigt, dass ein hohes Ranking sowohl bei den organischen Suchtreffern als auch bei den bezahlten Anzeigen einen **positiven Effekt** hat. Zum einen wird Ihr Unternehmen besser wahrgenommen, und zum anderen verdrängen Sie andere Unternehmen in den Ergebnissen durch Ihre Präsenz.

Dieses Buch behandelt nur Google Ads und die **bezahlten Anzeigen**. Wenn Sie sich für Suchmaschinenoptimierung interessieren, finden Sie im Internet eine Vielzahl an Informationsmöglichkeiten. Google selbst hat einen **Leitfaden für Suchmaschinenoptimierung** herausgegeben, der Ihnen den Einstieg in dieses sehr komplexe Thema erleichtert: https://support.google.com/webmasters/answer/7451184?hl=de.

Im O'Reilly Verlag sind mehrere Bücher erschienen, die das Thema Suchmaschinenoptimierung auf unterschiedliche Weise beleuchten.

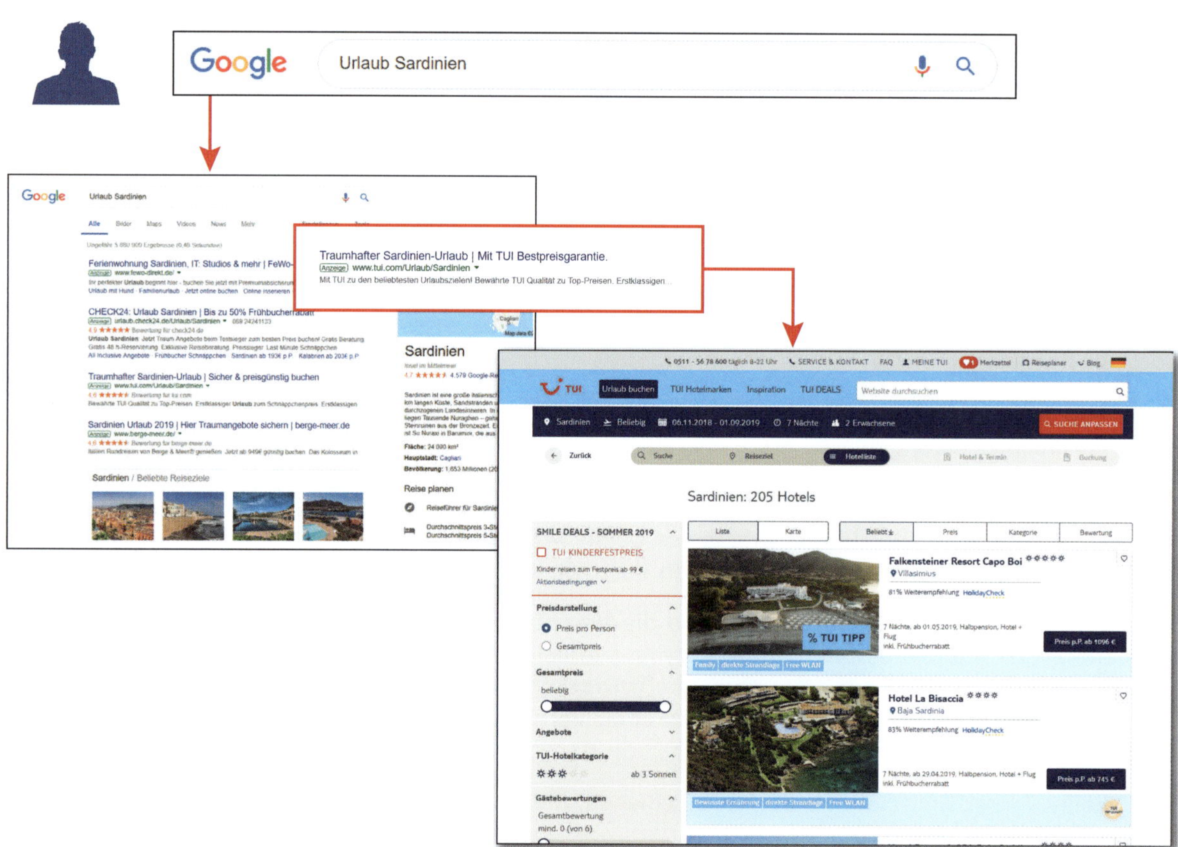

Google
Urlaub Sardinien
Traumhafter Sardinien-Urlaub | Mit TUI Bestpreisgarantie.
Anzeige www.tui.com/Urlaub/Sardinien
Mit TUI zu den beliebtesten Urlaubszielen! Bewährte TUI Qualität zu Top-Preisen. Erstklassigen ...
Ferienwohnung Sardinien, IT: Studios & mehr | FeWo-
CHECK24: Urlaub Sardinien | Bis zu 50% Frühbucherrabatt
Traumhafter Sardinien-Urlaub | Sicher & preisgünstig buchen
Sardinien Urlaub 2019 | Hier Traumangebote sichern | berge-meer.de
Sardinien / Beliebte Reiseziele
Sardinien
Reise planen
TUI
Urlaub buchen
TUI Hotelmarken
Inspiration
TUI DEALS
Sardinien: 205 Hotels
SMILE DEALS - SOMMER 2019
TUI KINDERFESTPREIS
Preisdarstellung
Preis pro Person
Gesamtpreis
Angebote
TUI-Hotelkategorie
Gästebewertungen
Falkensteiner Resort Capo Boi
Villasimius
% TUI TIPP
Hotel La Bisaccia
Baja Sardinia

Google Ads

Was muss passieren, damit Ihre Anzeige bei Google Ads erscheint, und wie funktioniert das System an sich? Diese Fragen sollen auf den nächsten Seiten beantwortet werden. Gleichzeitig werden Sie sich mit einigen Fachbegriffen vertraut machen.

Der grundsätzliche Ablauf sieht wie folgt aus:

- Der Nutzer gibt in der Google Suche seine **Suchanfrage** ein. Dies kann beispielsweise die Suche nach einem bestimmten Produkt oder nach einer Dienstleistung in der Nähe des Nutzers sein.
- Die organischen Suchergebnisse und die bezahlten Anzeigen der Werbekunden werden **passend zur Suchanfrage** angezeigt.
- Der **suchende Nutzer** entscheidet sich im optimalen Fall für Ihre Anzeige, wenn sie seiner Meinung nach am besten zu seiner Suchanfrage passt und er davon ausgeht, dass er bei Ihnen das gewünschte Produkt oder die Dienstleistung erhalten kann.
- Durch **einen Klick auf die Anzeige** gelangt der Nutzer auf die von Ihnen in der Anzeige festgelegte Internetseite Ihrer Homepage bzw. Website.
- Auf dieser Seite, der sogenannten **Landingpage**, erhält der Nutzer alle wichtigen Informationen und kommt idealerweise zu dem Schluss, dass er das Produkt bei Ihnen kaufen möchte, oder er kontaktiert Sie, um Ihre Dienstleistung anzufragen.

Für das, was an dieser Stelle in wenigen Schritten beschrieben ist, benötigen Sie als Werbender eine **gute Vorbereitung und Planung** mit Google Ads. Auch ist es wichtig, zu wissen, was bei Google Ads passiert, um später die richtigen Entscheidungen zu treffen.

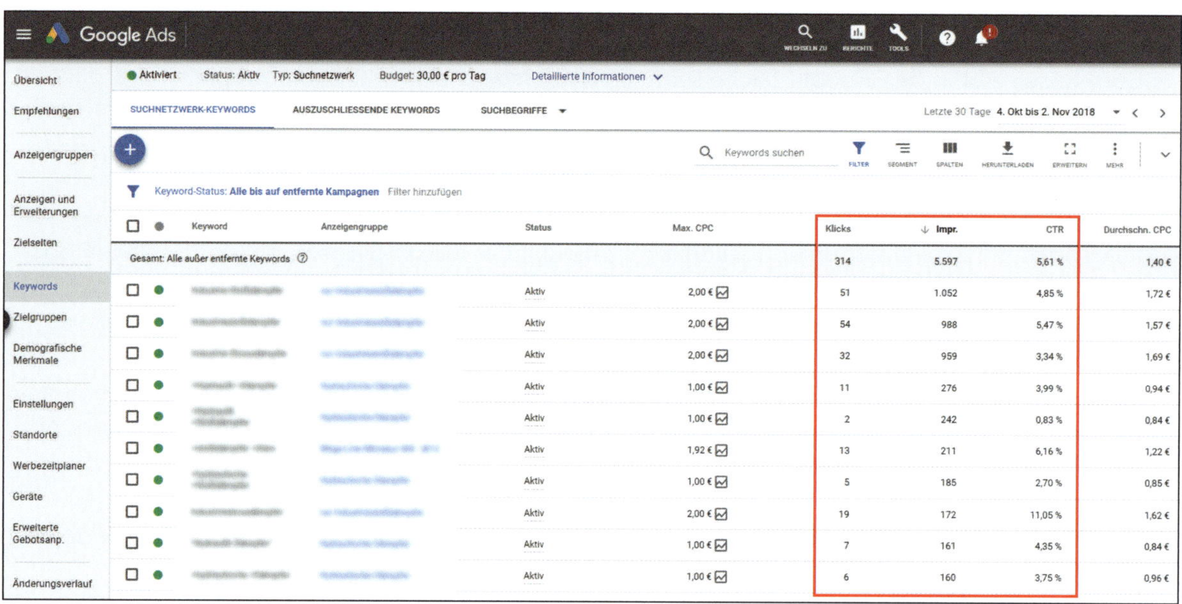
Google Ads
Übersicht
Empfehlungen
Anzeigengruppen
Anzeigen und Erweiterungen
Zielseiten
Keywords
Zielgruppen
Demografische Merkmale
Einstellungen
Standorte
Werbezeitplaner
Geräte
Erweiterte Gebotsanp.
Änderungsverlauf
Aktiviert
Status: Aktiv
Typ: Suchnetzwerk
Budget: 30,00 € pro Tag
Detaillierte Informationen
SUCHNETZWERK-KEYWORDS
AUSZUSCHLIESSENDE KEYWORDS
SUCHBEGRIFFE
Letzte 30 Tage 4. Okt bis 2. Nov 2018
Keywords suchen
FILTER
SEGMENT
SPALTEN
HERUNTERLADEN
ERWEITERN
MEHR
Keyword-Status: Alle bis auf entfernte Kampagnen
Filter hinzufügen
Keyword
Anzeigengruppe
Status
Max. CPC
Klicks
Impr.
CTR
Durchschn. CPC
Gesamt: Alle außer entfernte Keywords
314 5.597 5,61 % 1,40 €
Aktiv 2,00 € 51 1.052 4,85 % 1,72 €
Aktiv 2,00 € 54 988 5,47 % 1,57 €
Aktiv 2,00 € 32 959 3,34 % 1,69 €
Aktiv 1,00 € 11 276 3,99 % 0,94 €
Aktiv 1,00 € 2 242 0,83 % 0,84 €
Aktiv 1,92 € 13 211 6,16 % 1,22 €
Aktiv 1,00 € 5 185 2,70 % 0,85 €
Aktiv 2,00 € 19 172 11,05 % 1,62 €
Aktiv 1,00 € 7 161 4,35 % 0,84 €
Aktiv 1,00 € 6 160 3,75 % 0,96 €

Keywords, Klicks und Impressions

Woher weiß Google, wann welche Anzeige eingeblendet werden soll und ob diese zur Suchanfrage passst?

Das Schalten von Ads-Anzeigen basiert auf Schlüsselbegriffen, den sogenannten **Keywords**. Sie selbst legen diese Keywords fest und bestimmen somit, wann welche Ihrer Anzeigen geschaltet wird. Keywords sollten natürlich zum Angebot auf Ihrer Website passen, da der Nutzer durch seine Suche bei Google bereits ein konkretes Interesse mitbringt. Google hat hierzu den **Qualitätsfaktor** entwickelt, um sicherzustellen, dass die Anzeigen, die für den Suchenden die höchste Relevanz haben, weit oben angezeigt werden. Der Qualitätsfaktor wird in Kapitel 9 ausführlich erläutert.

Wenn die Anzeige bei Google eingeblendet wird, spricht man von einer **Impression**. Impressions sind für Sie kostenlos. Ihre Anzeige kann 1.000 Mal eingeblendet werden, ohne dass Sie dafür auch nur einen Cent bezahlen müssen. Die Kosten entstehen erst in dem Moment, in dem der Suchende auf Ihre Anzeige klickt und zu Ihrer Website gelangt. Wie viel Sie maximal für diesen **Klick** bezahlen, legen Sie selbst fest.

Ein weiterer wichtiger Begriff ist die **Klickrate** (Click-Through-Rate, CTR). Die Klickrate wird folgendermaßen ermittelt:

Klickrate (CTR) = (Anzahl der Klicks / Anzahl der Impressions) x 100

Eine hohe Klickrate wirkt sich positiv auf den Qualitätsfaktor aus und ist ein Zeichen dafür, dass Ihre gewählten Keywords und Anzeigen eine hohe Relevanz für den Nutzer haben.

Sie haben jetzt die ersten wichtigen Begriffe kennengelernt, die Ihnen im Umgang mit Google Ads immer wieder begegnen werden.

Suchnetzwerk

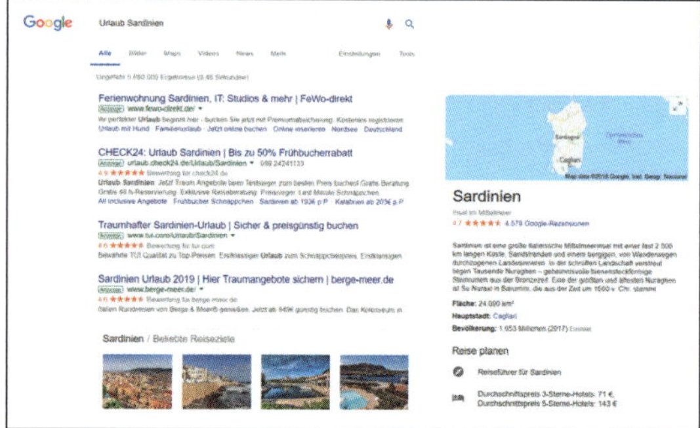

Displaynetzwerk

Suchnetzwerk vs. Displaynetzwerk

Bis zu dieser Stelle war immer von »Google Suche« und Anzeigen in den Suchergebnissen die Rede.

Grundsätzlich muss man bei Google Ads **zwei Werbenetzwerke** unterscheiden. Die Anzeigen, die in der Google Suche geschaltet werden, gehören zum **Suchnetzwerk** und zeichnen sich dadurch aus, dass Sie den Nutzer mit Ihrer Anzeige dann erreichen, wenn er konkret nach bestimmten Produkten oder Dienstleistungen sucht.

Das **Displaynetzwerk** umfasst alle Websites, die Werbung von Google einblenden. Dies können große Portale, Blogs, private Websites, Foren oder andere sein. Wenn Sie eine Website zu einem bestimmten Thema betreiben und diese vermarkten wollen, können Sie das mit dem Programm Google AdSense tun. Mit dem AdSense-Programm richten Sie auf Ihrer Website Werbeplätze ein, die Google für das Displaynetzwerk nutzt. Als Website-Betreiber sind Sie an den Umsätzen für die Klicks auf die hier eingeblendeten Anzeigen beteiligt.

Je nachdem, welche **Ziele** man mit dem Einsatz von Ads erreichen will, kann das eine oder das andere Netzwerk besser geeignet sein. Hierbei muss man sich immer vor Augen führen, dass im Suchnetzwerk der Nutzer bereits ein bestimmtes Interesse an einem Produkt oder einer Dienstleistung hat und es daher wahrscheinlicher ist, dass er auf eine passende und ansprechende Anzeige klickt.

Im Displaynetzwerk tauchen die Anzeigen auf den unterschiedlichsten Websites auf, der Streuverlust ist entsprechend höher. Sie sind hier allerdings nicht auf Textanzeigen festgelegt, sondern haben auch die Möglichkeit, grafische Anzeigen (Banner) in den unterschiedlichsten Formen für Ihre Werbung, z. B. für den Markenaufbau, zu nutzen.

Es empfiehlt sich immer, **getrennte Kampagnen** für das Such- und das Displaynetzwerk aufzusetzen.

Die Klickrate im Displaynetzwerk fällt im Vergleich zum Suchnetzwerk naturgemäß **eher niedriger** aus.

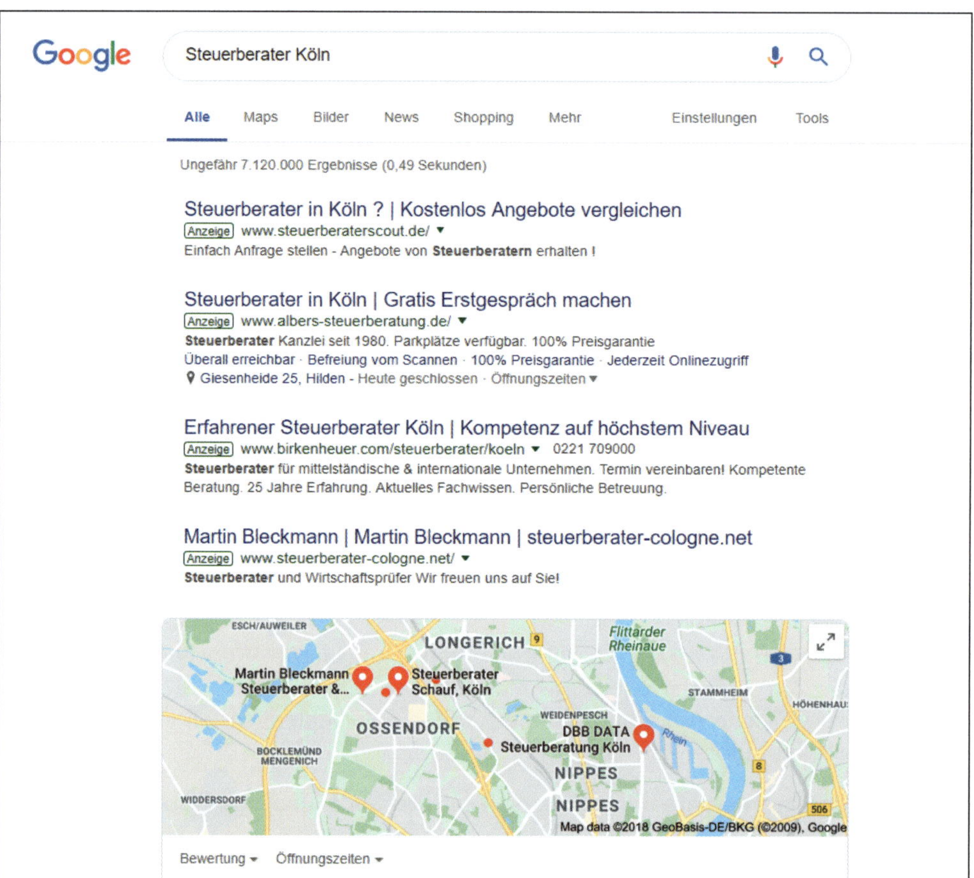
Google
Steuerberater Köln
Alle
Maps
Bilder
News
Shopping
Mehr
Einstellungen
Tools
Ungefähr 7.120.000 Ergebnisse (0,49 Sekunden)
Steuerberater in Köln ? | Kostenlos Angebote vergleichen
Anzeige www.steuerberaterscout.de/
Einfach Anfrage stellen - Angebote von Steuerberatern erhalten !
Steuerberater in Köln | Gratis Erstgespräch machen
Anzeige www.albers-steuerberatung.de/
Steuerberater Kanzlei seit 1980. Parkplätze verfügbar. 100% Preisgarantie
Überall erreichbar · Befreiung vom Scannen · 100% Preisgarantie · Jederzeit Onlinezugriff
Giesenheide 25, Hilden - Heute geschlossen · Öffnungszeiten
Erfahrener Steuerberater Köln | Kompetenz auf höchstem Niveau
Anzeige www.birkenheuer.com/steuerberater/koeln 0221 709000
Steuerberater für mittelständische & internationale Unternehmen. Termin vereinbaren! Kompetente Beratung. 25 Jahre Erfahrung. Aktuelles Fachwissen. Persönliche Betreuung.
Martin Bleckmann | Martin Bleckmann | steuerberater-cologne.net
Anzeige www.steuerberater-cologne.net/
Steuerberater und Wirtschaftsprüfer Wir freuen uns auf Sie!
ESCH/AUWEILER
LONGERICH
Flittarder Rheinaue
Martin Bleckmann Steuerberater &...
Steuerberater Schauf, Köln
STAMMHEIM
HÖHENHAU
WEIDENPESCH
OSSENDORF
DBB DATA Steuerberatung Köln
BOCKLEMÜND MENGENICH
NIPPES
WIDDERSDORF
NIPPES
Map data ©2018 GeoBasis-DE/BKG (©2009), Google
Bewertung
Öffnungszeiten
Martin Bleckmann Steuerberater & Wirtschaftsprüfer
4,7 (22) · Steuerberater
Köln · 0221 7090090
WEBSITE
ROUTE

Google-Suchergebnisse: verschiedene Typen

Google entwickelt seine Suche immer weiter, und Sie werden mit Sicherheit schon festgestellt haben, dass die Suchergebnisse nicht immer gleich aussehen. Die klassische Ergebnisseite haben Sie bereits kennengelernt.

Es gibt aber auch erweiterte Ergebnisseiten. Wenn Sie z. B. nach einem Steuerberater in Köln suchen, wird direkt eine Karte von Köln mit den entsprechenden Standorten der Steuerberater mit eingeblendet. Bei dieser Suchanfrage greift Google auf seinen Kartendienst **Google Maps** zurück, um dem Nutzer die **Standorte anzuzeigen**. Zusätzlich erscheint in den organischen Suchergebnissen eine Liste mit Namen und Adressen. Diese sind jeweils mit einem Marker versehen, den Sie auf der Karte wiederfinden.

Suchen Sie nach einem bestimmten Produkt, z. B. einem Tablet, sehen die Ergebnisse wieder anders aus. In diesem Fall erscheinen **Produktbilder** mit Preisangabe, Informationen zum Versand und dem Namen des Onlineshops. Diese Informationen stammen von **Google Shopping**. Die Händler können über das **Merchant Center** ihre Produkte einpflegen und dann Shopping-Anzeigen über Ads schalten. Die Produktanzeigen werden über Ads geschaltet, und der Werbende muss auch hier für jeden Klick auf die Anzeige bezahlen.

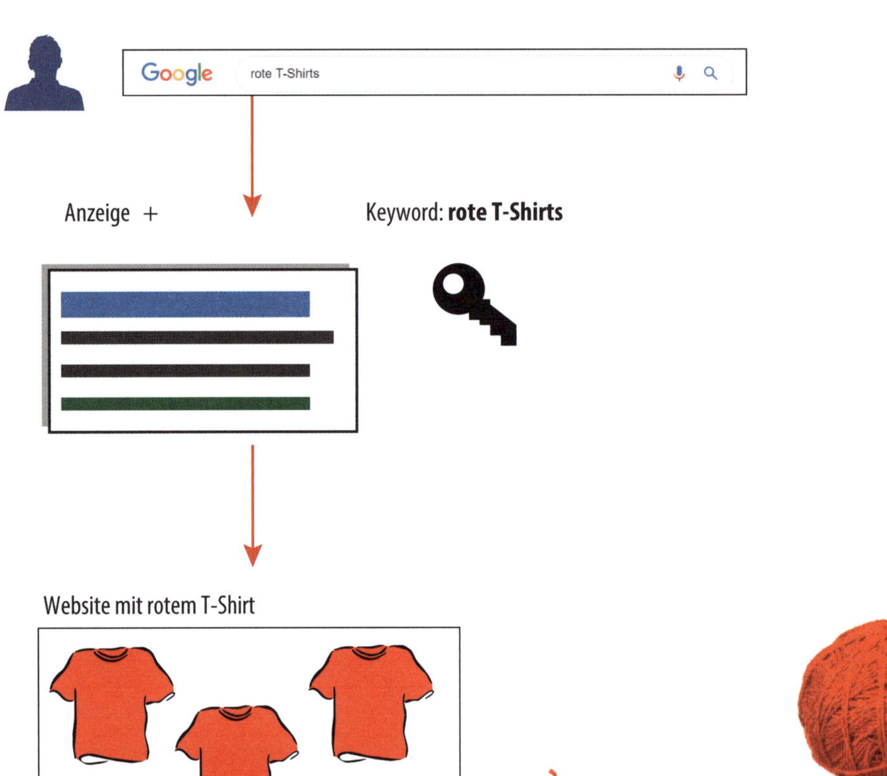
Google
rote T-Shirts
Anzeige +
Keyword: **rote T-Shirts**
Website mit rotem T-Shirt

Der rote Faden bei der Suche

Wenn Sie beginnen, mit Google Ads zu werben, achten Sie immer darauf, dass **alle Elemente ineinandergreifen** und der Nutzer am Ende das findet, was er gesucht hat.

Für Sie bedeutet dies, dass die ausgewählten Keywords inhaltlich zu den entsprechenden Anzeigen passen müssen. Wenn Sie z. B. als Keyword rote T-Shirts festlegen, weil Sie diese Produkte verkaufen wollen, sollte dieses Keyword auch in der Anzeige vorkommen: Kaufen Sie bei uns rote T-Shirts!

Wenn der Nutzer dann auf die **Anzeige klickt**, weil er ein rotes T-Shirt sucht, sollte er natürlich auf einer Webseite landen, die auch rote T-Shirts anbietet. In der Regel ist die Startseite einer Website nicht die beste Wahl, besonders dann nicht, wenn die Website viele Informationen zu verschiedenen Bereichen des Unternehmens enthält oder hier eine Vielzahl von Produkten angeboten wird.

Überlegen Sie bei der Planung, wie der Nutzer bei seiner Suche vorgeht und wie er seine Suchanfrage formulieren könnte. Es gibt einige Tools, die Sie bei der Planung und diesen Überlegungen unterstützen und die ich Ihnen ausführlich in Kapitel 6, »Keywords«, vorstellen werde. Ähnliches gilt für die Formulierung von Anzeigen. Der Nutzer sollte sich von Ihren Anzeigen angesprochen fühlen, damit er sich dazu entschließt, auf diese zu klicken und Ihre Website zu besuchen. Was eine **gute Anzeige** ausmacht und welche **Gestaltungsmöglichkeiten** Sie haben, wird in Kapitel 7 erläutert.

Ungültige Klicks

Jeder, der Anzeigen mit Ads schaltet, wird sich wahrscheinlich schon überlegt haben, dass z. B. die Wettbewerber auf die Anzeigen klicken und somit Kosten verursachen könnten. Aber keine Sorge: Google hat ein System entwickelt, das **ungültige Klicks erkennt**. Diese Klicks werden Ihnen **nicht berechnet**. Daten zu ungültigen Klicks erhalten Sie unter dem Tab Abrechnung und Zahlungen, den Sie in Kapitel 4 kennenlernen werden.

Kapitel 2 | Ihre Ziele mit Google Ads

Jeder, der über den **Einsatz von Google Ads** nachdenkt, verspricht sich natürlich etwas davon und hat **bestimmte Ziele**, die er erreichen will.

Haben Sie schon über Ihre Ziele nachgedacht? Hätten Sie gerne **mehr Besucher** auf Ihrer Website, um Ihre Bekanntheit zu erhöhen? Sollen sich die Besucher Ihre Website nur ansehen und sich informieren, oder sollen sie auch **Kontakt mit Ihnen aufnehmen**? Wenn Sie auf Ihrer Website **Produkte** verkaufen, wäre es natürlich wünschenswert, dass die Nutzer, die auf Ihre Anzeige geklickt haben, auch etwas **kaufen**.

Je besser Sie Ihre Ziele formulieren, desto einfacher ist es später, mit Google Ads zu arbeiten.

Fragen, die beantwortet werden sollten, sind z. B.:

- **Wen** will ich erreichen?
- In **welcher geografischen Region** will ich werben?
- **Welche Produkte** oder **Dienstleistungen** sollen beworben werden?
- **Wie viel** bin ich bereit, im Monat für Ads auszugeben?

Das Gute an Google Ads ist, dass Ihnen eine **Vielzahl von Daten** zur Verfügung gestellt wird, durch die Sie in der Lage sind, zu überprüfen, ob Sie Ihre **Ziele erreicht** haben und wo es **Optimierungsbedarf** gibt.

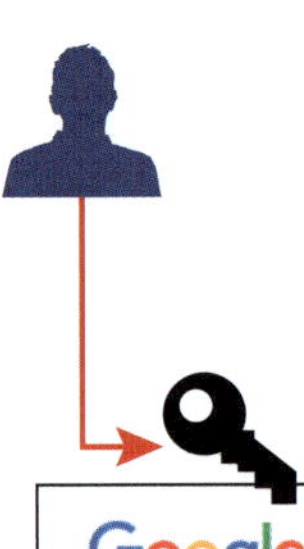

Google Immobilienmakler Köln

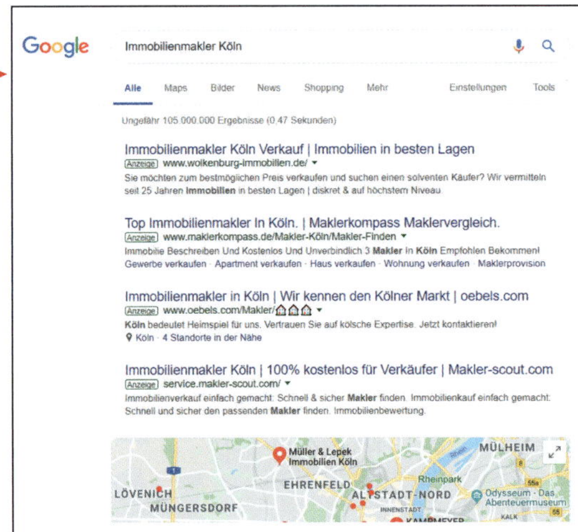

Die richtigen Nutzer ansprechen

Die Nutzer, die für Sie infrage kommen, sind diejenigen, die **konkret** bei Google nach Ihren Produkten oder Dienstleistungen **suchen**. Bei der Eingabe seiner Suchanfrage hat der Nutzer eine **sehr genaue Vorstellung** von dem, was er sucht. Für Sie als Werbetreibenden bedeutet dies, dass Sie in diesem Moment mithilfe der **richtigen Keywords passende Anzeigen** für den Nutzer schalten können.

Angenommen, der Nutzer sucht einen Immobilienmakler in Köln. Wenn Sie das Keyword Immobilienmakler Köln festgelegt haben, kann bei einer entsprechenden Suchanfrage Ihre Anzeige geschaltet werden. Sie legen also mit Ihren Keywords fest, wann der Nutzer Ihre Anzeigen zu sehen bekommt.

Hierbei spielt es keine Rolle, ob Sie ein **kleiner Betrieb** sind, der nur in einem bestimmten Umkreis Nutzer erreichen will, oder z. B. ein **mittelständisches Unternehmen**, das in ganz Deutschland oder Europa seine Produkte verkauft. Das Funktionsprinzip im Suchnetzwerk ist immer gleich.

Das Displaynetzwerk, das Sie in Kapitel 13 kennenlernen werden, funktioniert etwas anders. Wie schon beschrieben, werden die Anzeigen im Displaynetzwerk auf einer Vielzahl von Websites geschaltet, die Anzeigen von Google einblenden. Um dort die richtigen Nutzer zu erreichen, können Sie Ihre Anzeigen mit **verschiedenen Vorgaben** versehen. Diese Vorgaben sind Keywords, Zielgruppen, demografische Merkmale, Themen und Placements. Über Placements wählen Sie direkt die Websites aus, auf denen Sie Ihre Werbung schalten wollen. Über eine Suchfunktion bei der Einrichtung der Kampagne können Sie ermitteln, ob die von Ihnen gewünschte Website Werbeplätze für das Displaynetzwerk anbietet.

info@trias-media.de \ 02402 - 97 34 64
TRIAS Media
DIE AGENTUR
LEISTUNGEN
ADWORDS / ADS
REFERENZEN
KONTAKT
HOME
FALLEN SIE AUF!
Google AdWords / Google Ads, Online-Marketing, Web-Design und Print aus einer Hand.
Willkommen bei TRIAS Media!
GOOGLE ADWORDS / GOOGLE ADS
Mehr Besucher auf Ihrer Website, mehr potenzielle Kunden für Ihren Online-Shop! Nutzen Sie AdWords / Ads, um von potentiellen Kunden bei Google gefunden zu werden.
ONLINE-MARKETING
Suchmaschinenoptimierung, Google AdWords / Google Ads, E-Mail Marketing..
Online-Marketing besteht aus vielen Bausteinen. Zusammen mit Ihnen wählen wir die richtigen Komponenten passend zu Ihrer Marketingstrategie aus.
WEB-DESIGN
Eine erfolgreiche Website braucht eine gute Planung. Wir beraten Sie von Anfang an, entwickeln das optimale Konzept für Ihre Website und setzen dieses für Sie um.
PRINT-DESIGN
Angefangen bei der Visitenkarte bis hin zum Produktkatalog erstellen wir Ihre Drucksachen, die bei Ihren Kunden einen bleibenden Eindruck hinterlassen werden.
Fragen kostet nichts! Rufen Sie uns an: 02402 - 97 34 64
Google Partner
LINKS
Home
Die Agentur
Leistungen
Kontakt
Impressum
Datenschutz
KONTAKT
TRIAS Media GmbH
Auf dem Horst 3
52224 Stolberg
info@trias-media.de
02402 - 97 34 64
SCHICKEN SIE UNS EINE KURZE NACHRICHT
Senden

Klicks für Ihre Website

Durch das Schalten von Anzeigen bei Google Ads können Sie **mehr Besucher für Ihre Website** generieren. Was passiert nun, wenn der Besucher auf Ihre Website gelangt ist?

Ihre Website sollte einen **professionellen Eindruck** machen und dem Nutzer verschiedene Möglichkeiten anbieten, mit Ihnen in **Kontakt** zu treten. Die Nutzer haben dabei unterschiedliche Vorlieben – der eine Nutzer greift direkt zum Telefon und ruft bei Ihnen an, der andere möchte lieber etwas anonymer bleiben und füllt lediglich ein **Kontaktformular** mit den nötigsten Informationen aus.

Um sämtlichen Nutzern bei der Kontaktaufnahme gerecht zu werden, sollten Sie **alle Möglichkeiten** ausschöpfen. Die **Telefonnummer** sollte auf jeder Seite präsent und ohne große Suche zu finden sein. Bieten Sie auch ein **kurzes Kontaktformular** mit einem Rückrufservice auf jeder Seite an. Ein solches Formular können die Nutzer schnell ausfüllen und dabei angeben, wann sie am liebsten kontaktiert werden möchten.

Im Bereich Kontakt darf das Kontaktformular ausführlicher sein, sodass der Besucher Ihrer Website sein Anliegen oder seine Anfrage konkret formulieren kann. Wenn von Ihrer Seite aus Rückfragen bestehen, können Sie mit ihm per E-Mail kommunizieren.

Wenn Sie einen **Onlineshop** betreiben und Produkte bewerben, sollten z. B. Preisinformationen, Produktbeschreibungen und Informationen zu Versandkosten gut auffindbar sein. Sie sollten die **Voraussetzungen schaffen**, damit aus dem Nutzer ein Kunde werden kann.

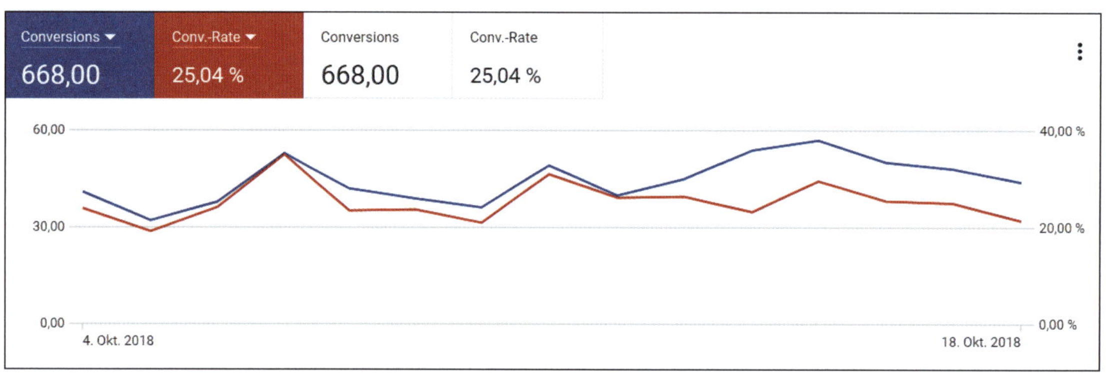

Conversions
668,00
Conv.-Rate
25,04 %
Conversions
668,00
Conv.-Rate
25,04 %
60,00
30,00
0,00
40,00 %
20,00 %
0,00 %
4. Okt. 2018
18. Okt. 2018

Conversions

Jeder, der Anzeigen mit Google Ads schaltet, verspricht sich etwas davon. Wie auf der vorherigen Seite beschrieben, sind Klicks und damit Besucher auf der Website der erste Schritt. Wer in der heutigen Zeit Geld für Werbung ausgibt, will zumeist aber auch wissen, ob sich die **Ausgaben rechnen**.

Um das herauszufinden, bietet Google Ads **Conversion-Tracking** an. Beim Conversion-Tracking legen Sie eine Handlung fest, die der Besucher auf Ihrer Website nach Möglichkeit ausführen soll. Welches Ziel Sie definieren, hängt sehr stark von Ihrer Website ab. Wenn Sie z. B. einen **Onlineshop** betreiben, wollen Sie wissen, ob jemand etwas gekauft hat, nachdem er auf Ihre Anzeige geklickt hat.

Ihre Website bietet nur ein **Kontaktformular** an, das der Besucher ausfüllen kann? Auch hier können Sie Conversion-Tracking einsetzen und messen, ob das Formular ausgefüllt und die Seite mit der Versandbestätigung der Anfrage aufgerufen wurde.

Sogar dann, wenn Sie einen lokalen Einzelhandel betreiben und die Kunden in der Regel in Ihr Geschäft kommen, ist es sinnvoll, Conversions zu messen. In diesem Fall könnten Sie z. B. überprüfen, ob die Besucher Ihrer Website die **Seite mit den Öffnungszeiten** aufgerufen haben. Jemand, der sich für die Öffnungszeiten interessiert, hat wahrscheinlich vor, Ihr Geschäft aufzusuchen.

Wie **Conversion-Tracking** genau funktioniert, erfahren Sie in Kapitel 11.

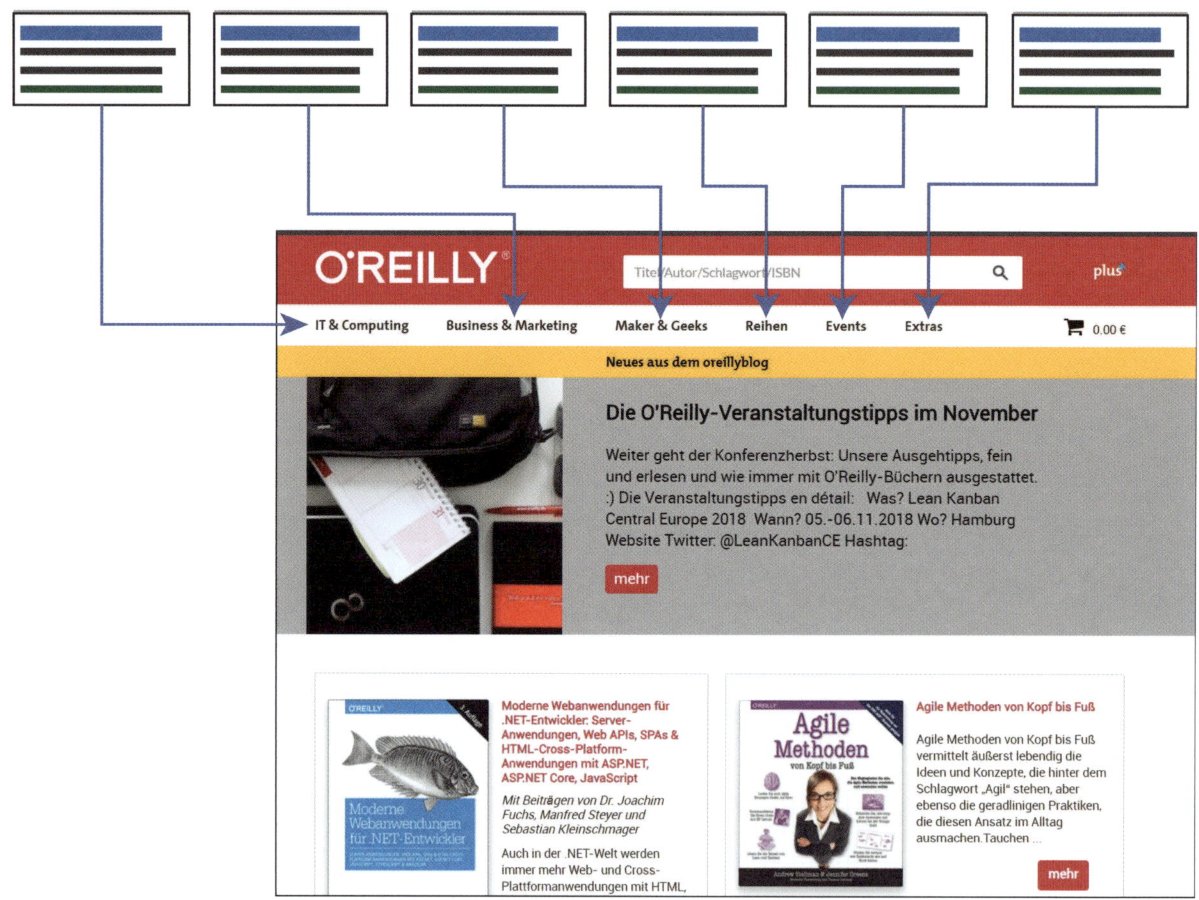
O'REILLY
Titel/Autor/Schlagwort/ISBN
plus
IT & Computing
Business & Marketing
Maker & Geeks
Reihen
Events
Extras
0.00 €
Neues aus dem oreillyblog
Die O'Reilly-Veranstaltungstipps im November
Weiter geht der Konferenzherbst: Unsere Ausgehtipps, fein und erlesen und wie immer mit O'Reilly-Büchern ausgestattet. :) Die Veranstaltungstipps en détail: Was? Lean Kanban Central Europe 2018 Wann? 05.-06.11.2018 Wo? Hamburg Website Twitter: @LeanKanbanCE Hashtag:
mehr
Moderne Webanwendungen für .NET-Entwickler: Server-Anwendungen, Web APIs, SPAs & HTML-Cross-Platform-Anwendungen mit ASP.NET, ASP.NET Core, JavaScript
Mit Beiträgen von Dr. Joachim Fuchs, Manfred Steyer und Sebastian Kleinschmager
Auch in der .NET-Welt werden immer mehr Web- und Cross-Plattformanwendungen mit HTML,
Agile Methoden von Kopf bis Fuß
Agile Methoden von Kopf bis Fuß vermittelt äußerst lebendig die Ideen und Konzepte, die hinter dem Schlagwort „Agil" stehen, aber ebenso die geradlinigen Praktiken, die diesen Ansatz im Alltag ausmachen. Tauchen ...
mehr

Wo und wie beginnen

Wenn Sie beginnen, mit Google Ads Werbung zu schalten, müssen Sie zunächst überlegen, was Sie bewerben wollen. Dies können z. B. Ihre Produkte oder Dienstleistungen sein. Sie können aber auch für Ihr Unternehmen werben oder für einen Newsletter, den Sie regelmäßig versenden. Als Grundlage für diese Planung können Sie die **Struktur Ihrer Website** heranziehen. Gibt es dort z. B. eine Seite mit Leistungen sowie Unterseiten, auf denen einzelne Leistungen beschrieben werden, ist es sinnvoll, jede dieser Leistungen einzeln zu bewerben. Verkaufen Sie verschiedene Produkte online, sollten Sie versuchen, jedes Produkt einzeln zu bewerben. Der Grund hierfür ist sehr einfach: Sie können für einzelne Dienstleistungen und Produkte treffendere Keywords festlegen und passendere Anzeigen texten, als wenn Sie versuchen, mit einer Anzeige und einer Keywordliste Ihr gesamtes Angebot abzudecken.

Bieten Sie viele unterschiedliche Dienstleistungen oder eine große Anzahl von Produkten an, starten Sie dort, wo Sie ein **Alleinstellungsmerkmal** haben, **besonders konkurrenzfähig** sind oder **viel Umsatz** erzielen können. Vertreiben Sie z. B. Produkte, die auch andere Unternehmen anbieten, wählen Sie die Produkte, die preislich attraktiv sind. Sammeln Sie **erste Erfahrungen** mit Ads, indem Sie diese Produkte oder Dienstleistungen bewerben. Wenn Sie damit erfolgreich sind, können Sie Ihre Werbung mit Ads jederzeit ausbauen und erweitern.

Kapitel 3 | Erstellen eines Ads-Kontos

Nachdem Sie wichtige Zusammenhänge und Begriffe kennengelernt haben, ist es jetzt an der Zeit, mit der **praktischen Arbeit** zu beginnen. Wenn Sie noch kein Ads-Konto besitzen, müssen Sie eins erstellen. Rufen Sie hierzu die Adresse https://ads.google.com auf. Sie gelangen damit auf die **Anmeldeseite** von Google Ads. Mit einem Klick auf den grünen Button Gleich loslegen beginnen Sie mit der Einrichtung Ihres neuen Ads-Kontos.

Sie können auch direkt bei Google unter der angegebenen Telefonnummer anrufen. Dort erhalten Sie Unterstützung von einem Mitarbeiter von Google. Ich würde Ihnen empfehlen, die **ersten Schritte** mit Google Ads selbst in Angriff zu nehmen, denn keiner kennt Ihr Unternehmen, Ihre Produkte oder Dienstleistungen besser als Sie selbst. Wenn später Fragen auftauchen, die sich nicht direkt beantworten lassen, haben Sie immer noch die Möglichkeit, mit dem Support Kontakt aufzunehmen.

Alle Nutzer, die bereits ein Konto besitzen, können sich mit ihrer E-Mail-Adresse und dem dazugehörigen Passwort über den Link Anmelden rechts oben auf der Website einloggen.

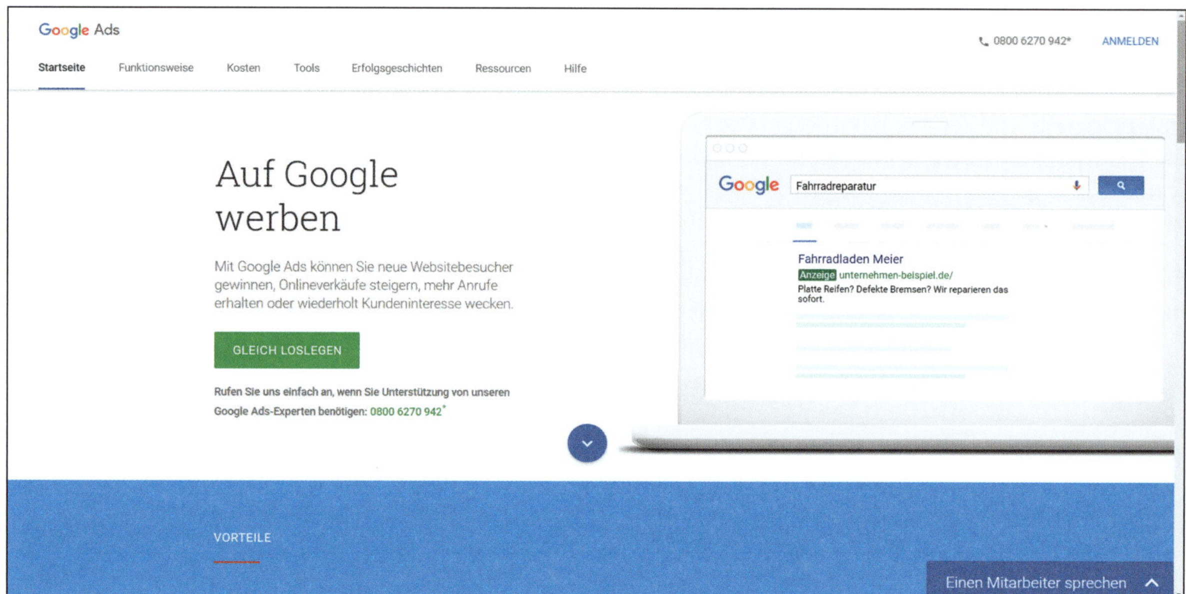
Google Ads
0800 6270 942*
ANMELDEN
Startseite
Funktionsweise
Kosten
Tools
Erfolgsgeschichten
Ressourcen
Hilfe
Auf Google werben
Mit Google Ads können Sie neue Websitebesucher gewinnen, Onlineverkäufe steigern, mehr Anrufe erhalten oder wiederholt Kundeninteresse wecken.
GLEICH LOSLEGEN
Rufen Sie uns einfach an, wenn Sie Unterstützung von unseren Google Ads-Experten benötigen: 0800 6270 942*
Google
Fahrradreparatur
Fahrradladen Meier
Anzeige unternehmen-beispiel.de/
Platte Reifen? Defekte Bremsen? Wir reparieren das sofort.
VORTEILE
Einen Mitarbeiter sprechen

Erstellen eines Google-Kontos

Nachdem Sie auf Gleich loslegen geklickt haben, folgt die Anmeldung in Google Ads. Hierbei haben Sie zwei Möglichkeiten: Wenn Sie schon ein Google-Konto besitzen und dieses auch für Ads nutzen wollen, melden Sie sich mit Ihren Zugangsdaten an. Sollten Sie bereits mit Ihrem Google-Konto im Browser angemeldet sein, müssen Sie nur noch das Passwort eingeben.

Für den Fall, dass Sie noch kein Google-Konto besitzen, können Sie dieses über den Link Konto erstellen links unten im Anmeldefenster einrichten. Sie benötigen hierzu eine **gültige E-Mail-Adresse**, da Ihnen im späteren Verlauf eine E-Mail mit einem Bestätigungslink zugeschickt wird. Tragen Sie nach der E-Mail-Adresse ein **sicheres Passwort** ein und klicken Sie auf Weiter. Nachdem Sie noch Daten zur Kontowiederherstellung angegeben und die Bedingungen zum Datenschutz akzeptiert haben, gelangen Sie zur Ads-Einführung. Sie können mit dem Google-Konto auch eine Gmail-Adresse einrichten und dieses für das Ads-Konto verwenden. Für die meisten Nutzer würde das allerdings bedeuten, dass sie ein weiteres E-Mail-Konto verwalten müssten.

Wenn Sie schon über ein Google-Konto verfügen, es sich dabei aber um Ihr privates Konto mit Ihrer privaten E-Mail-Adresse handelt, würde ich Ihnen empfehlen, für ein **beruflich genutztes Ads-Konto** ein neues Google-Konto anzulegen. Damit stellen Sie sicher, dass Ihr privates Konto unberührt bleibt.

Mehr Verkäufe oder Registrierungen über
1
Kennen Sie sich schon mit Google Ads aus?

Konto ohne Kampagne erstellen
2
ZURÜCK
WEITER

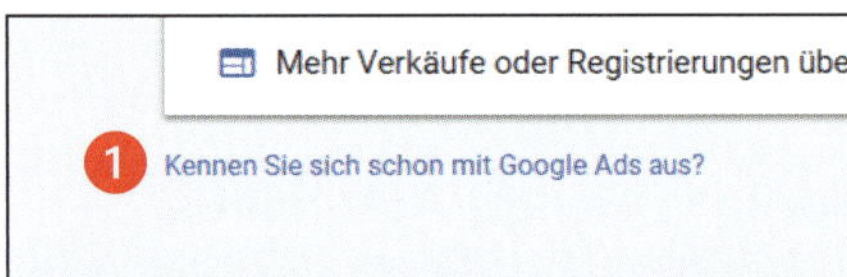

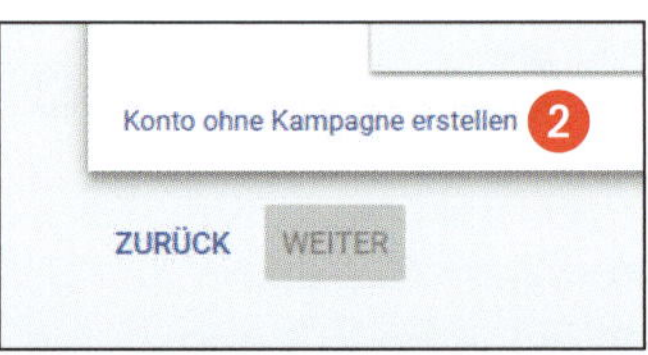

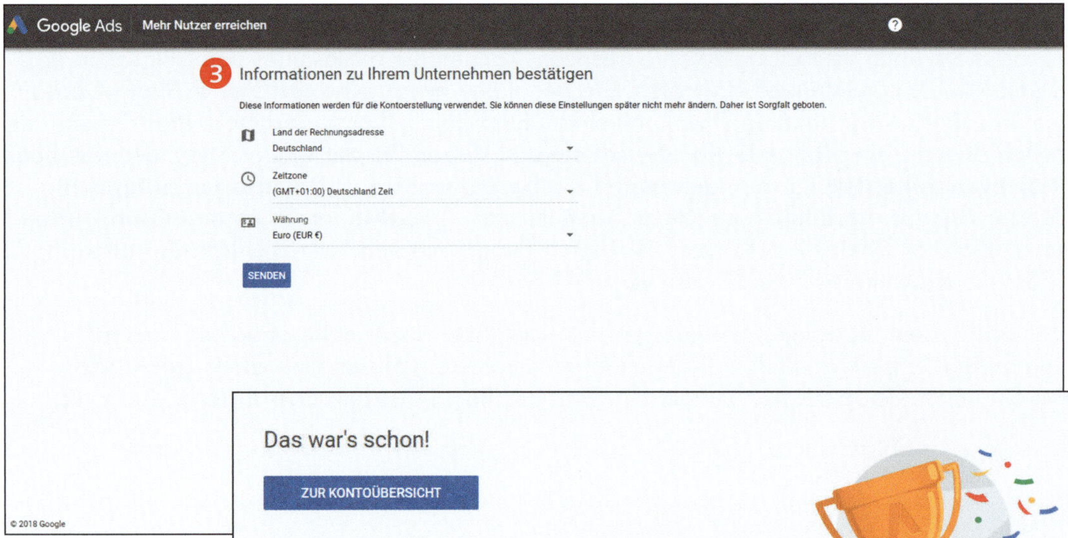

Google Ads
Mehr Nutzer erreichen
3
Informationen zu Ihrem Unternehmen bestätigen
Diese Informationen werden für die Kontoerstellung verwendet. Sie können diese Einstellungen später nicht mehr ändern. Daher ist Sorgfalt geboten.
Land der Rechnungsadresse
Deutschland
Zeitzone
(GMT+01:00) Deutschland Zeit
Währung
Euro (EUR €)
SENDEN
© 2018 Google

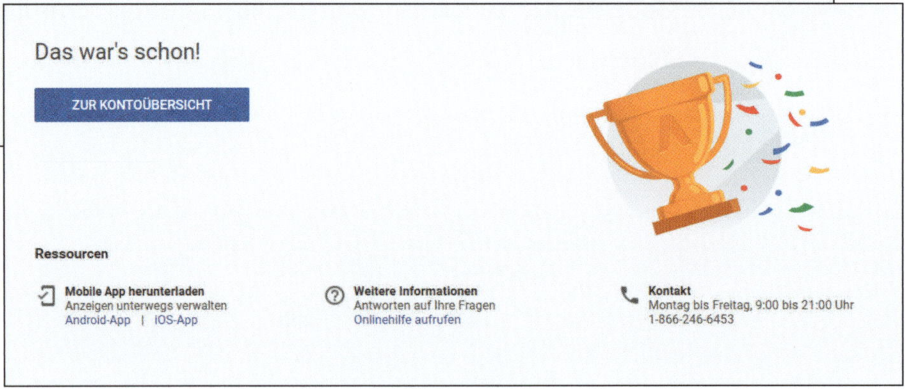

Das war's schon!
ZUR KONTOÜBERSICHT
Ressourcen
Mobile App herunterladen
Anzeigen unterwegs verwalten
Android-App | iOS-App
Weitere Informationen
Antworten auf Ihre Fragen
Onlinehilfe aufrufen
Kontakt
Montag bis Freitag, 9:00 bis 21:00 Uhr
1-866-246-6453

Zeitzone und Währung festlegen

Als Nächstes gelangen Sie zur Ads-Einführung. Überspringen Sie diese mit einem Klick auf Kennen Sie sich schon mit Google Ads aus? ❶. Auf der folgenden Seite klicken Sie auf Konto ohne Kampagne erstellen ❷ unterhalb der angezeigten Kampagnentypen. Danach gelangen Sie zur Seite Informationen zu Ihrem Unternehmen bestätigen ❸, auf der Sie Ihre Zeitzone und Ihre Währung festlegen. In der von Ihnen gewählten Währung wird Ihr Konto abgerechnet. Gleichzeitig legen Sie auch die Klickpreise in dieser Währung fest.

Achtung:
Wenn Sie Zeitzone und Währung einmal festgelegt haben, lassen sich diese nicht mehr ändern.

Sollten Sie später eine andere Währung nutzen wollen, müssen Sie hierzu ein komplett neues Ads-Konto anlegen.

Wenn Sie alles wie gewünscht ausgewählt haben, klicken Sie im unteren Bereich auf SENDEN, und die Erstellung Ihres Ads-Kontos ist damit abgeschlossen. Sie erhalten die Information, dass Sie mit der ersten Kampagne beginnen können, wenn Sie den **Bestätigungslink** in der Ihnen zugeschickten E-Mail anklicken.

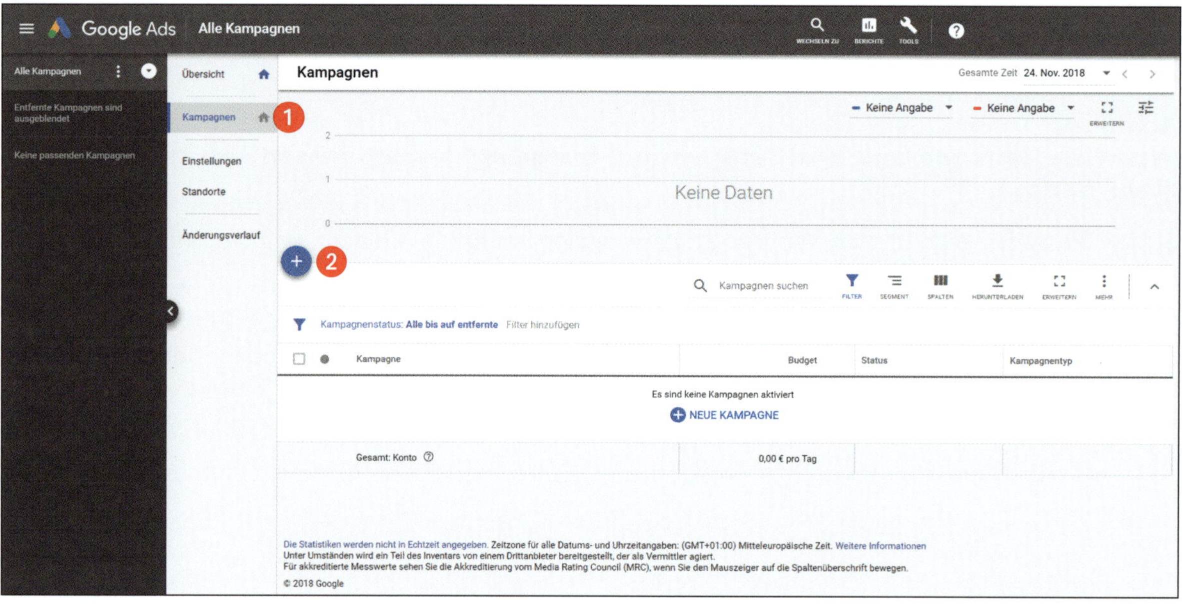
Google Ads
Alle Kampagnen
Alle Kampagnen
Entfernte Kampagnen sind ausgeblendet
Keine passenden Kampagnen
Übersicht
Kampagnen
Einstellungen
Standorte
Änderungsverlauf
Kampagnen
Gesamte Zeit 24. Nov. 2018
Keine Angabe
Keine Angabe
Keine Daten
1
2
Kampagnen suchen
Kampagnenstatus: Alle bis auf entfernte Filter hinzufügen
Kampagne
Budget
Status
Kampagnentyp
Es sind keine Kampagnen aktiviert
NEUE KAMPAGNE
Gesamt: Konto
0,00 € pro Tag
Die Statistiken werden nicht in Echtzeit angegeben. Zeitzone für alle Datums- und Uhrzeitangaben: (GMT+01:00) Mitteleuropäische Zeit. Weitere Informationen
Unter Umständen wird ein Teil des Inventars von einem Drittanbieter bereitgestellt, der als Vermittler agiert.
Für akkreditierte Messwerte sehen Sie die Akkreditierung vom Media Rating Council (MRC), wenn Sie den Mauszeiger auf die Spaltenüberschrift bewegen.
© 2018 Google

Die erste Kampagne

Nachdem Sie sich das erste Mal angemeldet haben, befinden Sie sich auf der Seite Übersicht im Ads-Konto. Das Interface von Ads ist in drei Spalten unterteilt. In der linken dunkelgrau hinterlegten Spalte werden die Kampagnen und Anzeigengruppen aufgelistet, die Sie angelegt haben. Die mittlere hellere Spalte, die mit dem Punkt Übersicht beginnt, ist die Hauptnavigation für das Ads-Konto. Die rechte und größte Spalte zeigt den Hauptbereich des Ads-Kontos.

Als Grundlage für Kapitel 4 legen Sie jetzt die erste Kampagne an. Klicken Sie hierzu in der Hauptnavigation auf Kampagnen ❶ und danach auf den blauen Plusbutton ❷. In dem sich öffnenden Menü wählen Sie NEUE KAMPAGNE aus. Auf der nächsten Seite bestimmen Sie als Kampagnentyp Suchnetzwerk und wählen danach den Punkt Kampagne ohne Zielvorhaben erstellen. Anschließend klicken Sie auf WEITER. An dieser Stelle werden die wichtigsten Punkte nur kurz angesprochen, da eine detaillierte Erläuterung aller Optionen in Kapitel 5, »Kampagne einrichten« folgt.

Vergeben Sie einen Namen für die Kampagne und klicken Sie in der Box Werbenetzwerke unter dem Punkt Displaynetzwerk hinzufügen auf Ja. Bei Standorte sollte Deutschland ausgewählt sein. Im Moment ist die Einstellung für diesen Standort in Ordnung. Später werden Sie hier festlegen, in welchen **geografischen Gebieten** Sie Ihre Werbung schalten wollen. Bei Budget tragen Sie 1 € ein. Wählen Sie Klicks bei Gebote unter Worauf möchten Sie den Schwerpunkt legen? aus, tragen Sie bei Maximales CPC-Gebot (optional) 0,10 € ein und scrollen Sie bis zum Ende der Seite. Klicken Sie dort auf SPEICHERN UND FORTFAHREN. Damit haben Sie erste Kampagneneinstellungen vorgenommen.

ACHTUNG

Beachten Sie, dass alle diese Einstellungen noch im Detail erläutert werden und eine Kampagne so, wie sie jetzt eingerichtet ist, **nie** laufen dürfte.

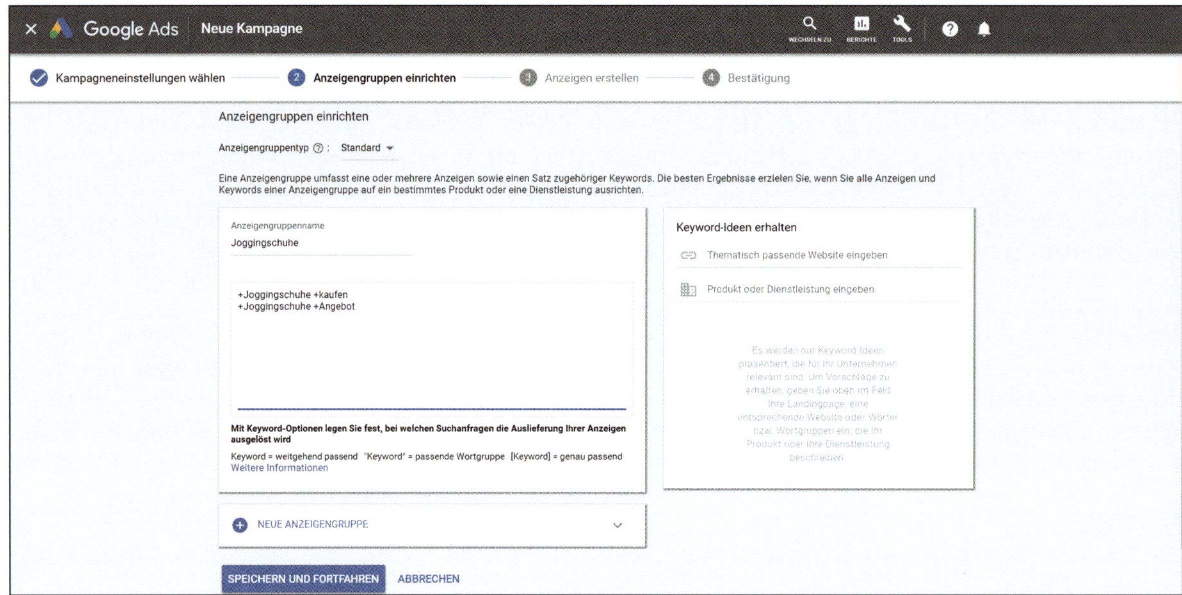

Google Ads
Neue Kampagne
WECHSELN ZU
BERICHTE
TOOLS
Kampagneneinstellungen wählen
2 Anzeigengruppen einrichten
3 Anzeigen erstellen
4 Bestätigung
Anzeigengruppen einrichten
Anzeigengruppentyp : Standard
Eine Anzeigengruppe umfasst eine oder mehrere Anzeigen sowie einen Satz zugehöriger Keywords. Die besten Ergebnisse erzielen Sie, wenn Sie alle Anzeigen und Keywords einer Anzeigengruppe auf ein bestimmtes Produkt oder eine Dienstleistung ausrichten.
Anzeigengruppenname
Joggingschuhe
+Joggingschuhe +kaufen
+Joggingschuhe +Angebot
Mit Keyword-Optionen legen Sie fest, bei welchen Suchanfragen die Auslieferung Ihrer Anzeigen ausgelöst wird
Keyword = weitgehend passend "Keyword" = passende Wortgruppe [Keyword] = genau passend
Weitere Informationen
Keyword-Ideen erhalten
Thematisch passende Website eingeben
Produkt oder Dienstleistung eingeben
NEUE ANZEIGENGRUPPE
SPEICHERN UND FORTFAHREN
ABBRECHEN

Anzeigengruppe und Keywords

Sobald die Kampagne eingerichtet ist, folgt die **Anzeigengruppe**. Diese liegt in der Hierarchie eine Ebene unter der Kampagnenebene. Jede Kampagne muss **mindestens eine Anzeigengruppe** enthalten. Angenommen, Sie führen ein Geschäft für Sportartikel und wollen die Sortimente für Fußball und Joggen bewerben: Auf der **Kampagnenebene** legen Sie unter anderem fest, wo und mit welchem Budget Sie werben wollen. Jetzt können Sie für jede **Produktgruppe** eine Anzeigengruppe anlegen und damit sicherstellen, dass für Nutzer, die z. B. nach Joggingschuhen suchen, auch die **passenden Anzeigen** geschaltet werden.

Geben Sie der Anzeigengruppe einen **Namen**, den Sie später **gut zuordnen** können. Im Feld Anzeigengruppenname hinterlegen Sie jetzt mindestens ein Keyword, für das Sie gefunden werden wollen. Um bei unserem Beispiel der Joggingschuhe zu bleiben, könnte ein passendes Keyword Joggingschuhe günstig kaufen lauten.

Dies würde bewirken, dass alle Nutzer, deren Suchanfrage Joggingschuhe günstig kaufen lautet, Ihre Anzeige zu sehen bekommen. Es ergibt immer Sinn, **Kombinationen aus Wörtern** zu verwenden. Wenn Sie das Keyword Joggingschuhe allein verwenden, wissen Sie nie, was der Nutzer genau will. Sucht der Nutzer beispielsweise nach Joggingschuhe Angebot, würde Ihre Anzeige bei der Nutzung des Keywords Joggingschuhe ebenfalls geschaltet, für den Absender der Suchanfrage wäre jedoch in diesem Fall Ihr Verkaufsangebot nicht interessant.

Google Ads bietet verschiedene **Optionen für Keywords** an, die Ihnen helfen, das Schalten Ihrer Anzeigen so zu steuern, dass nur solche Nutzer Ihre Anzeigen zu sehen bekommen, für die Ihr Angebot auch infrage kommt. Das Thema **Keywords** wird in Kapitel 6 näher betrachtet. Klicken Sie zum Schluss auf SPEICHERN UND FORTFAHREN.

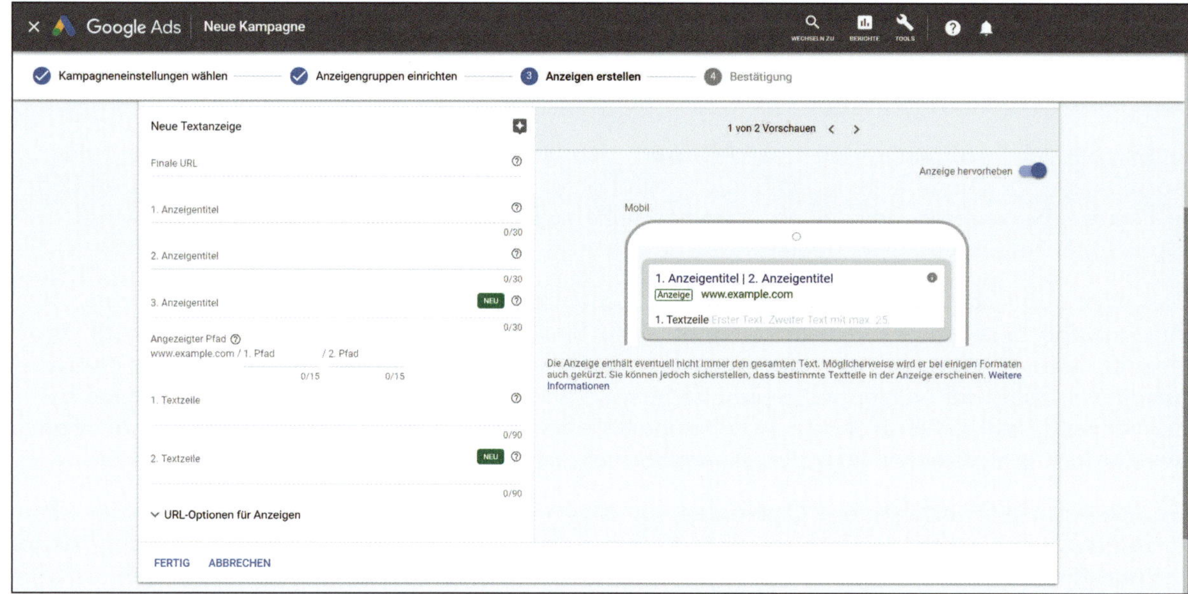
Google Ads
Neue Kampagne
Kampagneneinstellungen wählen
Anzeigengruppen einrichten
Anzeigen erstellen
Bestätigung
Neue Textanzeige
Finale URL
1. Anzeigentitel
2. Anzeigentitel
3. Anzeigentitel
Angezeigter Pfad
www.example.com / 1. Pfad / 2. Pfad
1. Textzeile
2. Textzeile
URL-Optionen für Anzeigen
FERTIG
ABBRECHEN
1 von 2 Vorschauen
Anzeige hervorheben
Mobil
1. Anzeigentitel | 2. Anzeigentitel
Anzeige www.example.com
1. Textzeile
Die Anzeige enthält eventuell nicht immer den gesamten Text. Möglicherweise wird er bei einigen Formaten auch gekürzt. Sie können jedoch sicherstellen, dass bestimmte Textteile in der Anzeige erscheinen. Weitere Informationen

Eine Anzeige anlegen

Jetzt legen Sie Ihre erste Textanzeige an. Eine Anzeige besteht aus folgenden Elementen, deren maximale **Zeichenzahl** vorgegeben ist.

- Finale URL
- 1. Anzeigentitel – 30 Zeichen
- 2. Anzeigentitel – 30 Zeichen
- 3. Anzeigentitel – 30 Zeichen
- Angezeigter Pfad – 2×15 Zeichen
- 1. Textzeile – 90 Zeichen
- 2. Textzeile – 90 Zeichen

Während Sie die Anzeige verfassen, wird rechts daneben eine Vorschau der Anzeige für mobile Endgeräte und Desktops generiert. Das **Erstellen von Anzeigen** wird in Kapitel 7 detailliert besprochen. Wenn Sie die Anzeige erzeugt haben, klicken Sie auf SPEICHERN UND FORTFAHREN. Damit gelangen Sie zu einer Übersicht und mit einem Klick auf Zur Kampagne zurück zur Hauptseite von Google Ads.

Zeichen zählen

In den Formularfeldern, in die Sie Ihre Anzeigentexte eintragen, werden die **verbleibenden Zeichen** immer angezeigt. So sollte es für Sie ein Leichtes sein, die **richtigen Textlängen** zu finden. Neben den Eingabefeldern sehen Sie direkt eine Vorschau Ihrer Anzeigen. Diese verändert sich **dynamisch** mit Ihrer Eingabe.

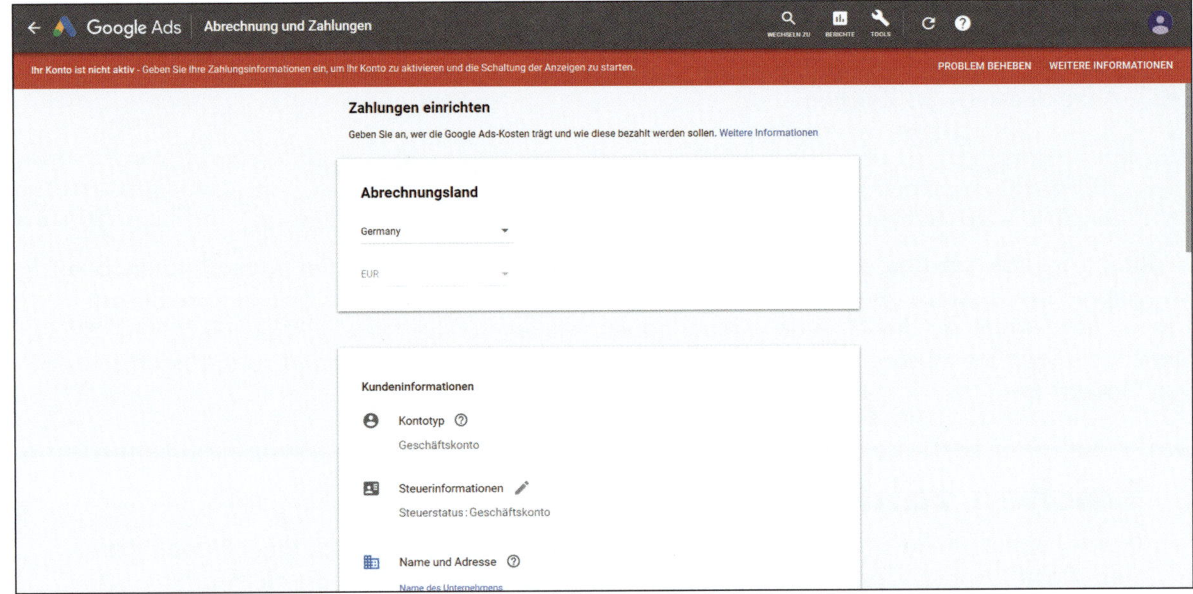
Google Ads
Abrechnung und Zahlungen
WECHSELN ZU
BERICHTE
TOOLS
Ihr Konto ist nicht aktiv - Geben Sie Ihre Zahlungsinformationen ein, um Ihr Konto zu aktivieren und die Schaltung der Anzeigen zu starten.
PROBLEM BEHEBEN
WEITERE INFORMATIONEN
Zahlungen einrichten
Geben Sie an, wer die Google Ads-Kosten trägt und wie diese bezahlt werden sollen. Weitere Informationen
Abrechnungsland
Germany
EUR
Kundeninformationen
Kontotyp
Geschäftskonto
Steuerinformationen
Steuerstatus : Geschäftskonto
Name und Adresse
Name des Unternehmens

Kontoeinrichtung – Abrechnung

Da Sie Ihre Werbung bei Google Ads bezahlen müssen, ist es notwendig, die **Abrechnung und Zahlungen** einzurichten. Sie werden wahrscheinlich nach dem Einrichten der ersten Kampagne den Warnhinweis Ihr Konto ist nicht aktiv – Geben Sie Ihre Zahlungsinformationen ein, um Ihr Konto zu aktivieren und die Schaltung der Anzeigen zu starten. erhalten. Sie gelangen in diesem Fall zu den Abrechnungseinstellungen über den Punkt Problem beheben im Warnhinweis oder über den Schraubenschlüssel rechts oben in der Ecke und den Menüpunkt Abrechnung und Zahlungen. Wählen Sie zuerst das **Land** aus, in dem sich Ihre **Rechnungsadresse** befindet. Danach folgt ein Formular, in das Sie alle relevanten Daten zu Ihrer Firma eintragen müssen. Google bietet Ihnen zwei Zahlungsmöglichkeiten an: **Bankeinzug** und **Kreditkarte**.

Ads funktioniert in Deutschland mit **Nachzahlung** – das bedeutet, dass Sie **zuerst** Anzeigen schalten und die dafür anfallenden Kosten **später** von Google von Ihrem Konto oder Ihrer Kreditkarte abgebucht werden.

Die Abrechnung erfolgt spätestens nach **30 Tagen** oder wenn Sie einen bestimmten Betrag auf Ihrem Ads-Konto erreicht haben. Die **Grenzbeträge für die Auslösung** einer Abrechnung wurden von Google wie folgt festgelegt: 50 €, 200 €, 350 € und 500 €. Der Betrag liegt zu **Beginn Ihrer Werbeaktivitäten** bei 50 €. Sollten Ihre Ausgaben die 50 € innerhalb des Abrechnungszeitraums von 30 Tagen erreichen, werden diese von Ihrem Konto abgebucht, und der Betrag für die nächste Abbuchung wird auf 200 € erhöht. Im Moment der Abbuchung beginnt automatisch der **neue Abrechnungszeitraum**. Sollten Sie in den kommenden 30 Tagen die neue Grenze von 200 € wiederum erreichen, erhöht sich der Abrechnungsbetrag auf 350 €. Die letzte Stufe sind 500 €.

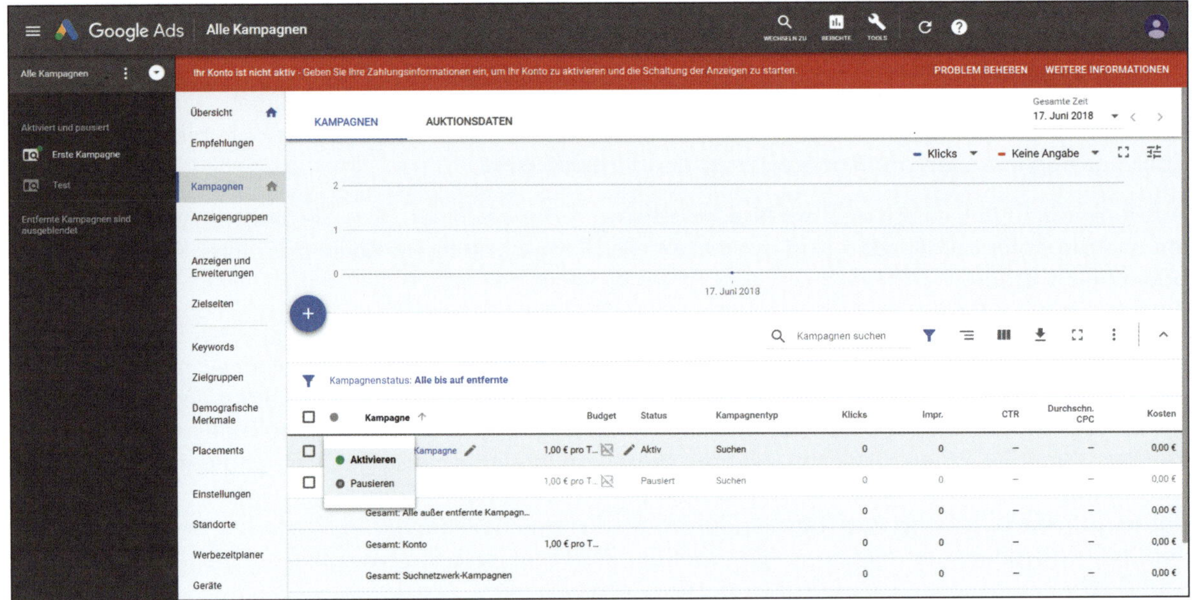

Google Ads
Alle Kampagnen
Alle Kampagnen
Ihr Konto ist nicht aktiv - Geben Sie Ihre Zahlungsinformationen ein, um Ihr Konto zu aktivieren und die Schaltung der Anzeigen zu starten.
PROBLEM BEHEBEN
WEITERE INFORMATIONEN
Aktiviert und pausiert
Erste Kampagne
Test
Entfernte Kampagnen sind ausgeblendet
Übersicht
Empfehlungen
Kampagnen
Anzeigengruppen
Anzeigen und Erweiterungen
Zielseiten
Keywords
Zielgruppen
Demografische Merkmale
Placements
Einstellungen
Standorte
Werbezeitplaner
Geräte
KAMPAGNEN
AUKTIONSDATEN
Gesamte Zeit
17. Juni 2018
Klicks
Keine Angabe
17. Juni 2018
Kampagnen suchen
Kampagnenstatus: Alle bis auf entfernte
Kampagne
Budget
Status
Kampagnentyp
Klicks
Impr.
CTR
Durchschn. CPC
Kosten
Aktivieren
Pausieren
Gesamt: Alle außer entfernte Kampagn...
Gesamt: Konto
Gesamt: Suchnetzwerk-Kampagnen

Kampagne pausieren

Da die Kampagne mit den jetzigen Einstellungen auf **keinen Fall** gestartet werden sollte, müssen wir sie erst einmal pausieren. Klicken Sie hierzu in der linken Spalte auf Alle Kampagnen und in der Hauptnavigation auf Kampagnen. Sie erhalten jetzt eine Übersicht und sehen dort die von Ihnen angelegte Kampagne. Klicken Sie auf den **grünen Punkt** vor dem Namen der Kampagne, öffnet sich ein Menü. Wählen Sie dort den Punkt Pausieren aus.

Damit ist sichergestellt, dass keine Anzeigen geschaltet werden und kein Geld ausgegeben wird.

Im nächsten Kapitel lernen Sie Ads genauer kennen und erfahren, **wo sich welche Funktion** befindet. Gleichzeitig erfahren Sie, wie Ads strukturiert ist und was dies für Ihre **Werbeplanung** bedeutet.

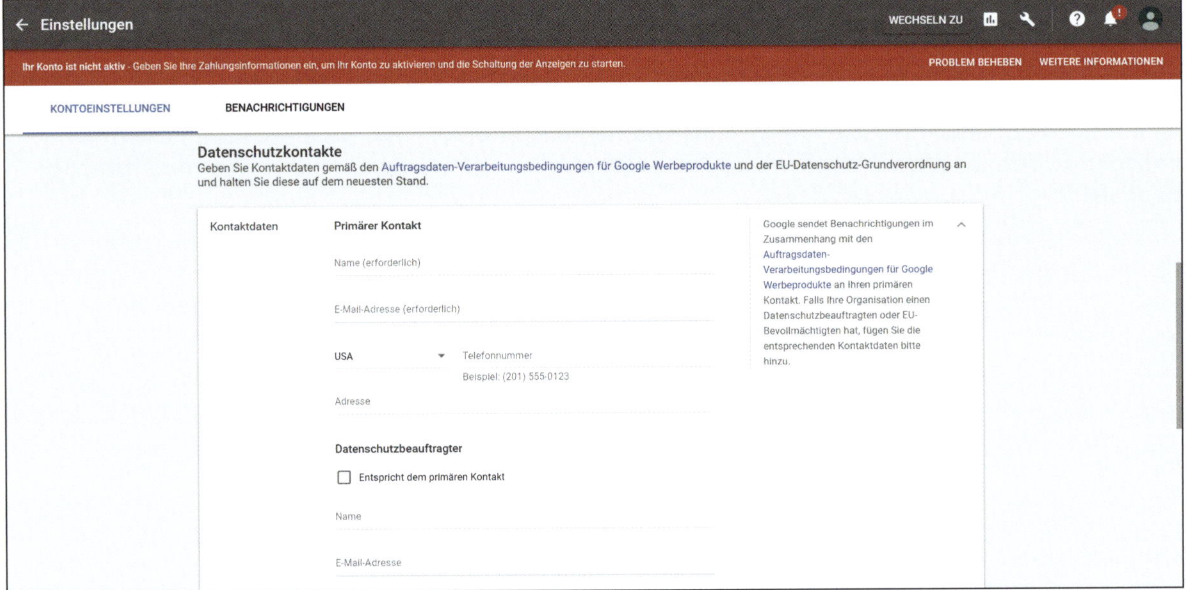

Einstellungen
WECHSELN ZU
Ihr Konto ist nicht aktiv - Geben Sie Ihre Zahlungsinformationen ein, um Ihr Konto zu aktivieren und die Schaltung der Anzeigen zu starten.
PROBLEM BEHEBEN
WEITERE INFORMATIONEN
KONTOEINSTELLUNGEN
BENACHRICHTIGUNGEN
Datenschutzkontakte
Geben Sie Kontaktdaten gemäß den Auftragsdaten-Verarbeitungsbedingungen für Google Werbeprodukte und der EU-Datenschutz-Grundverordnung an und halten Sie diese auf dem neuesten Stand.
Kontaktdaten
Primärer Kontakt
Name (erforderlich)
E-Mail-Adresse (erforderlich)
USA
Telefonnummer
Beispiel: (201) 555-0123
Adresse
Datenschutzbeauftragter
Entspricht dem primären Kontakt
Name
E-Mail-Adresse
Google sendet Benachrichtigungen im Zusammenhang mit den Auftragsdaten-Verarbeitungsbedingungen für Google Werbeprodukte an Ihren primären Kontakt. Falls Ihre Organisation einen Datenschutzbeauftragten oder EU-Bevollmächtigten hat, fügen Sie die entsprechenden Kontaktdaten bitte hinzu.

Datenschutz

Mit der Einführung der **DSGVO** (Datenschutzgrundverordnung) wurde Ads der Punkt Datenschutz-kontakte hinzugefügt. Sie können diesen Punkt per Schraubenschlüsselsymbol über den Menüpunkt Einstellungen aufrufen. Dort müssen Sie einen primären Kontakt gemäß den Auftragsdaten-Verarbeitungsbedingungen für Google Werbeprodukte und der EU-Datenschutz-Grundverordnung hinterlegen.

Die Kontaktinformationen eines Datenschutzbeauftragten und/oder eines EU-Bevollmächtigten können ebenfalls dort hinterlegt werden. Google sendet an diese Kontakte Informationen im Zusammenhang mit den Auftragsdaten-Verarbeitungsbedingungen für Google Werbeprodukte. Die Bedingungen im Detail können Sie von dort aus über einen Link aufrufen. Die Adresse lautet: https://privacy.google.com/businesses/processorterms/.

Kapitel 4 | Ads – ein Überblick

In Kapitel 3 haben Sie Ihr Ads-Konto beim Erstellen der **ersten Kampagne** schon kurz kennengelernt. Wie bei jedem Programm und jeder Software ist es wichtig, dass Sie einen Überblick darüber bekommen, wo Sie was finden, damit Sie sich bei der späteren Arbeit auf die **Umsetzung Ihrer Ziele** konzentrieren können und Ihre Zeit nicht mit Suchen verbringen müssen.

Dieses Kapitel erläutert Ihnen deshalb den **Aufbau von Google Ads**. Einige Funktionen werden nur kurz beschrieben, da sie in den späteren Kapiteln ausführlich behandelt werden.

Die Oberfläche von Ads ist in vier Bereiche unterteilt:

- **die Kopfzeile mit grundlegenden Funktionen (z. B. Abrechnung, Berichte, Keyword-Planer)**
- **die linke Spalte für die Navigation durch Kampagnen und Anzeigengruppen (Kampagnennavigation)**
- **die mittlere Spalte als Hauptnavigation mit allen wichtigen Funktionen**
- **der große Hauptbereich, in dem Sie arbeiten werden**

Wenn Sie in der linken Spalte eine Kampagne auswählen und dann unterschiedliche Punkte in der Hauptnavigation anklicken, erscheinen im Hauptbereich, je nach Seite, zusätzlich Tabs zur Navigation. Auf der Seite Anzeigen und Erweiterungen sind das z. B. Anzeigen, Erweiterungen und Automatische Erweiterungen.

Ein Symbol mit drei vertikal angeordneten Punkten stellt immer ein Menü dar und enthält zusätzliche Funktionen.

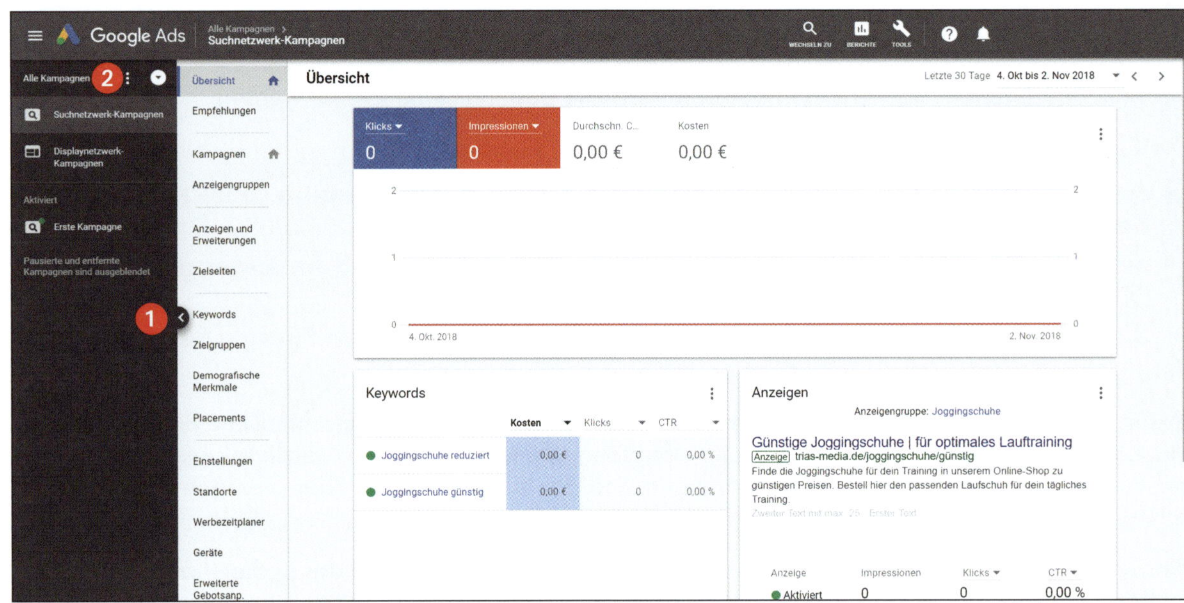
Google Ads
Alle Kampagnen
Suchnetzwerk-Kampagnen
WECHSELN ZU
BERICHTE
TOOLS
Alle Kampagnen
2
Suchnetzwerk-Kampagnen
Displaynetzwerk-Kampagnen
Aktiviert
Erste Kampagne
Pausierte und entfernte Kampagnen sind ausgeblendet
1
Übersicht
Empfehlungen
Kampagnen
Anzeigengruppen
Anzeigen und Erweiterungen
Zielseiten
Keywords
Zielgruppen
Demografische Merkmale
Placements
Einstellungen
Standorte
Werbezeitplaner
Geräte
Erweiterte Gebotsanp.
Übersicht
Letzte 30 Tage 4. Okt bis 2. Nov 2018
Klicks
0
Impressionen
0
Durchschn. C...
0,00 €
Kosten
0,00 €
4. Okt. 2018
2. Nov. 2018
Keywords
Kosten
Klicks
CTR
Joggingschuhe reduziert 0,00 € 0 0,00 %
Joggingschuhe günstig 0,00 € 0 0,00 %
Anzeigen
Anzeigengruppe: Joggingschuhe
Günstige Joggingschuhe | für optimales Lauftraining
Anzeige trias-media.de/joggingschuhe/günstig
Finde die Joggingschuhe für dein Training in unserem Online-Shop zu günstigen Preisen. Bestell hier den passenden Laufschuh für dein tägliches Training.
Anzeige
Impressionen
Klicks
CTR
Aktiviert 0 0 0,00 %

Navigation durch Kampagnen und Anzeigengruppen

Zur Navigation durch Kampagnen und Anzeigengruppen dient die ganz linke Spalte. Sie können die Navigation mit einem Klick auf den kleinen Pfeil ❶, der nach links bzw. rechts zeigt, ein- und ausblenden. Dadurch gewinnen Sie mehr Platz für den Hauptbereich. Zu Beginn wird Ihnen das nicht für notwendig erscheinen, je mehr Informationen Sie aber über verschiedenen Spalten einblenden, desto sinnvoller wird diese Funktion.

Über das Menüsymbol ❷ können Sie Kampagnen und Anzeigengruppen je nach Status ein- und ausblenden, um die Übersicht zu behalten. Blenden Sie z. B. nur aktivierte Kampagnen und Anzeigengruppen oder alle bis auf die entfernten Kampagnen und Anzeigengruppen ein. Direkt unter diesem Menüsymbol stehen die von Ihnen verwendeten Kampagnentypen zur Auswahl. Auf diese Weise können Sie sich z. B. nur Suchnetzwerk-Kampagnen oder nur Displaynetzwerk-Kampagnen anzeigen lassen.

Vor allem für sehr umfangreiche Konten oder die Überwachung von bestimmten Zielen bietet sich die Funktion der **Kampagnengruppen** an. Im Kopfbereich der Navigation befindet sich neben dem Punkt Alle Kampagnen ein rundes Pfeilsymbol, mit dem Sie die Kampagnengruppen aufrufen können. Da Sie wahrscheinlich noch keine Kampagnengruppen angelegt haben, wird im Hauptbereich der Button Kampagnengruppen erstellen eingeblendet. Auf der darauffolgenden Seite legen Sie einen Namen für die Kampagnengruppe fest, wählen die zu überwachenden Kampagnen aus, die zu der Gruppe gehören sollen, und bestimmen das Leistungsziel.

Als **Leistungsziel** stehen Ihnen **Klicks**, **Conversions** und der **Conversion-Wert** zur Verfügung, außerdem müssen Sie noch den **Zeitraum** festlegen. Wenn Sie eine Gruppe angelegt haben und den Punkt Kampagnengruppen später erneut aufrufen, wird Ihnen für jede Kampagnengruppe eine Kachel mit Informationen dazu angezeigt, ob Sie das festgelegte Ziel erreicht haben oder ob Handlungsbedarf besteht.

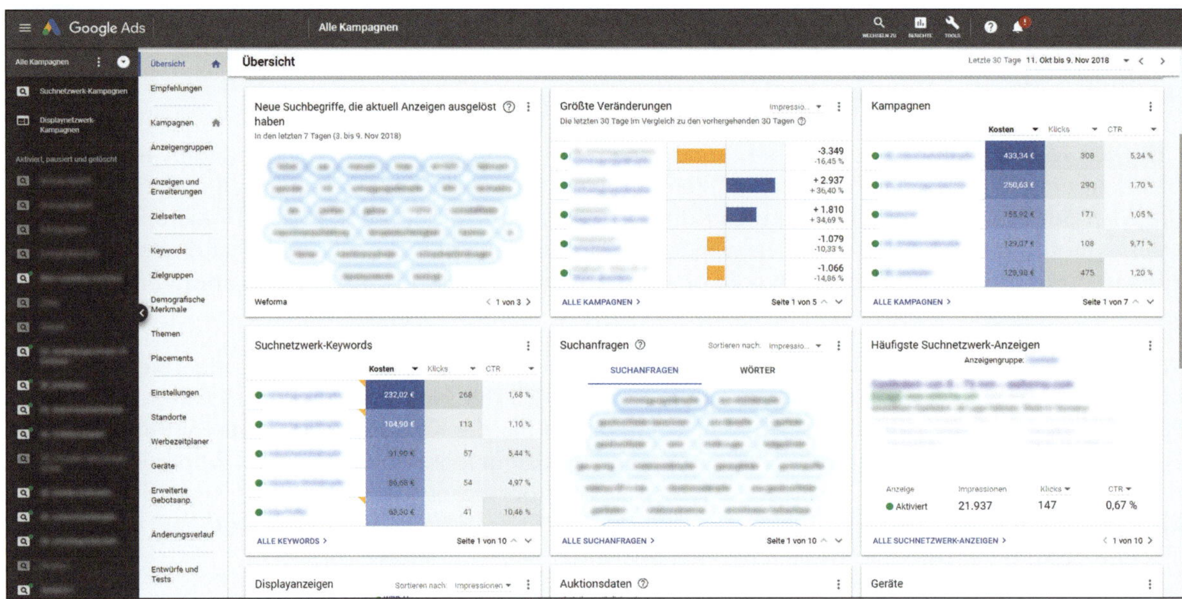

Google Ads
Alle Kampagnen
Übersicht
Letzte 30 Tage 11. Okt bis 9. Nov 2018
Empfehlungen
Kampagnen
Anzeigengruppen
Anzeigen und Erweiterungen
Zielseiten
Keywords
Zielgruppen
Demografische Merkmale
Themen
Placements
Einstellungen
Standorte
Werbezeitplaner
Geräte
Erweiterte Gebotsanp.
Änderungsverlauf
Entwürfe und Tests
Neue Suchbegriffe, die aktuell Anzeigen ausgelöst haben
In den letzten 7 Tagen (3. bis 9. Nov 2018)
Größte Veränderungen
Die letzten 30 Tage im Vergleich zu den vorhergehenden 30 Tagen
Kampagnen
Suchnetzwerk-Keywords
Suchanfragen
SUCHANFRAGEN
WÖRTER
Häufigste Suchnetzwerk-Anzeigen
Displayanzeigen
Auktionsdaten
Geräte

Hauptnavigation – Übersicht

Die Seite Übersicht ist eine von zwei möglichen Startseiten, wenn Sie sich bei Ads einloggen, und hat die Funktion eines Dashboards. Die andere Startseite ist die Seite Kampagnen. Rechts neben beiden Navigationspunkten ist ein Haussymbol zu sehen, und mit einem Klick auf das jeweilige Symbol legen Sie die gewünschte Startseite fest.

Das Dashboard besteht aus Kacheln, die unterschiedliche Informationen bereithalten und teilweise von Ihnen angepasst werden können. Die Seite dient in erster Linie der Information und hilft Ihnen, bestimmte Entwicklungen zu erkennen.

Die größte Kachel stellt bis zu vier unterschiedliche Leistungsdaten als Diagramm dar und kann entsprechend Ihrer Zielsetzung angepasst werden. Mit einem Klick auf eines der vier Felder links oben in der Kachel blenden Sie den Wert ein und aus. Wenn Sie auf den Text klicken, können Sie aus unterschiedlichen Leistungsdaten wählen, wie etwa Klicks, Kosten oder Conversions. Rechts oben in der Kachel steht Ihnen noch ein Menü zur Verfügung, mit dem Sie die zeitliche Unterteilung festlegen können.

Die Kachel Größte Veränderungen ist auf jeden Fall einen Blick wert, um ungewöhnliche Entwicklungen im Konto zu entdecken und entsprechend zu überprüfen. In der Kachel Suchanfragen werden Ihnen Suchanfragen als Begriffswolke dargestellt. Diese Darstellung von Suchbegriffen finden Sie in dieser Form nur dort. Je nach Umfang des Kontos können Sie hier sehr schnell unerwünschte Suchanfragen identifizieren. Wenn Sie die Maus über einen der Begriffe bewegen, können Sie Suchanfrage als Keyword hinzufügen oder ausschließen. Hierzu erfahren Sie in Kapitel 6 Näheres.

Eine weitere interessante Kachel ist Tag und Uhrzeit. Hier können Sie sich sehr schnell einen Überblick über die Aktivitäten der Nutzer in Bezug auf Tage (Montag bis Sonntag) und die Uhrzeit verschaffen. Die für Sie interessanten Leistungsdaten legen Sie oben rechts in der Ecke der Kachel fest.

Sie werden die Startseite wesentlich besser verstehen, wenn Sie die verschiedenen Werte und ihre Bedeutung kennengelernt haben und etwas vertrauter mit dem Ads-System sind.

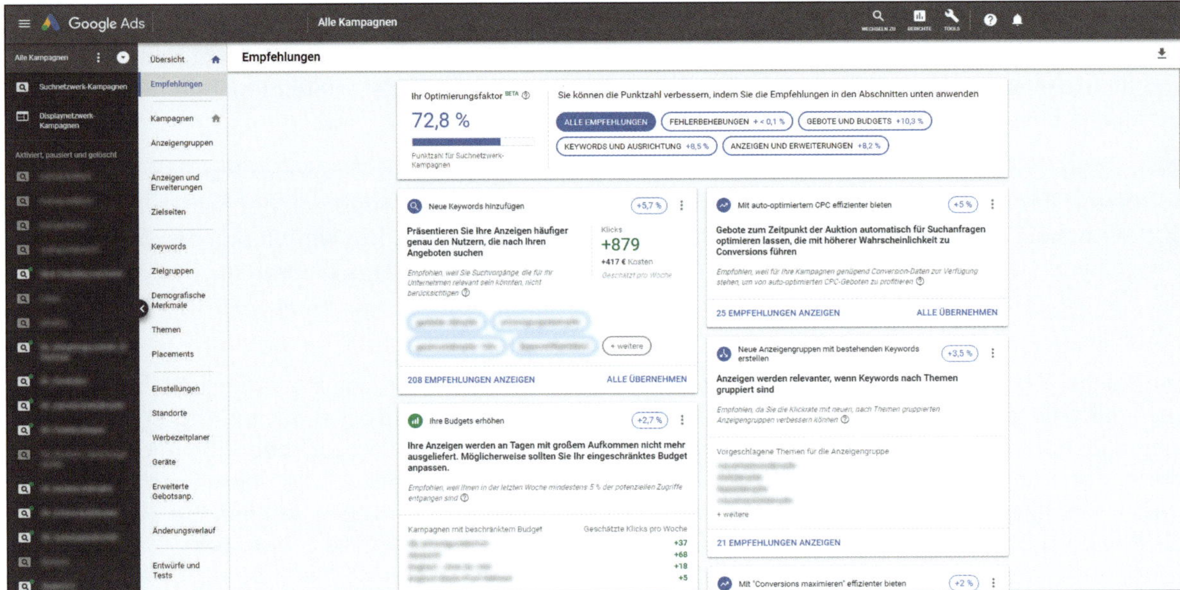

Google Ads
Alle Kampagnen
Alle Kampagnen
Suchnetzwerk-Kampagnen
Displaynetzwerk-Kampagnen
Aktiviert, pausiert und gelöscht
Übersicht
Empfehlungen
Kampagnen
Anzeigengruppen
Anzeigen und Erweiterungen
Zielseiten
Keywords
Zielgruppen
Demografische Merkmale
Themen
Placements
Einstellungen
Standorte
Werbezeitplaner
Geräte
Erweiterte Gebotsanp.
Änderungsverlauf
Entwürfe und Tests
Empfehlungen
Ihr Optimierungsfaktor BETA
72,8 %
Punktzahl für Suchnetzwerk-Kampagnen
Sie können die Punktzahl verbessern, indem Sie die Empfehlungen in den Abschnitten unten anwenden
ALLE EMPFEHLUNGEN
FEHLERBEHEBUNGEN + < 0,1 %
GEBOTE UND BUDGETS +10,3 %
KEYWORDS UND AUSRICHTUNG +8,5 %
ANZEIGEN UND ERWEITERUNGEN +8,2 %
Neue Keywords hinzufügen
+5,7 %
Präsentieren Sie Ihre Anzeigen häufiger genau den Nutzern, die nach Ihren Angeboten suchen
Klicks
+879
+417 € Kosten
Geschätzt pro Woche
+ weitere
208 EMPFEHLUNGEN ANZEIGEN
ALLE ÜBERNEHMEN
Mit auto-optimiertem CPC effizienter bieten
+5 %
Gebote zum Zeitpunkt der Auktion automatisch für Suchanfragen optimieren lassen, die mit höherer Wahrscheinlichkeit zu Conversions führen
25 EMPFEHLUNGEN ANZEIGEN
ALLE ÜBERNEHMEN
Neue Anzeigengruppen mit bestehenden Keywords erstellen
+3,5 %
Anzeigen werden relevanter, wenn Keywords nach Themen gruppiert sind
Vorgeschlagene Themen für die Anzeigengruppe
+ weitere
21 EMPFEHLUNGEN ANZEIGEN
Ihre Budgets erhöhen
+2,7 %
Ihre Anzeigen werden an Tagen mit großem Aufkommen nicht mehr ausgeliefert. Möglicherweise sollten Sie Ihr eingeschränktes Budget anpassen.
Kampagnen mit beschränktem Budget
Geschätzte Klicks pro Woche
+37
+68
+18
+5
Mit "Conversions maximieren" effizienter bieten
+2 %

Hauptnavigation – Empfehlungen

Der nächste Menüpunkt in der Hauptnavigation ist Empfehlungen. Wenn Ihre Anzeigen bereits eine bestimmte Zeit lang geschaltet worden sind, sollten Sie diese Seite aufrufen. Dort erhalten Sie von Google **Optimierungsvorschläge** für Ihre aktuell ausgewählte Kampagne auf Basis der **Kampagnenleistung** und der **Suchanfragen von Nutzern** in der Google Suche. Das Hauptelement dieser Seite ist der Optimierungsfaktor, der als prozentualer Wert dargestellt wird. Je nachdem, wie dieser Wert ausfällt, stehen rechts davon Empfehlungen dazu, wie Sie die Leistung optimieren können. Durch einen Klick auf die verschiedenen Vorschläge können Sie diese filtern. Die Vorschläge werden im Detail auf Kacheln unter dem Optimierungsfaktor dargestellt. Am Ende jeder Kachel können Sie sich die unterschiedliche Anzahl von Empfehlungen anzeigen lassen inklusive einer möglichen Auswirkung, wenn Sie diese Empfehlung übernehmen. Erscheint Ihnen eine Empfehlung sinnvoll, können Sie sie direkt hier umsetzen, ohne durch das gesamte Konto navigieren zu müssen.

Die Empfehlungen sind sehr umfangreich. Sie beginnen mit dem Hinzufügen von Keywords oder dem Formulieren von neuen Anzeigen und reichen bis zur Erstellung von neuen Kampagnen mit einem neuen Typ.

Prüfen Sie jeden Vorschlag sehr genau darauf, ob er für das Erreichen Ihrer Ziele sinnvoll ist. Wenn Sie eine Empfehlung nicht nutzen wollen, können Sie sie in der Detailansicht der Empfehlung auch löschen.

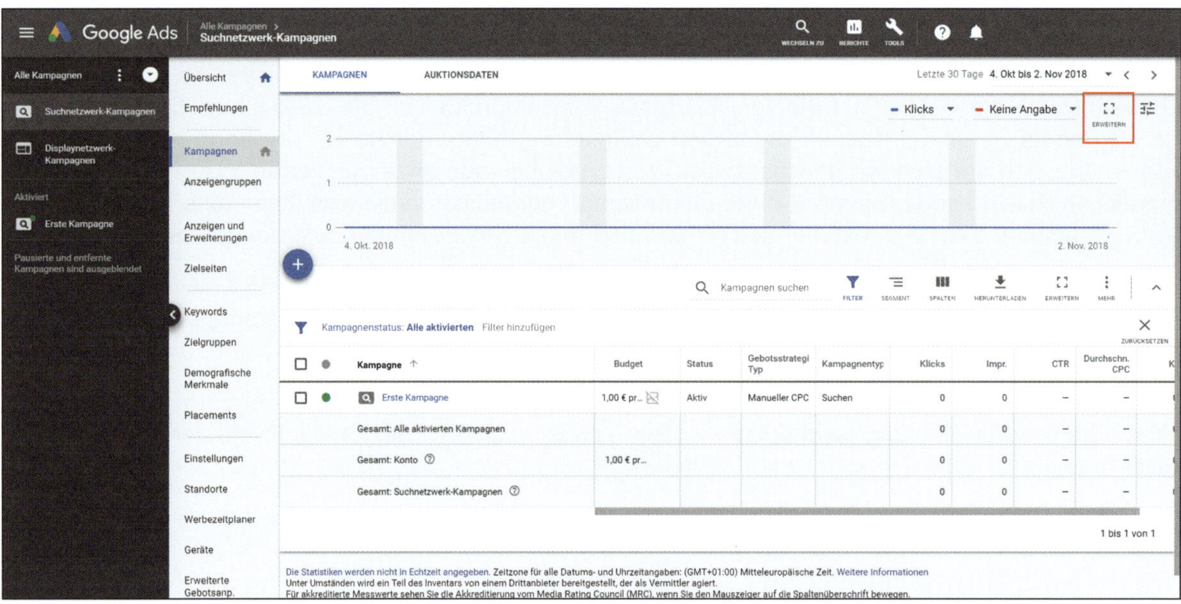
Google Ads
Alle Kampagnen
Suchnetzwerk-Kampagnen
WECHSELN ZU
BERICHTE
TOOLS
Alle Kampagnen
Suchnetzwerk-Kampagnen
Displaynetzwerk-Kampagnen
Aktiviert
Erste Kampagne
Pausierte und entfernte Kampagnen sind ausgeblendet
Übersicht
Empfehlungen
Kampagnen
Anzeigengruppen
Anzeigen und Erweiterungen
Zielseiten
Keywords
Zielgruppen
Demografische Merkmale
Placements
Einstellungen
Standorte
Werbezeitplaner
Geräte
Erweiterte Gebotsanp.
KAMPAGNEN
AUKTIONSDATEN
Letzte 30 Tage 4. Okt bis 2. Nov 2018
Klicks
Keine Angabe
ERWEITERN
4. Okt. 2018
2. Nov. 2018
Kampagnen suchen
FILTER
SEGMENT
SPALTEN
HERUNTERLADEN
ERWEITERN
MEHR
Kampagnenstatus: Alle aktivierten
Filter hinzufügen
ZURÜCKSETZEN
Kampagne
Budget
Status
Gebotsstrategi Typ
Kampagnentyp
Klicks
Impr.
CTR
Durchschn. CPC
Erste Kampagne
1,00 € pr...
Aktiv
Manueller CPC
Suchen
Gesamt: Alle aktivierten Kampagnen
Gesamt: Konto
Gesamt: Suchnetzwerk-Kampagnen
1 bis 1 von 1
Die Statistiken werden nicht in Echtzeit angegeben. Zeitzone für alle Datums- und Uhrzeitangaben: (GMT+01:00) Mitteleuropäische Zeit. Weitere Informationen
Unter Umständen wird ein Teil des Inventars von einem Drittanbieter bereitgestellt, der als Vermittler agiert.
Für akkreditierte Messwerte sehen Sie die Akkreditierung vom Media Rating Council (MRC), wenn Sie den Mauszeiger auf die Spaltenüberschrift bewegen.

Hauptnavigation – Kampagnen

Die nächste Rubrik in der **Hauptnavigation** ist der Punkt Kampagnen. Dieser Punkt ist nur dann verfügbar, wenn Sie in der Kampagnennavigation einen bestimmten Kampagnentyp (z. B. Suchnetzwerk, Displaynetzwerk) ausgewählt haben. Haben Sie bereits eine von Ihnen angelegte Kampagne ausgewählt, erscheint der Navigationspunkt Anzeigengruppen als dritter Punkt in der Hauptnavigation.

Die Seite Kampagnen besteht aus den Tabs Kampagnen und Auktionsdaten. Der Tab Kampagnen ist ein zentrales Element in Ads, da Sie dort die Übersicht über alle Kampagnen Ihres Kontos haben. Der Tab Auktionsdaten liefert Ihnen Daten zu Ihren Wettbewerbern und wie Sie im Verhältniss zu diesen abschneiden.

In der Ads-Struktur sind **Kampagnen die höchste Ebene**. Hier werden das **Tagesbudget** für die Kampagnen sowie die **geografische Ausrichtung**, die **Sprache**, das **Werbenetzwerk** und einige Punkte mehr festgelegt. Wenn Sie die Seite Kampagnen über die Hauptnavigation aufrufen, befinden Sie sich ebenfalls auf dem Tab Kampagnen.

In der Tabelle sind alle Kampagnen mit den **wichtigsten Leistungsdaten** aufgeführt. Sie sehen beispielsweise, **wie viele Klicks und Impressions** (Impr. abgekürzt) jede Kampagne erzielt hat sowie die daraus resultierende **Klickrate** (CTR – Click-Through-Rate). Über der Tabelle befindet sich ein Diagramm, das die gewünschten Leistungsdaten visualisiert. Die Leistungsdaten, die für Sie relevant sind, können Sie rechts oben im Diagramm über die Menüs auswählen und miteinander vergleichen sowie den Zeitraum festlegen. Mit einem Klick auf das rot gerahmte Icon können Sie das Diagramm maximieren.

Über das Icon Segment können Sie die Tabelle mit den Leistungsdaten um weitere Informationen ergänzen, etwa welches Gerät genutzt wurde, als Ihre Anzeige angeklickt wurde. Die Funktionen Filter und Spalten werden in Kapitel 12 näher betrachtet, wenn es um die Optimierung Ihrer Kampagnen geht.

Über den blauen Button können Sie eine neue Ads-Kampagne anlegen. Hierzu erfahren Sie später mehr in Kapitel 5.

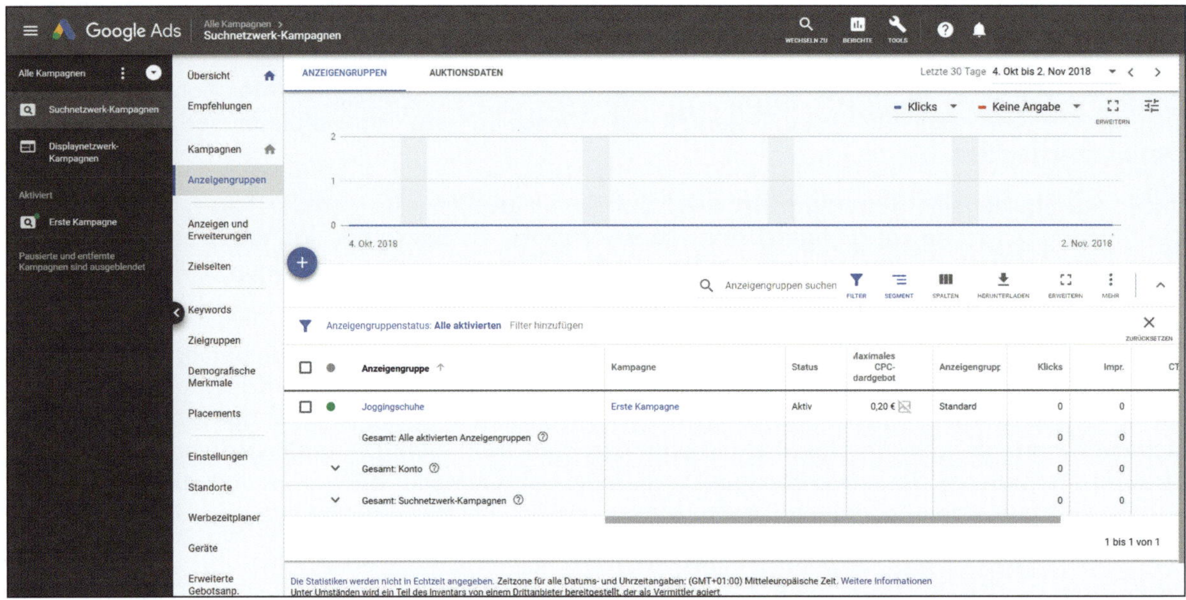
Google Ads
Alle Kampagnen
Suchnetzwerk-Kampagnen
Alle Kampagnen
Suchnetzwerk-Kampagnen
Displaynetzwerk-Kampagnen
Aktiviert
Erste Kampagne
Pausierte und entfernte Kampagnen sind ausgeblendet
Übersicht
Empfehlungen
Kampagnen
Anzeigengruppen
Anzeigen und Erweiterungen
Zielseiten
Keywords
Zielgruppen
Demografische Merkmale
Placements
Einstellungen
Standorte
Werbezeitplaner
Geräte
Erweiterte Gebotsanp.
ANZEIGENGRUPPEN
AUKTIONSDATEN
Letzte 30 Tage 4. Okt bis 2. Nov 2018
Klicks
Keine Angabe
4. Okt. 2018
2. Nov. 2018
Anzeigengruppen suchen
FILTER
SEGMENT
SPALTEN
HERUNTERLADEN
ERWEITERN
MEHR
Anzeigengruppenstatus: Alle aktivierten Filter hinzufügen
Anzeigengruppe
Kampagne
Status
Maximales CPC-Standardgebot
Anzeigengrupp
Klicks
Impr.
Joggingschuhe
Erste Kampagne
Aktiv
0,20 €
Standard
Gesamt: Alle aktivierten Anzeigengruppen
Gesamt: Konto
Gesamt: Suchnetzwerk-Kampagnen
1 bis 1 von 1
Die Statistiken werden nicht in Echtzeit angegeben. Zeitzone für alle Datums- und Uhrzeitangaben: (GMT+01:00) Mitteleuropäische Zeit. Weitere Informationen
Unter Umständen wird ein Teil des Inventars von einem Drittanbieter bereitgestellt, der als Vermittler agiert.

Hauptnavigation – Anzeigengruppen

Über den Punkt Anzeigengruppen kommen Sie zu der gleichnamigen Unterseite. Jede Kampagne besteht aus **mindestens einer Anzeigengruppe**, die wiederum **Keywords, Anzeigen und Gebote** enthält. Für jedes Produkt oder jede Dienstleistung legen Sie am besten eine eigene Anzeigengruppe an, um den Nutzer besser ansprechen zu können. Wählen Sie in der Kampagnennavigation eine Kampagne aus, erscheinen die dazugehörigen Anzeigengruppen. Mit einem weiteren Klick auf den Kampagnennamen werden die Anzeigengruppen wieder eingeklappt. Wenn Sie in diesem Menü direkt auf einen **Kampagnennamen** klicken, verändert sich der Hauptbereich, indem der Punkt Kampagne entfällt und Sie direkt die Anzeigengruppen der Kampagne angezeigt bekommen.

Der Aufbau der Anzeigengruppenseite ist nahezu identisch mit dem der Kampagnenseite. Bei den Leistungsdaten entfällt in der Tabelle der Wert für das Tagesbudget, da dieses auf der Kampagnenebene eingestellt wird. Dafür wird hier das **maximale Gebot für einen Klick auf Ihre Anzeige** (Maximales CPC-Standardangebot , CPC – Cost-per-Click) eingeblendet. Sie sehen also immer, wie hoch der **maximale Betrag** ist, den Sie bereit sind, für einen Klick auf eine Anzeige in der jeweiligen Anzeigengruppe zu bezahlen. Sie können das maximale Gebot für einen Klick für alle Keywords auf dieser Ebene festlegen, aber auch einen individuellen Betrag für jedes einzelne Keyword auf der Seite Keywords bestimmen. Näheres hierzu finden Sie in Kapitel 12.

Über das Datumsmenü rechts oben in der Ecke können Sie nun noch den **gewünschten Beobachtungszeitraum** einstellen. Neben verschiedenen vorgegebenen Zeiträumen können Sie einen benutzerdefinierten Zeitraum festlegen sowie mit dem Umschalter am Ende des Menüs zwei **Zeiträume miteinander vergleichen**.

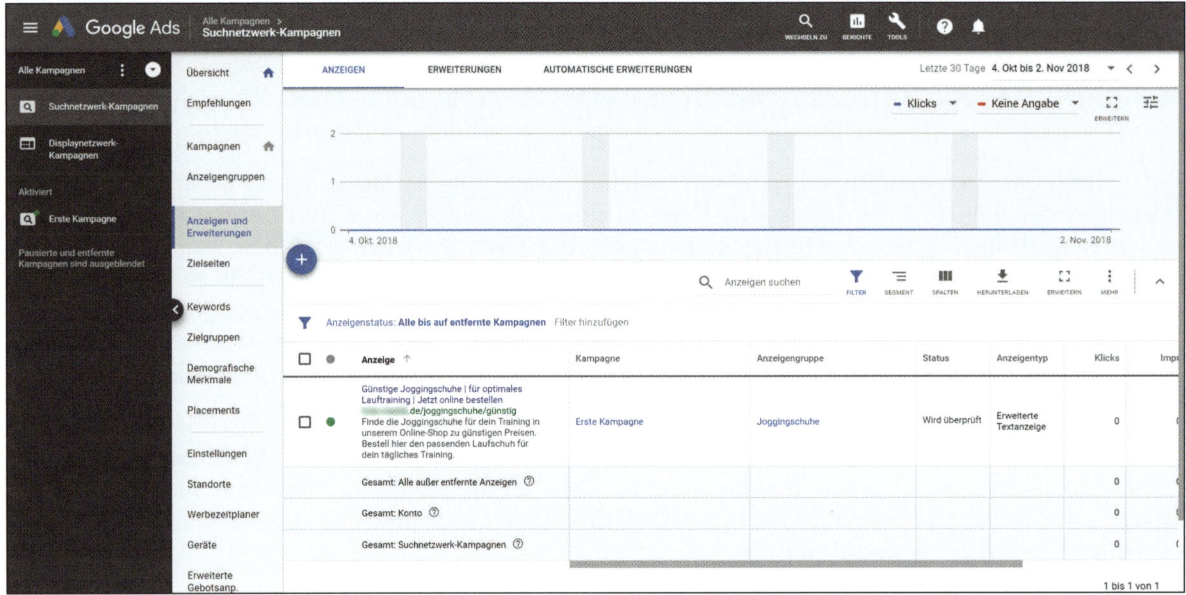
Google Ads
Alle Kampagnen >
Suchnetzwerk-Kampagnen
WECHSELN ZU
BERICHTE
TOOLS
Alle Kampagnen
Suchnetzwerk-Kampagnen
Displaynetzwerk-Kampagnen
Aktiviert
Erste Kampagne
Pausierte und entfernte Kampagnen sind ausgeblendet
Übersicht
Empfehlungen
Kampagnen
Anzeigengruppen
Anzeigen und Erweiterungen
Zielseiten
Keywords
Zielgruppen
Demografische Merkmale
Placements
Einstellungen
Standorte
Werbezeitplaner
Geräte
Erweiterte Gebotsanp.
ANZEIGEN
ERWEITERUNGEN
AUTOMATISCHE ERWEITERUNGEN
Letzte 30 Tage 4. Okt bis 2. Nov 2018
Klicks
Keine Angabe
ERWEITERN
4. Okt. 2018
2. Nov. 2018
Anzeigen suchen
FILTER
SEGMENT
SPALTEN
HERUNTERLADEN
ERWEITERN
MEHR
Anzeigenstatus: Alle bis auf entfernte Kampagnen
Filter hinzufügen
Anzeige
Kampagne
Anzeigengruppe
Status
Anzeigentyp
Klicks
Günstige Joggingschuhe | für optimales Lauftraining | Jetzt online bestellen
.de/joggingschuhe/günstig
Finde die Joggingschuhe für dein Training in unserem Online-Shop zu günstigen Preisen. Bestell hier den passenden Laufschuh für dein tägliches Training.
Erste Kampagne
Joggingschuhe
Wird überprüft
Erweiterte Textanzeige
0
Gesamt: Alle außer entfernte Anzeigen
0
Gesamt: Konto
0
Gesamt: Suchnetzwerk-Kampagnen
0
1 bis 1 von 1

Hauptnavigation – Anzeigen und Erweiterungen 1

Auf der Seite Anzeigen und Erweiterungen erhalten Sie, wie der Name schon sagt, einen Überblick über Ihre Anzeigen und Anzeigenerweiterungen. Wenn Sie das Suchnetzwerk nutzen, werden Sie dort **Textanzeigen und Nur-Anrufanzeigen** vorfinden. Es können auch schon **Responsive Suchnetzwerk-Anzeigen** verfügbar sein. Diese befinden sich aktuell noch in der Betaphase. Das Displaynetzwerk erlaubt darüber hinaus z. B. auch **Bildanzeigen** (grafische Banner) und **responsive Anzeigen**. Diese wären dann ebenfalls hier zu sehen. Je nachdem, auf welcher Ebene Sie sich in der Kampagnen-Menünavigation befinden, werden Ihnen alle Anzeigen in Ihrem Ads-Konto, die Anzeigen einer ausgewählten Kampagne oder nur die Anzeigen einer einzelnen ausgewählten Anzeigengruppe angezeigt.

In der Tabelle mit den Leistungsdaten können Sie sehen, wie häufig eine Anzeige im Vergleich zu anderen Anzeigen der Anzeigengruppe geschaltet wurde. Des Weiteren erfahren Sie, wie häufig die einzelnen Anzeigen eingeblendet (Impressions) und angeklickt (Klicks) wurden und welche Klickrate daraus resultiert.

Wenn Sie die erste Kampagne eingerichtet haben und wissen wollen, ob Ihre **Anzeigen geschaltet** werden, ist die Spalte Status wichtig. Hat Ihre Anzeige den Status Freigegeben, ist alles in Ordnung, denn das bedeutet, dass sie den Richtlinien für Anzeigen entspricht und für alle Nutzer freigegeben ist. Sollte der Status auf Wird überprüft stehen, müssen Sie noch etwas Geduld haben, bis die Anzeige freigegeben ist. Handlungsbedarf besteht, wenn die Anzeige auf Abgelehnt steht. Sobald Sie mit der Maus über den Statustext fahren, erfahren Sie, warum die Anzeige abgelehnt wurde. Passen Sie die Anzeige gegebenenfalls an, sodass sie **nochmals überprüft** und dann freigegeben werden kann.

Anzeigen testen

Wenn Sie mit der Maus über den Statustext fahren, sehen Sie auch, ob Ihre Anzeige geschaltet wird. Geben Sie Keyword und Ort ein, für die die Anzeige geschaltet werden soll, und starten Sie den Test mit einem Klick auf Erneut testen.

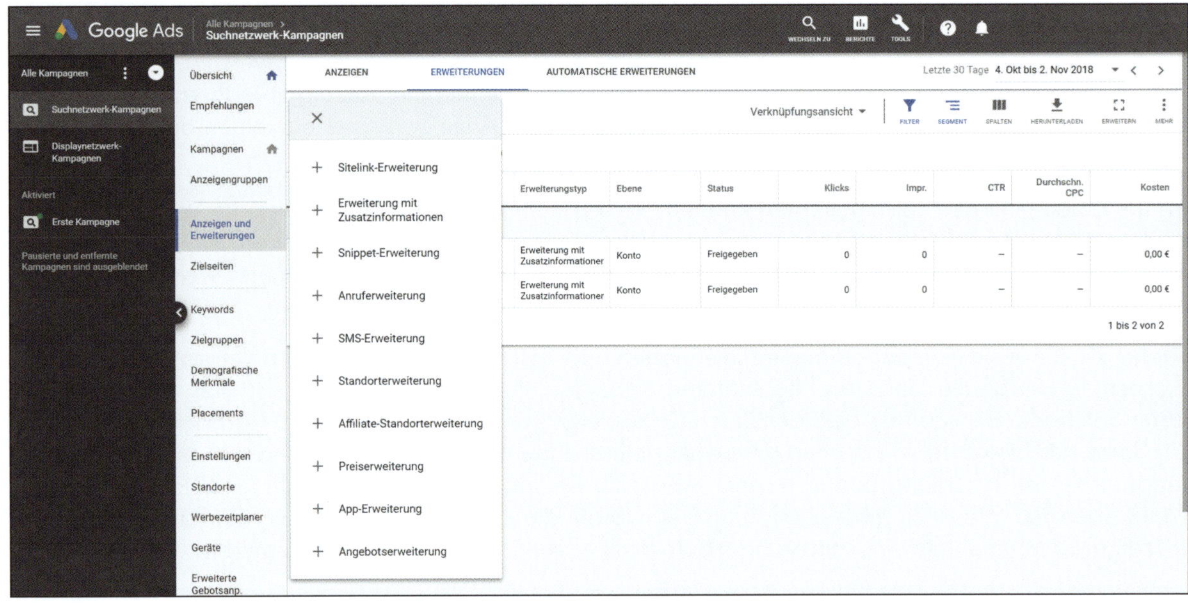
Google Ads
Alle Kampagnen
Suchnetzwerk-Kampagnen
WECHSELN ZU
BERICHTE
TOOLS
Alle Kampagnen
Suchnetzwerk-Kampagnen
Displaynetzwerk-Kampagnen
Aktiviert
Erste Kampagne
Pausierte und entfernte Kampagnen sind ausgeblendet
Übersicht
Empfehlungen
Kampagnen
Anzeigengruppen
Anzeigen und Erweiterungen
Zielseiten
Keywords
Zielgruppen
Demografische Merkmale
Placements
Einstellungen
Standorte
Werbezeitplaner
Geräte
Erweiterte Gebotsanp.
ANZEIGEN
ERWEITERUNGEN
AUTOMATISCHE ERWEITERUNGEN
Letzte 30 Tage 4. Okt bis 2. Nov 2018
Verknüpfungsansicht
FILTER
SEGMENT
SPALTEN
HERUNTERLADEN
ERWEITERN
MEHR
Sitelink-Erweiterung
Erweiterung mit Zusatzinformationen
Snippet-Erweiterung
Anruferweiterung
SMS-Erweiterung
Standorterweiterung
Affiliate-Standorterweiterung
Preiserweiterung
App-Erweiterung
Angebotserweiterung
Erweiterungstyp
Ebene
Status
Klicks
Impr.
CTR
Durchschn. CPC
Kosten
Erweiterung mit Zusatzinformationen
Konto
Freigegeben
0
0
–
–
0,00 €
Erweiterung mit Zusatzinformationen
Konto
Freigegeben
0
0
–
–
0,00 €
1 bis 2 von 2

Hauptnavigation – Anzeigen und Erweiterungen 2

Der zweite Tab, dem Sie Beachtung schenken sollten, ist der Tab Erweiterungen. Auf dieser Seite haben Sie die Möglichkeit, Ihre Anzeigen mit weiteren Informationen zu versehen, sodass nicht nur Ihre eigentliche Anzeige eingeblendet wird, sondern auch **Zusatzinformationen**. Anzeigen mit Erweiterungen nehmen mehr Platz in der Ergebnisseite ein und fallen somit auch mehr auf.

An dieser Stelle sollen die Anzeigenerweiterungen nur kurz vorgestellt werden, da Sie in Kapitel 10 genauer beschrieben werden.

Folgende Erweiterungen stehen Ihnen zur Verfügung:

- **Sitelink-Erweiterung** – Zusätzliche Links auf weitere Seiten Ihrer Website.
- **Erweiterung mit Zusatzinformationen** – Kurze Hinweise auf Ihr Angebot oder Alleinstellungsmerkmale.
- **Snippet-Erweiterung** – Zusätzliche Informationen unter Vorgabe eines bestimmten Themas
- **Anruferweiterung** – Ihre Telefonnummer wird hinterlegt, sodass Nutzer, wenn sie eine Suche mit einem mobilen Endgerät durchführen, Sie direkt über einen »Click-to-Call«-Button anrufen können.
- **SMS-Erweiterung** – Nutzer können Ihnen eine SMS zukommen lassen, und Sie können ihnen antworten.
- **Standorterweiterung** – Die Standorterweiterung ergänzt Ihre Anzeige mit Ihrer Adresse, sodass Nutzer, die eine Suche in der Nähe Ihres Standorts durchführen, diese angezeigt bekommen.
- **Affiliate-Standorterweiterung** – Die Erweiterung, wenn Ihre Produkte im Einzelhandel verfügbar sind.
- **Preiserweiterung** – Produkte mit Preisen direkt bewerben.
- **App-Erweiterung** – Sie haben eine App veröffentlicht? Mit dieser Erweiterung können Sie Ihre App direkt in der Anzeige bewerben.
- **Angebotserweiterung** – Bewerben Sie Ihre Angebote mit direkten Preisnachlässen oder einem prozentualen Rabatt.

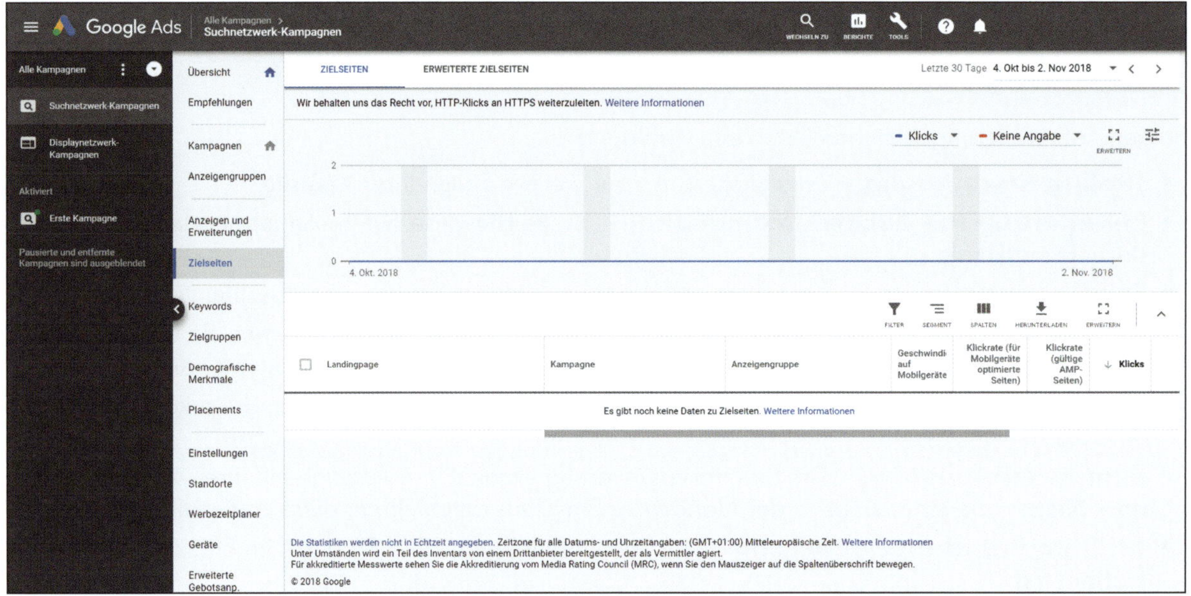
Google Ads
Alle Kampagnen
Suchnetzwerk-Kampagnen
WECHSELN ZU
BERICHTE
TOOLS
Alle Kampagnen
Suchnetzwerk-Kampagnen
Displaynetzwerk-Kampagnen
Aktiviert
Erste Kampagne
Pausierte und entfernte Kampagnen sind ausgeblendet
Übersicht
Empfehlungen
Kampagnen
Anzeigengruppen
Anzeigen und Erweiterungen
Zielseiten
Keywords
Zielgruppen
Demografische Merkmale
Placements
Einstellungen
Standorte
Werbezeitplaner
Geräte
Erweiterte Gebotsanp.
ZIELSEITEN
ERWEITERTE ZIELSEITEN
Letzte 30 Tage 4. Okt bis 2. Nov 2018
Wir behalten uns das Recht vor, HTTP-Klicks an HTTPS weiterzuleiten. Weitere Informationen
Klicks
Keine Angabe
ERWEITERN
4. Okt. 2018
2. Nov. 2018
FILTER
SEGMENT
SPALTEN
HERUNTERLADEN
ERWEITERN
Landingpage
Kampagne
Anzeigengruppe
Geschwindi- auf Mobilgeräte
Klickrate (für Mobilgeräte optimierte Seiten)
Klickrate (gültige AMP-Seiten)
Klicks
Es gibt noch keine Daten zu Zielseiten. Weitere Informationen
Die Statistiken werden nicht in Echtzeit angegeben. Zeitzone für alle Datums- und Uhrzeitangaben: (GMT+01:00) Mitteleuropäische Zeit. Weitere Informationen
Unter Umständen wird ein Teil des Inventars von einem Drittanbieter bereitgestellt, der als Vermittler agiert.
Für akkreditierte Messwerte sehen Sie die Akkreditierung vom Media Rating Council (MRC), wenn Sie den Mauszeiger auf die Spaltenüberschrift bewegen.
© 2018 Google

Hauptnavigation – Zielseiten

Zu jeder Anzeige gehört auch immer eine Zielseite, auf die der Nutzer nach dem Klick geführt wird. Hierbei spielt die **Nutzererfahrung** eine sehr große Rolle.

Auf der Seite Zielseiten werden entsprechend Ihrer Auswahl in der Kampagnennavigation die Zielseiten Ihrer Anzeigen mit weiteren Leistungsdaten aufgeführt. Die Spalte Geschwindigkeit auf Mobilgeräten gibt Ihnen Auskunft darüber, wie schnell eine Seite nach einem Klick auf eine mobile Anzeige lädt. Der Wert kann zwischen 1 und 10 liegen, wobei 1 der schlechteste und 10 der beste Wert ist.

Sie können Ihre Website mit folgendem Tool (https://search.google.com/test/mobile-friendly) auf **Mobiltauglichkeit** testen und so feststellen, ob Handlungsbedarf besteht.

Der Wert Klickrate (für Mobilgeräte optimierte Seiten) zeigt Ihnen, ob Google Ihre Website als für Mobilgeräte tauglich eingestuft hat. Das Gleiche gilt für den Wert Klickrate (gültige AMP-Seiten). Bei AMP handelt es sich um eine Seitenbeschreibungssprache, die sehr schnelle Ladezeiten erlaubt und somit zu einer positiven Nutzererfahrung beiträgt.

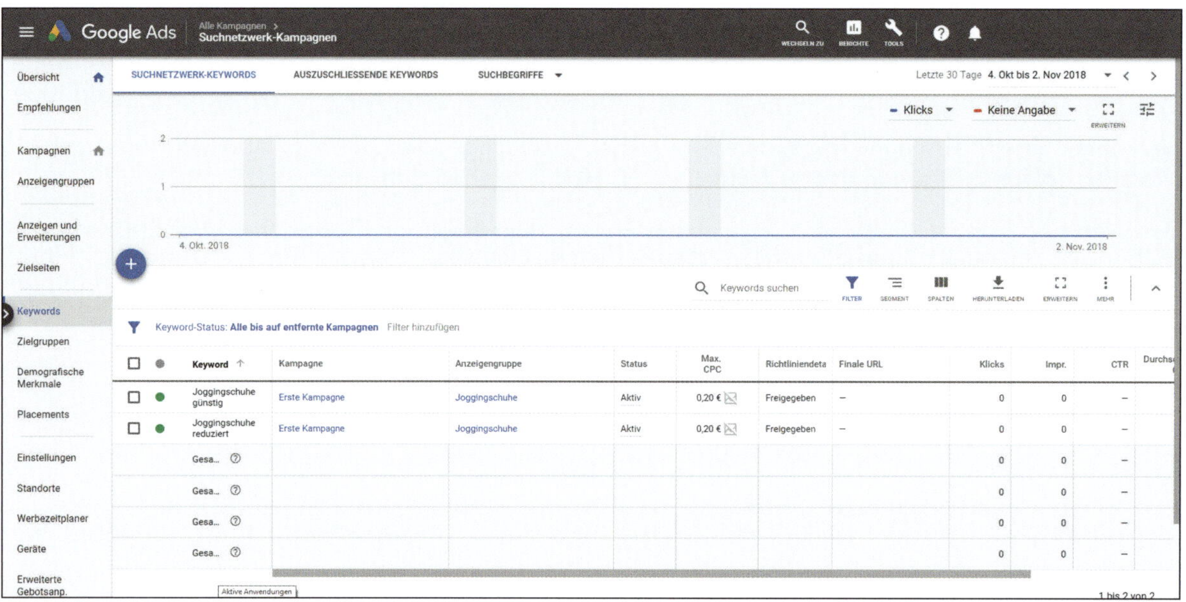
Google Ads
Alle Kampagnen >
Suchnetzwerk-Kampagnen
WECHSELN ZU
BERICHTE
TOOLS
Übersicht
Empfehlungen
Kampagnen
Anzeigengruppen
Anzeigen und Erweiterungen
Zielseiten
Keywords
Zielgruppen
Demografische Merkmale
Placements
Einstellungen
Standorte
Werbezeitplaner
Geräte
Erweiterte Gebotsanp.
SUCHNETZWERK-KEYWORDS
AUSZUSCHLIESSENDE KEYWORDS
SUCHBEGRIFFE
Letzte 30 Tage 4. Okt bis 2. Nov 2018
Klicks
Keine Angabe
ERWEITERN
4. Okt. 2018
2. Nov. 2018
Keywords suchen
FILTER
SEGMENT
SPALTEN
HERUNTERLADEN
ERWEITERN
MEHR
Keyword-Status: Alle bis auf entfernte Kampagnen
Filter hinzufügen
Keyword
Kampagne
Anzeigengruppe
Status
Max. CPC
Richtliniendeta
Finale URL
Klicks
Impr.
CTR
Joggingschuhe günstig
Erste Kampagne
Joggingschuhe
Aktiv
0,20 €
Freigegeben
Joggingschuhe reduziert
Erste Kampagne
Joggingschuhe
Aktiv
0,20 €
Freigegeben
Gesa...
Aktive Anwendungen
1 bis 2 von 2

Hauptnavigation – Keywords

Die Seite Keywords ist eng verbunden mit der vorherigen Seite Anzeigen und Erweiterungen. Auf der Seite Keywords werden die Keywords eingetragen, die eine Schaltung Ihrer Anzeigen auslösen sollen.

In der Spalte Max. CPC (maximale Kosten pro Klick) ist der Betrag vermerkt, den Sie maximal bereit sind, für einen Klick auszugeben. Durch einen Klick auf den Betrag können Sie diesen anpassen. Dies ist jedoch nicht möglich, wenn die Gebote auf Automatisch gesetzt wurden (siehe Kampagneneinstellungen im nächsten Kapitel).

Sie sollten auf jeden Fall über das Icon Spalten den **Qualitätsfaktor** einblenden, da dieser ein sehr wichtiger Faktor bei der Schaltung von Anzeigen ist. Der Qualitätsfaktor wird in Kapitel 9 ausführlich erläutert.

Genauso wie bei den Anzeigen gibt es auch bei den Keywords die Spalte Status. Wenn der Status auf Aktiv steht, ist auch hier alles in Ordnung. Der Status Abgelehnt weist Sie darauf hin, dass das Keyword gegen die **Ads-Richtlinien** verstößt. Des Weiteren gibt es verschiedene Angaben zum Systemstatus, z. B. geringes Suchvolumen oder Selten geschaltet, da Qualitätsfaktor zu niedrig. Was in solchen Fällen zu tun ist, wird in Kapitel 12, »Auswertung, Optimierung und Remarketing«, besprochen.

Weitere Details zu den einzelnen Keywords erfahren Sie, wenn Sie die Maus über den jeweiligen Text in der Spalte Status bewegen. Dort erhalten Sie **detaillierte Informationen zum Qualitätsfaktor** und dazu, ob **aktuell Anzeigen geschaltet werden**.

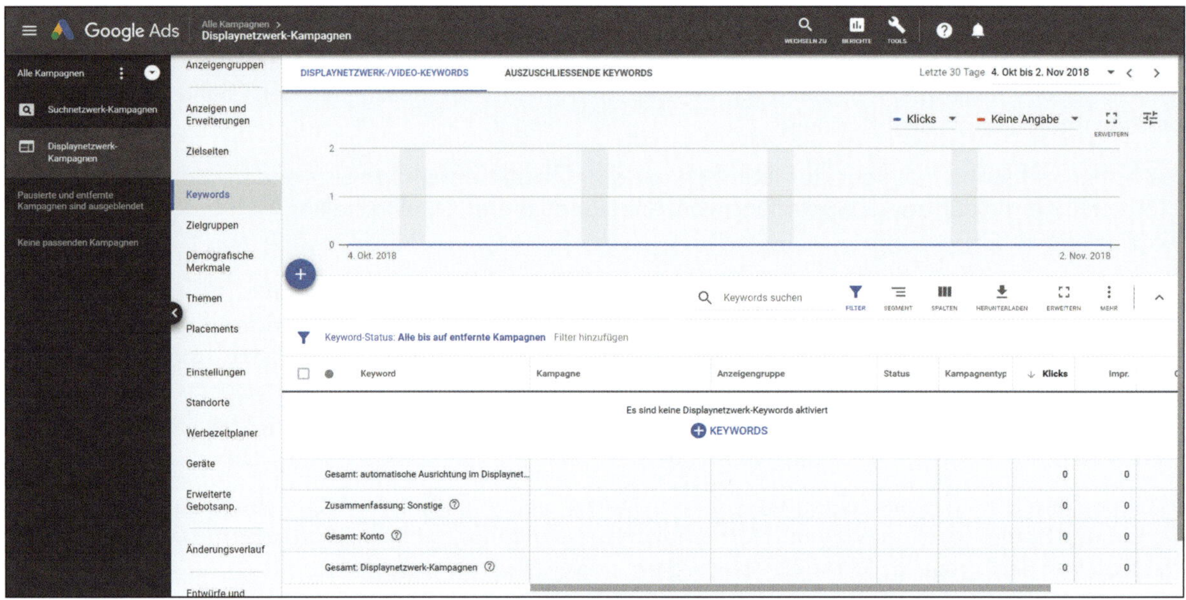
Google Ads
Alle Kampagnen >
Displaynetzwerk-Kampagnen
Alle Kampagnen
Suchnetzwerk-Kampagnen
Displaynetzwerk-Kampagnen
Pausierte und entfernte Kampagnen sind ausgeblendet
Keine passenden Kampagnen
Anzeigengruppen
Anzeigen und Erweiterungen
Zielseiten
Keywords
Zielgruppen
Demografische Merkmale
Themen
Placements
Einstellungen
Standorte
Werbezeitplaner
Geräte
Erweiterte Gebotsanp.
Änderungsverlauf
Entwürfe und
DISPLAYNETZWERK-/VIDEO-KEYWORDS
AUSZUSCHLIESSENDE KEYWORDS
Letzte 30 Tage 4. Okt bis 2. Nov 2018
Klicks
Keine Angabe
4. Okt. 2018
2. Nov. 2018
Keywords suchen
Keyword-Status: Alle bis auf entfernte Kampagnen
Filter hinzufügen
Keyword
Kampagne
Anzeigengruppe
Status
Kampagnentyp
Klicks
Impr.
Es sind keine Displaynetzwerk-Keywords aktiviert
KEYWORDS
Gesamt: automatische Ausrichtung im Displaynet...
Zusammenfassung: Sonstige
Gesamt: Konto
Gesamt: Displaynetzwerk-Kampagnen

Hauptnavigation – Keywords, Zielgruppen, demografische Merkmale, Themen, Placements

Abhängig davon, welche Art von Kampagne Sie ausgewählt haben, stehen Ihnen unterschiedliche Menüpunkte zur Verfügung. Bei einer Kampagne für das Suchnetzwerk sind das die Punkte Keywords, Zielgruppen und Demografische Merkmale. Der Punkt Keywords wurde bereits auf der vorherigen Seite erläutert.

Die Seite Zielgruppe kommt dann zum Einsatz, wenn Sie z. B. **Remarketing** für Ihre Werbung einsetzen oder einen **bestimmten Personenkreis** erreichen wollen. Remarketing bedeutet, dass Sie Anzeigen für Nutzer schalten können, die bereits Ihre Website besucht haben. Wenn Sie Einsteiger bei Ads sind, empfehle ich Ihnen, zu Beginn mit dem Suchnetzwerk und später mit dem Displaynetzwerk zu arbeiten. Haben Sie bereits erste Erfahrungen gemacht und möchten in das Thema Remarketing einsteigen, finden Sie hier hilfreiche Informationen: https://support.google.com/google-ads/answer/2453998?hl=de.

Die Seite Demografische Merkmale umfasst die Punkte Alter, Geschlecht und Haushaltseinkommen. Sie können z. B. für bestimmte Altersgruppen das Gebot erhöhen oder verringern, je nachdem, wie gut eine Altersgruppe zu Ihrer Zielgruppe passt. Auch ist es möglich, bestimmte Gruppen vollständig auszuschließen. Die Nutzerdaten werden von Google über Google-Konten gesammelt oder anhand des Verhaltens bei der Nutzung von Google-Produkten. Die Daten sind aber nie zu 100 % verlässlich, und so gibt es auch immer die Gruppe Unbekannt. Diese Gruppe sollten Sie nie ausschließen, da es sonst zu einem erheblichen Reichweitenverlust kommen wird.

Wenn Sie eine Kampage für das Displaynetzwerk erstellt haben, stehen Ihnen auch noch die Punkte Themen und Placements zur Verfügung. Diese Menüpunkte werden in Kapitel 13 im Detail erläutert.

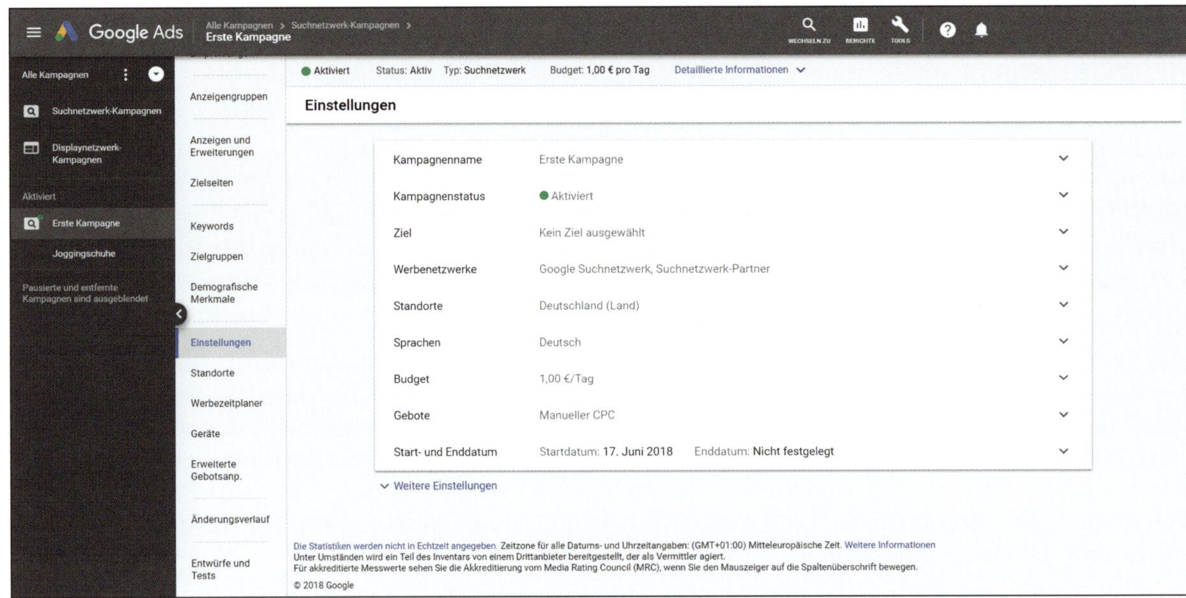

Google Ads
Alle Kampagnen > Suchnetzwerk-Kampagnen >
Erste Kampagne
Alle Kampagnen
Suchnetzwerk-Kampagnen
Displaynetzwerk-Kampagnen
Aktiviert
Erste Kampagne
Joggingschuhe
Pausierte und entfernte Kampagnen sind ausgeblendet
Anzeigengruppen
Anzeigen und Erweiterungen
Zielseiten
Keywords
Zielgruppen
Demografische Merkmale
Einstellungen
Standorte
Werbezeitplaner
Geräte
Erweiterte Gebotsanp.
Änderungsverlauf
Entwürfe und Tests
Aktiviert Status: Aktiv Typ: Suchnetzwerk Budget: 1,00 € pro Tag Detaillierte Informationen
Einstellungen
Kampagnenname Erste Kampagne
Kampagnenstatus Aktiviert
Ziel Kein Ziel ausgewählt
Werbenetzwerke Google Suchnetzwerk, Suchnetzwerk-Partner
Standorte Deutschland (Land)
Sprachen Deutsch
Budget 1,00 €/Tag
Gebote Manueller CPC
Start- und Enddatum Startdatum: 17. Juni 2018 Enddatum: Nicht festgelegt
Weitere Einstellungen
Die Statistiken werden nicht in Echtzeit angegeben. Zeitzone für alle Datums- und Uhrzeitangaben: (GMT+01:00) Mitteleuropäische Zeit. Weitere Informationen
Unter Umständen wird ein Teil des Inventars von einem Drittanbieter bereitgestellt, der als Vermittler agiert.
Für akkreditierte Messwerte sehen Sie die Akkreditierung vom Media Rating Council (MRC), wenn Sie den Mauszeiger auf die Spaltenüberschrift bewegen.
© 2018 Google

Hauptnavigation – Einstellungen

Wenn Sie links eine bestimmte Kampagne ausgewählt haben, sehen Sie auf der Seite Einstellungen alle Parameter dieser Kampagne und haben die Möglichkeit, sie zu bearbeiten.

Um sich eine Übersicht über die **Kampagneneinstellungen** aller Kampagnen zu beschaffen, können Sie in der linken seitlichen Navigationsleiste den Punkt Alle Kampagnen auswählen.

Die Kampagneneinstellungen unterteilen sich nochmals in fünf Bereiche:

- **Alle Einstellungen**
- **Standorte**
- **Werbezeitplaner**
- **Geräte**
- **Erweiterte Gebotsanpassung**

Was Sie über die Einstellungen der Kampagnen wissen müssen, erfahren Sie im folgenden Kapitel.

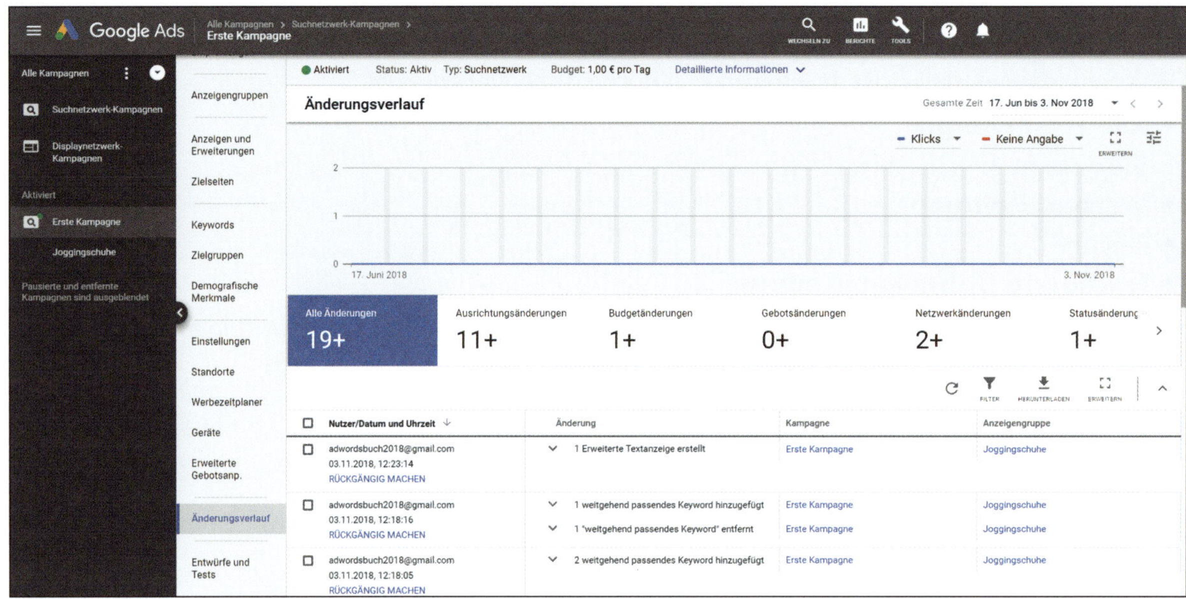
Google Ads
Alle Kampagnen > Suchnetzwerk-Kampagnen >
Erste Kampagne
WECHSELN ZU
BERICHTE
TOOLS
Alle Kampagnen
Suchnetzwerk-Kampagnen
Displaynetzwerk-Kampagnen
Aktiviert
Erste Kampagne
Joggingschuhe
Pausierte und entfernte Kampagnen sind ausgeblendet
Anzeigengruppen
Anzeigen und Erweiterungen
Zielseiten
Keywords
Zielgruppen
Demografische Merkmale
Einstellungen
Standorte
Werbezeitplaner
Geräte
Erweiterte Gebotsanp.
Änderungsverlauf
Entwürfe und Tests
Aktiviert
Status: Aktiv
Typ: Suchnetzwerk
Budget: 1,00 € pro Tag
Detaillierte Informationen
Änderungsverlauf
Gesamte Zeit 17. Jun bis 3. Nov 2018
Klicks
Keine Angabe
ERWEITERN
17. Juni 2018
3. Nov. 2018
Alle Änderungen 19+
Ausrichtungsänderungen 11+
Budgetänderungen 1+
Gebotsänderungen 0+
Netzwerkänderungen 2+
Statusänderung 1+
FILTER
HERUNTERLADEN
ERWEITERN
Nutzer/Datum und Uhrzeit
Änderung
Kampagne
Anzeigengruppe
adwordsbuch2018@gmail.com
03.11.2018, 12:23:14
RÜCKGÄNGIG MACHEN
1 Erweiterte Textanzeige erstellt
Erste Kampagne
Joggingschuhe
adwordsbuch2018@gmail.com
03.11.2018, 12:18:16
RÜCKGÄNGIG MACHEN
1 weitgehend passendes Keyword hinzugefügt
Erste Kampagne
Joggingschuhe
1 "weitgehend passendes Keyword" entfernt
Erste Kampagne
Joggingschuhe
adwordsbuch2018@gmail.com
03.11.2018, 12:18:05
RÜCKGÄNGIG MACHEN
2 weitgehend passendes Keyword hinzugefügt
Erste Kampagne
Joggingschuhe

Hauptnavigation – Änderungsverlauf

Im **Änderungsverlauf** werden alle Änderungen in Ihrem Ads-Konto **protokolliert**. Da Sie die Möglichkeit haben, Ihrem Ads-Konto **andere Nutzer hinzuzufügen**, damit diese ebenfalls darin arbeiten können, ist es praktisch, mit dem Änderungsverlauf immer den Überblick darüber zu behalten, **wer wann was** geändert hat. Wenn Sie nur die Änderungen an einer bestimmten Kampagne oder Anzeigengruppe überprüfen wollen, können Sie diese in der linken Navigationsleiste auswählen.

Über den **Filter** können Sie einen gewünschten Nutzer auswählen oder sich die Änderungen aller Nutzer anzeigen lassen. In diesem Menü können Sie die Änderungsart auswählen. Folgende Änderungen können überprüft werden:

- Budget – Anpassungen des Budgets für die Kampagnen.
- Gebot – Wurde der maximale Betrag (max. CPC), den Sie für einen Klick zu zahlen bereit sind, angepasst?
- Keyword – Alle Änderungen, die an Keywords vorgenommen werden: hinzufügen, pausieren, fortsetzen oder löschen, Veränderung des max. CPC je Keyword.
- Status – Wurde eine Kampagne oder Anzeigengruppe pausiert, fortgesetzt oder gelöscht?
- Verteilung – In welchem Netzwerk von Google (Suche, Display) werden die Anzeigen geschaltet?
- Ausrichtung – Geografische Ausrichtung und Sprache der Kampagne.
- Anzeige – Änderungen bei Anzeigen, z. B. durch Bearbeiten, Pausieren oder Löschen.

Sie sollten immer einen Blick in den Änderungsverlauf werfen, wenn Sie in Ihrem Ads-Konto **ungewöhnliche Veränderungen** feststellen. Dies kann z. B. ein Anstieg der Impressions oder Klicks sein. Prüfen Sie dann, ob jemand das Budget erhöht oder Keywords hinzugefügt hat.

Am Ende jeder Zeile im Änderungsprotokoll befindet sich ein Button, mit dem Sie die entsprechende Änderung rückgängig machen können.

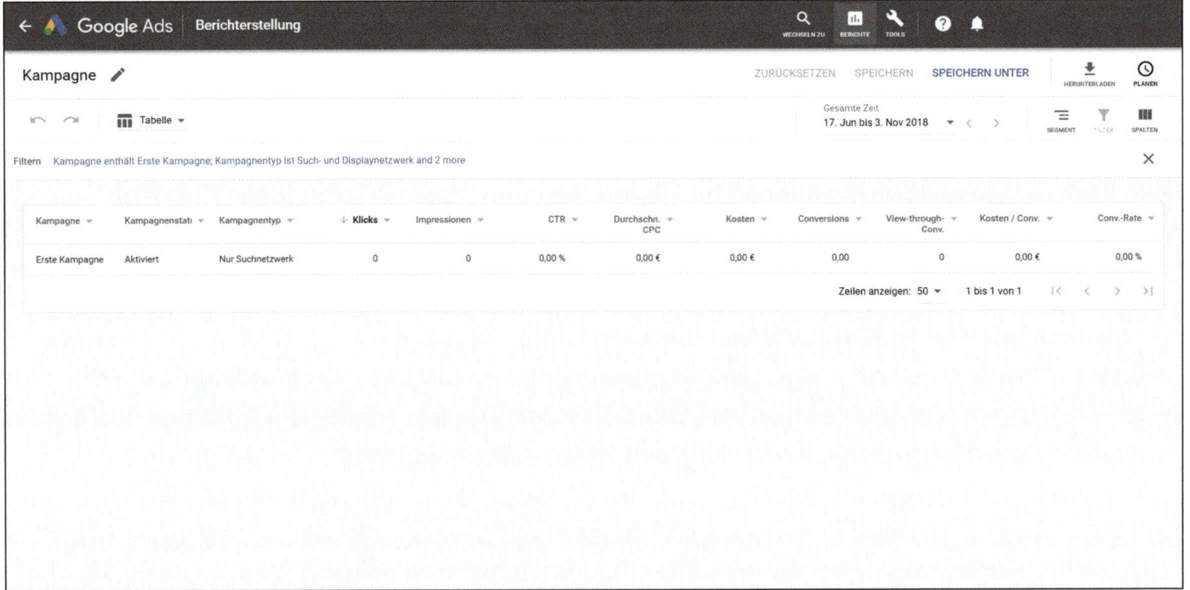
Google Ads
Berichterstellung
Kampagne
ZURÜCKSETZEN
SPEICHERN
SPEICHERN UNTER
Tabelle
Gesamte Zeit
17. Jun bis 3. Nov 2018
Filtern
Kampagne enthält Erste Kampagne; Kampagnentyp ist Such- und Displaynetzwerk and 2 more
Kampagne
Kampagnenstatı
Kampagnentyp
Klicks
Impressionen
CTR
Durchschn. CPC
Kosten
Conversions
View-through-Conv.
Kosten / Conv.
Conv.-Rate
Erste Kampagne
Aktiviert
Nur Suchnetzwerk
0
0
0,00 %
0,00 €
0,00 €
0,00
0
0,00 €
0,00 %
Zeilen anzeigen: 50
1 bis 1 von 1

Berichte

Der Bereich Berichte hilft Ihnen bei der Analyse Ihrer Kampagnen. Über das Icon Berichte rechts oben können Sie eine Vielzahl von **vordefinierten Berichten** abrufen oder individuelle Berichte erstellen.

Conversions: Mithilfe von Conversions können Sie Handlungen auf der Website festlegen, die der Nutzer idealerweise ausführen soll (z. B. Besuch Ihrer Website, Kauf eines Produkts, Bestellung Ihres Newsletters oder Ähnliches). Wenn Sie verschiedene Aktionen definiert haben, können Sie hier feststellen, welche Kampagne oder Anzeigengruppe welche Conversion ausgelöst hat.

Zeit: Für den Bericht Zeit stehen Ihnen verschiedene Zeiträume zur Auswahl bereit. Sie können eine Unterteilung nach Wochentag, Tag, Woche, Monat, Quartal, Jahr und Stunde des Tages wählen. Die Auswertung dieser Daten hilft Ihnen dabei, festzustellen, wann Ihre Anzeigen gut funktionieren und wann nicht. Wie Sie das zur Optimierung nutzen, erfahren Sie in Kapitel 12.

Zielregion: Hier erfahren Sie, woher die Klicks, Impressions und Conversions für Ihre Kampagne kommen. Neben dem jeweiligen Land können Sie sich die Leistungsdaten für Regionen, Großräume und Städte anzeigen lassen.

Suchbegriffe: Die Leistungsdaten Suchbegriffe zeigen Ihnen an, welche Suchanfragen den Nutzer zu einer Anzeigenschaltung bzw. zu Klick oder Conversion geführt haben und welches Keyword diese Schaltung ausgelöst hat.

Dies sind nur einige der Möglichkeiten, die Ihnen zur Verfügung stehen. Sie sollten die Seite Berichte regelmäßig aufrufen, sich die Leistungsdaten ansehen und sie auswerten. Wie Sie Ihre Ads-Werbung optimieren können, erfahren Sie im Detail in Kapitel 12.

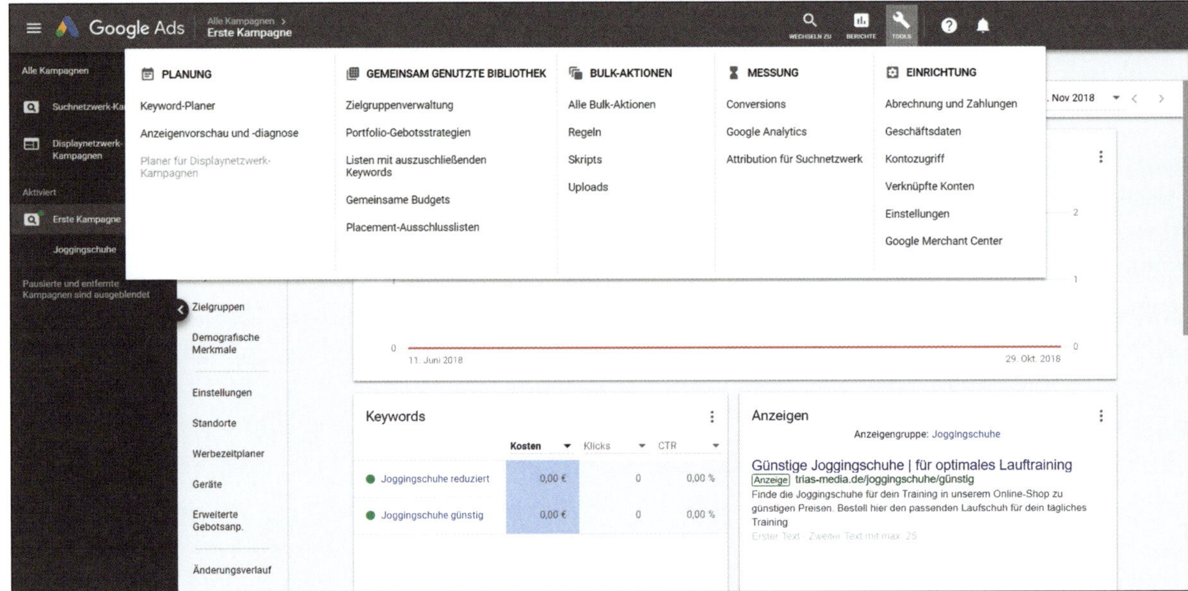

Google Ads
Alle Kampagnen
Erste Kampagne
WECHSELN ZU
BERICHTE
TOOLS
Alle Kampagnen
Displaynetzwerk-Kampagnen
Aktiviert
Erste Kampagne
Joggingschuhe
Pausierte und entfernte Kampagnen sind ausgeblendet
PLANUNG
Keyword-Planer
Anzeigenvorschau und -diagnose
Planer für Displaynetzwerk-Kampagnen
GEMEINSAM GENUTZTE BIBLIOTHEK
Zielgruppenverwaltung
Portfolio-Gebotsstrategien
Listen mit auszuschließenden Keywords
Gemeinsame Budgets
Placement-Ausschlusslisten
BULK-AKTIONEN
Alle Bulk-Aktionen
Regeln
Skripts
Uploads
MESSUNG
Conversions
Google Analytics
Attribution für Suchnetzwerk
EINRICHTUNG
Abrechnung und Zahlungen
Geschäftsdaten
Kontozugriff
Verknüpfte Konten
Einstellungen
Google Merchant Center
Nov 2018
Zielgruppen
Demografische Merkmale
Einstellungen
Standorte
Werbezeitplaner
Geräte
Erweiterte Gebotsanp.
Änderungsverlauf
11. Juni 2018
29. Okt. 2018
Keywords
Kosten
Klicks
CTR
Joggingschuhe reduziert
0,00 €
0
0,00 %
Joggingschuhe günstig
0,00 €
0
0,00 %
Anzeigen
Anzeigengruppe: Joggingschuhe
Günstige Joggingschuhe | für optimales Lauftraining
Anzeige trias-media.de/joggingschuhe/günstig
Finde die Joggingschuhe für dein Training in unserem Online-Shop zu günstigen Preisen. Bestell hier den passenden Laufschuh für dein tägliches Training

Tools

Der Punkt Tools rechts oben auf der Seite bietet Ihnen verschiedene Werkzeuge zur Analyse und Messung Ihrer Ads-Werbung. Folgende Tools stehen Ihnen unter anderem zur Verfügung:

- Keyword-Planer
- Anzeigenvorschau und -diagnose
- Gemeinsam genutzte Bibliothek
- Bulk-Aktionen
- Conversions
- Google Analytics
- Abrechnung und Zahlungen
- Google Merchant Center

Sie werden nicht immer alle Tools für Ihre Arbeit mit Ads benötigen. Das Tool **Keyword-Planer** benötigen Sie vor allem beim Einrichten Ihrer Ads-Kampagnen, wenn Sie auf der Suche nach den richtigen Keywords sind, wissen wollen, mit wie vielen Impressions und Klicks Sie rechnen können, oder bestimmte Keywords miteinander kombinieren wollen.

Mit dem Tool **Anzeigenvorschau und -diagnose** können Sie überprüfen, ob Ihre Anzeigen unter bestimmten Voraussetzungen geschaltet werden. Wenn Sie z. B. eine Anzeige für Frankreich in französischer Sprache schalten, können Sie das nicht über die Suche Google.de überprüfen. Mit dem Tool können Sie einen beliebigen Standort und eine Sprache festlegen und überprüfen, ob Ihre Anzeige unter Angabe des gewünschten Keywords geschaltet wird.

Das **Google Merchant Center** werden Sie nur dann benötigen, wenn Sie einen Onlineshop betreiben und Ihre Produkte mit Bildern und Preisangaben direkt in der Google Suche bewerben wollen.

Auf den folgenden Seiten werden die Tools im Detail vorgestellt.

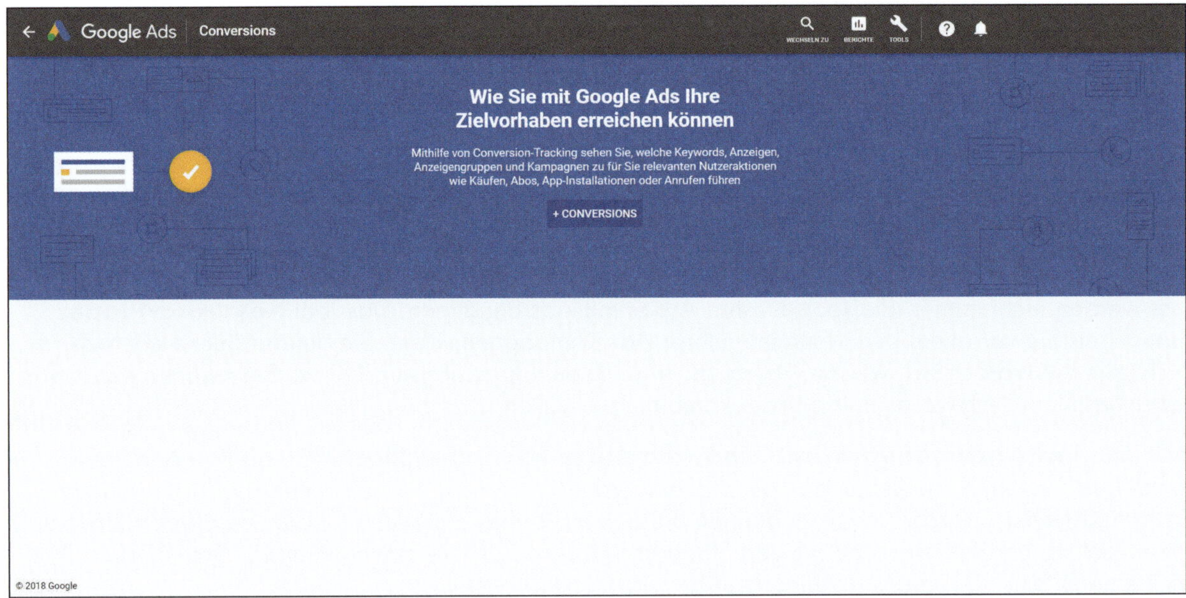
Google Ads
Conversions
WECHSELN ZU
BERICHTE
TOOLS
Wie Sie mit Google Ads Ihre Zielvorhaben erreichen können
Mithilfe von Conversion-Tracking sehen Sie, welche Keywords, Anzeigen, Anzeigengruppen und Kampagnen zu für Sie relevanten Nutzeraktionen wie Käufen, Abos, App-Installationen oder Anrufen führen
+ CONVERSIONS
© 2018 Google

Tools – Conversions

Conversions ist ein Tool, das Ihnen dabei hilft, Ihre **Ziele zu messen**. Wenn man mit Ads beginnt, freut man sich über die ersten Impressions und Klicks. Doch was machen die neuen Besucher auf der eigenen Website? Um das festzustellen, bietet Ads das sogenannte **Conversion-Tracking** an. Die Funktion sieht wie folgt aus:

Sie sind z. B. Steuerberater und bieten interessierten Unternehmen einen monatlichen Newsletter an, in dem Sie über aktuelle Entwicklungen im Steuerrecht berichten. Der Newsletter dient der Kundenbindung und -gewinnung. Sie bewerben diesen Newsletter mit Google Ads und setzen sich als Ziel, dass die Nutzer, die über Ads-Anzeigen auf Ihre Website kommen, den Newsletter abonnieren. Auf der Zielseite Ihrer Anzeige erfahren die Nutzer alles über den Newsletter und können ihn dort abonnieren. Nach der Anmeldung beim Newsletter werden die Nutzer auf eine Seite weitergeleitet, auf der Sie sich für die Anmeldung bedanken. **Das Aufrufen dieser Bestätigungsseite** können Sie mit dem Conversion-Tracking messen und somit feststellen, ob das Ziel dieser Anzeige erfüllt ist.

Auf dieser Seite erhalten Sie später auch detaillierte Informationen und Leistungsdaten zu Ihrem Conversion-Tracking.

Mit einem Klick auf den blauen Button + CONVERSION starten Sie die Einrichtung des Conversion-Trackings. Weitere Details hierzu werden in Kapitel 11 beschrieben.

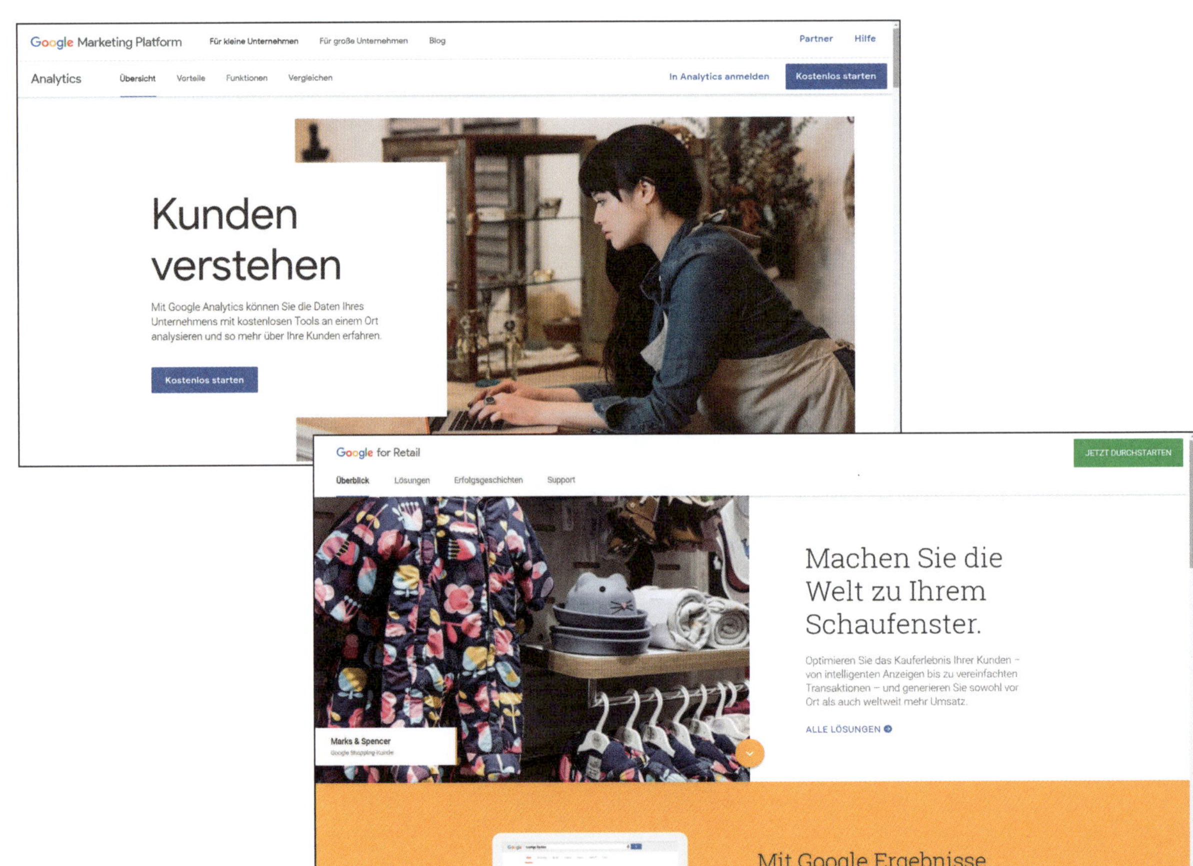
Google Marketing Platform
Für kleine Unternehmen
Für große Unternehmen
Blog
Partner
Hilfe
Analytics
Übersicht
Vorteile
Funktionen
Vergleichen
In Analytics anmelden
Kostenlos starten
Kunden verstehen
Mit Google Analytics können Sie die Daten Ihres Unternehmens mit kostenlosen Tools an einem Ort analysieren und so mehr über Ihre Kunden erfahren.
Kostenlos starten
Google for Retail
JETZT DURCHSTARTEN
Überblick
Lösungen
Erfolgsgeschichten
Support
Machen Sie die Welt zu Ihrem Schaufenster.
Optimieren Sie das Kauferlebnis Ihrer Kunden – von intelligenten Anzeigen bis zu vereinfachten Transaktionen – und generieren Sie sowohl vor Ort als auch weltweit mehr Umsatz.
ALLE LÖSUNGEN
Marks & Spencer
Mit Google Ergebnisse

Tools – Google Analytics/Google Merchant Center

Google Analytics ist ein weiteres Produkt von Google, das Sie dabei unterstützt, das **Nutzerverhalten** auf Ihrer Website zu **analysieren**. Sie erfahren z. B., welche Seiten aufgerufen wurden und welchen Weg die Nutzer auf Ihrer Website genommen haben. Zusätzlich erhalten Sie weitere Informationen zu Ihrer Ads-Werbung, wenn Sie Ihr Ads-Konto mit dem Analytics-Konto verknüpfen. Sie können dann analysieren, wie lange ein Nutzer auf Ihrer Website war, nachdem er Ihre Anzeige angeklickt hat, und wie viele Seiten er auf Ihrer Website besucht hat. Wenn Sie Google Analytics einsetzen wollen, achten Sie auf den **rechtskonformen Einsatz**. Auf folgender Website des Landesbeauftragten für Datenschutz und Informationsfreiheit NRW finden Sie weitere Informationen dazu: http://bit.ly/1gGPvHL.

Wenn Sie **Produktanzeigen** für Ihren Onlineshop in der Google Suche schalten wollen, benötigen Sie das **Google Merchant Center**. Das Merchant Center ist ein eigenständiges Produkt von Google und muss mit Ihrem Ads-Konto verknüpft werden

Über den Link www.google.de/merchants können Sie auf das Merchant Center zugreifen und es einrichten. Ausführliche Hilfestellungen zum Einsatz des Merchant Center erhalten Sie unter https://support.google.com/merchants/.

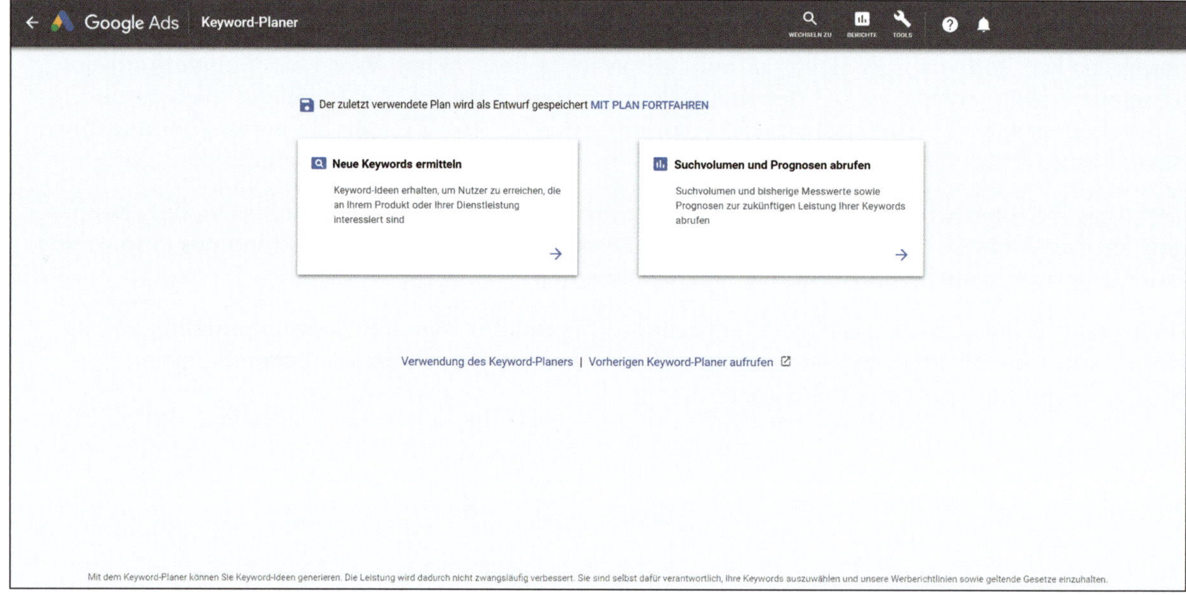
Google Ads
Keyword-Planer
WECHSELN ZU
BERICHTE
TOOLS
Der zuletzt verwendete Plan wird als Entwurf gespeichert MIT PLAN FORTFAHREN
Neue Keywords ermitteln
Keyword-Ideen erhalten, um Nutzer zu erreichen, die an Ihrem Produkt oder Ihrer Dienstleistung interessiert sind
Suchvolumen und Prognosen abrufen
Suchvolumen und bisherige Messwerte sowie Prognosen zur zukünftigen Leistung Ihrer Keywords abrufen
Verwendung des Keyword-Planers | Vorherigen Keyword-Planer aufrufen
Mit dem Keyword-Planer können Sie Keyword-Ideen generieren. Die Leistung wird dadurch nicht zwangsläufig verbessert. Sie sind selbst dafür verantwortlich, Ihre Keywords auszuwählen und unsere Werberichtlinien sowie geltende Gesetze einzuhalten.

Tools – Keyword-Planer

Der **Keyword-Planer** unterstützt Sie bei der Suche nach Keywords für Ihre Anzeigen. Vor allem in Kapitel 6, »Keywords«, wird dieses Tool im Detail erläutert. Der Keyword-Planer bietet Ihnen zwei verschiedene Funktionen an, die Sie unter Was möchten Sie tun? finden.

- **Neue Keywords ermitteln**
  Mit dieser Funktion erhalten Sie nach Eingabe der Website, die Sie bewerben wollen, Vorschläge für Keywords. Zusätzlich können Sie das Produkt oder Ihre Dienstleistung eingeben oder eine Produktkategorie auswählen. Unter diesen Eingabefeldern können Sie noch weitere Optionen für die Ausrichtung (z. B. geografische Ausrichtung oder Sprache) festlegen.
- **Suchvolumen und Prognosen abrufen**
  Wenn Sie Ihre Keywordlisten für Ihre Anzeigen erstellt haben und wissen wollen, wie viele Suchanfragen pro Monat es für diese Keywords gibt und welches Gebot für einen Klick sinnvoll ist, nutzen Sie diese Funktion.

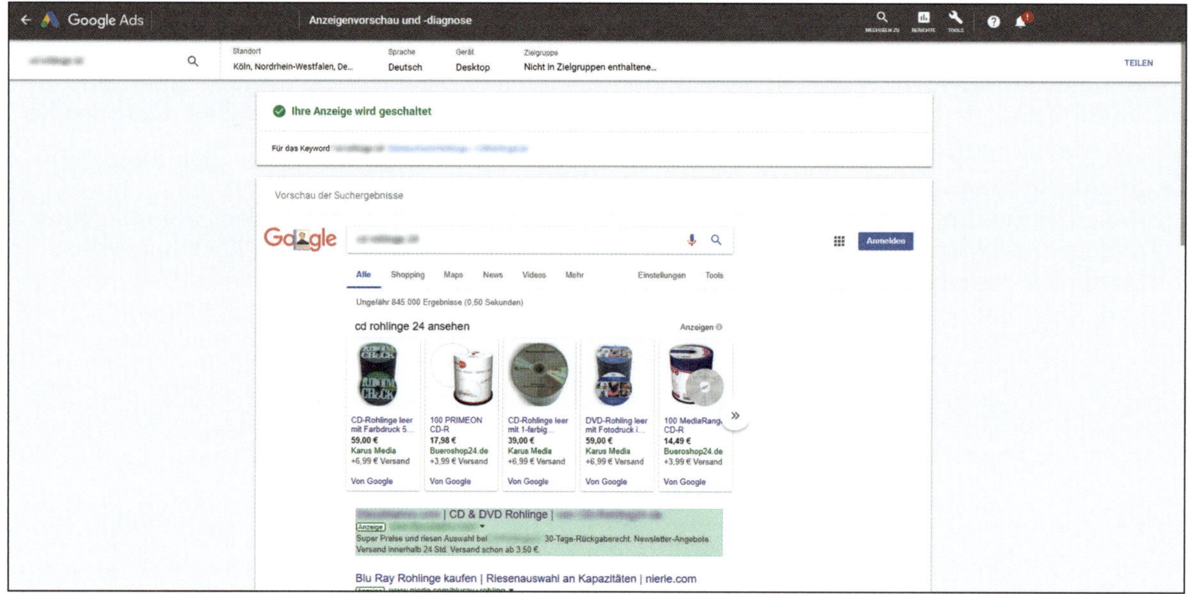
Google Ads
Anzeigenvorschau und -diagnose
Standort
Köln, Nordrhein-Westfalen, De...
Sprache
Deutsch
Gerät
Desktop
Zielgruppe
Nicht in Zielgruppen enthaltene...
TEILEN
Ihre Anzeige wird geschaltet
Für das Keyword
Vorschau der Suchergebnisse
Anmelden
Alle
Shopping
Maps
News
Videos
Mehr
Einstellungen
Tools
Ungefähr 845.000 Ergebnisse (0,50 Sekunden)
cd rohlinge 24 ansehen
Anzeigen
CD-Rohlinge leer mit Farbdruck 5...
59,00 €
Karus Media
+6,99 € Versand
Von Google
100 PRIMEON CD-R
17,98 €
Bueroshop24.de
+3,99 € Versand
Von Google
CD-Rohlinge leer mit 1-farbig...
39,00 €
Karus Media
+6,99 € Versand
Von Google
DVD-Rohling leer mit Fotodruck i...
59,00 €
Karus Media
+6,99 € Versand
Von Google
100 MediaRange CD-R
14,49 €
Bueroshop24.de
+3,99 € Versand
Von Google
| CD & DVD Rohlinge |
Anzeige
Super Preise und riesen Auswahl bei 30-Tage-Rückgaberecht. Newsletter-Angebote.
Versand innerhalb 24 Std. Versand schon ab 3,50 €.
Blu Ray Rohlinge kaufen | Riesenauswahl an Kapazitäten | nierle.com

Tools – Anzeigenvorschau und -diagnose

Das letzte der hier vorgestellten Tools dient der **Anzeigenvorschau und -diagnose**. Mit diesem Tool können Sie überprüfen, ob und **unter welchen Voraussetzungen** Ihre Anzeigen geschaltet werden. Sie können im Tool folgende Parameter festlegen:

- das Keyword, mit dem der Nutzer sucht,
- die Google Suche eines bestimmten Landes durch die Auswahl der entsprechenden Domain,
- die Sprache, in der die Suche erfolgen soll,
- den Standort, von dem die Suche ausgehen soll, und
- das Gerät, auf dem die Anzeigen angezeigt werden.

Der Vorteil dieses Tools liegt darin, dass Sie durch die verschiedenen Einstellungsmöglichkeiten **jede beliebige Konstellation simulieren** können. Wenn Sie beispielsweise in einem Land Anzeigen schalten, in dem Sie sich selbst nicht aufhalten, können Sie dennoch überprüfen, ob Ihre Anzeigen dort erscheinen.

Der wichtigste Grund für die Nutzung dieses Tools ist allerdings, dass beim Testen keine Impressions für Ihre Anzeigen und Keywords gezählt werden. Sie haben bereits die **Klickrate** kennengelernt, die sich aus den **Klicks / Impressions x 100** ergibt. Wenn Sie aus Neugier beginnen, Ihre Anzeige in der Google Suche zu suchen, und dabei erfolgreich sind, steigen die Impressions für Ihre Anzeige. Da Sie aber nicht auf die Anzeige klicken, um keine Kosten zu verursachen, verschlechtert sich durch den Anstieg Ihrer Impressions und die ausbleibenden Klicks Ihre Klickrate. Die Klickrate ist für Google ein **wichtiger Qualitätsfaktor** und sollte nicht unnötig verschlechtert werden. Der Qualitätsfaktor und seine Bedeutung werden in Kapitel 9 im Detail erläutert.

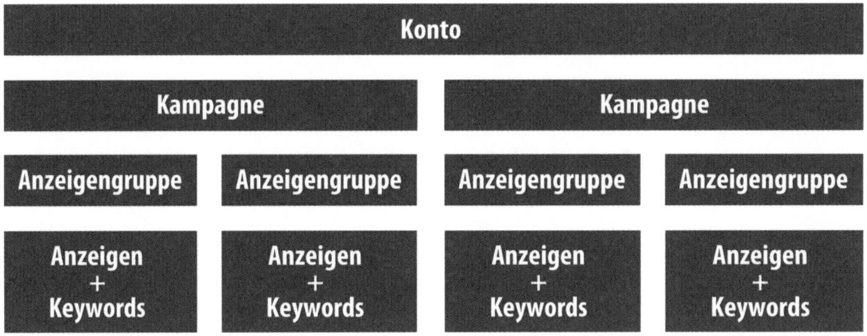

Konto

Kampagne | Kampagne

Anzeigengruppe | Anzeigengruppe | Anzeigengruppe | Anzeigengruppe

Anzeigen
+
Keywords

Anzeigen
+
Keywords

Anzeigen
+
Keywords

Anzeigen
+
Keywords

Überblick über die Struktur

Die nebenstehende Grafik zeigt nochmals die **Grundstruktur** von Google Ads. Das eigentliche **Konto** stellt die **Verwaltungsebene** dar, von der aus Sie die Nutzer Ihres Kontos verwalten und die Abrechnungseinstellungen festlegen können.

Kampagnen liegen bei der Schaltung von Werbung mit Google Ads auf der höchsten Ebene. Hier legen Sie unter anderem die **geografische Ausrichtung**, die **Sprache**, das **Budget** und die **Gebotsstrategien** fest.

Anzeigengruppen stellen die nächsttiefere Ebene dar und erlauben es Ihnen, unterschiedlichen Produkten oder Dienstleistungen **gezielt Anzeigen und Keywords zuzuordnen**. Wenn Sie beispielsweise Fenster und Türen verkaufen, sollten Sie für beide Produktgruppen jeweils eine eigene Anzeigengruppe anlegen.

Auf der letzten Ebene, unterhalb der Anzeigengruppen, werden die **Anzeigen** und **Keywords** eingepflegt. Achten Sie darauf, dass die **Keywords zum Anzeigentext passen und umgekehrt**. Je besser Sie beides aufeinander abstimmen, umso wahrscheinlicher ist es, dass die Anzeigen zur Suchanfrage der Nutzer passen und diese auf Ihre Anzeige klicken. Das wirkt sich auch positiv auf Ihre Klickrate aus. Dieser Wert wird von Google zur Berechnung des Qualitätsfaktors herangezogen, der eine wichtige Rolle in Ads spielt.

Kapitel 5 | Kampagnen einrichten

Nachdem Sie in den vorherigen Kapiteln das Ads-System kennengelernt, eine einfache Kampagne angelegt und sich mit den Zielen, die Sie erreichen wollen, auseinandergesetzt haben, ist es jetzt an der Zeit, die erste eigene Kampagne richtig einzustellen. Auf der Ebene Kampagne wird eine Vielzahl von wichtigen Einstellungen vorgenommen, die entscheidend für den Erfolg Ihrer Ads-Anzeigen sind. Hierzu zählen beispielsweise die geografische Ausrichtung, die Sprache, das Werbenetzwerk und Ihr Budget.

Um die Kampagne einzustellen, klicken Sie in der linken Spalte auf die **entsprechende Kampagne** und in der Navigationsspalte auf Einstellungen.

Sie sehen jetzt eine Übersicht mit allen möglichen Einstellungen, die Sie vornehmen können. Durch einen Klick auf die jeweiligen Punkte erscheinen die verschiedenen Optionen, die Sie nutzen können.

Wenn Sie eine vollständig neue Kampagne anlegen wollen, klicken Sie in der linken Spalte auf **Alle Kampagnen** und danach in der Hauptnavigation auf **Kampagne**. Mit einem Klick auf den blauen Button legen Sie eine neue Kampagne an.

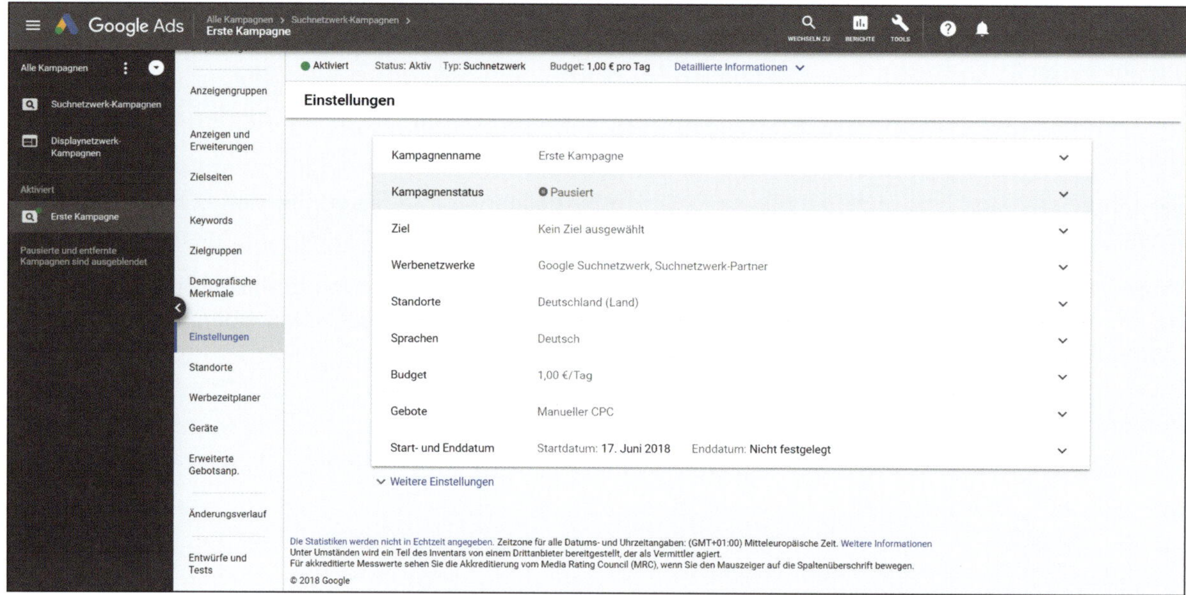
Google Ads
Alle Kampagnen › Suchnetzwerk-Kampagnen ›
Erste Kampagne
WECHSELN ZU
BERICHTE
TOOLS
Alle Kampagnen
Suchnetzwerk-Kampagnen
Displaynetzwerk-Kampagnen
Aktiviert
Erste Kampagne
Pausierte und entfernte Kampagnen sind ausgeblendet
Anzeigengruppen
Anzeigen und Erweiterungen
Zielseiten
Keywords
Zielgruppen
Demografische Merkmale
Einstellungen
Standorte
Werbezeitplaner
Geräte
Erweiterte Gebotsanp.
Änderungsverlauf
Entwürfe und Tests
Aktiviert
Status: Aktiv
Typ: Suchnetzwerk
Budget: 1,00 € pro Tag
Detaillierte Informationen
Einstellungen
Kampagnenname
Erste Kampagne
Kampagnenstatus
Pausiert
Ziel
Kein Ziel ausgewählt
Werbenetzwerke
Google Suchnetzwerk, Suchnetzwerk-Partner
Standorte
Deutschland (Land)
Sprachen
Deutsch
Budget
1,00 €/Tag
Gebote
Manueller CPC
Start- und Enddatum
Startdatum: 17. Juni 2018
Enddatum: Nicht festgelegt
Weitere Einstellungen
Die Statistiken werden nicht in Echtzeit angegeben. Zeitzone für alle Datums- und Uhrzeitangaben: (GMT+01:00) Mitteleuropäische Zeit. Weitere Informationen
Unter Umständen wird ein Teil des Inventars von einem Drittanbieter bereitgestellt, der als Vermittler agiert.
Für akkreditierte Messwerte sehen Sie die Akkreditierung vom Media Rating Council (MRC), wenn Sie den Mauszeiger auf die Spaltenüberschrift bewegen.
© 2018 Google

Name, Status, Ziel und Werbenetzwerk

Die erste mögliche Einstellung ist die **Vergabe eines Namens** für die Kampagne. Legen Sie einen **aussagekräftigen Namen** für Ihre Kampagne fest, der es Ihnen erlaubt, auch bei einem umfangreichen Ads-Konto immer den Überblick zu behalten.

Danach folgt der **Kampagnenstatus**, der im Moment auf Pausiert steht. Hier können Sie die Kampagne später aktivieren oder entfernen. Allerdings lässt sich diese Einstellung auch an anderer Stelle sehr einfach vornehmen.

Über die Einstellung Ziel erhalten Sie Vorschläge von Google, um das gewünschte Ziel zu ereichen. Folgende Ziele stehen zur Verfügung: Umsätze, Leads und Zugriffe auf die Website. Es kann nur ein Ziel pro Kampagne gewählt werden, und das Ziel kann jederzeit verändert bzw. entfernt werden.

Darunter finden Sie das **Werbenetzwerk**. Da Sie bei der vorherigen Einrichtung Ihrer Kampagne das Suchnetzwerk ausgewählt haben, können Sie jetzt nur noch entscheiden, ob Sie Googles Suchnetzwerk-Partner bzw. das Displaynetzwerk einbeziehen wollen oder nicht. Ich empfehle Ihnen, Google Suchnetzwerk-Partner eingeschaltet zu lassen und das Displaynetzwerk zu deaktivieren, um im ersten Schritt nur die Nutzer zu erreichen, die konkret nach Ihren Produkten oder Dienstleistungen suchen.

Sichern Sie die Einstellungen mit einem Klick auf den Button Speichern.

Hilfe in Google Ads

Hinter vielen Einstellungsmöglichkeiten finden Sie ein kleines Icon mit einem **Fragezeichen**. Mit einem einfachen Mausklick darauf erhalten Sie schnell Informationen zu den einzelnen Punkten.

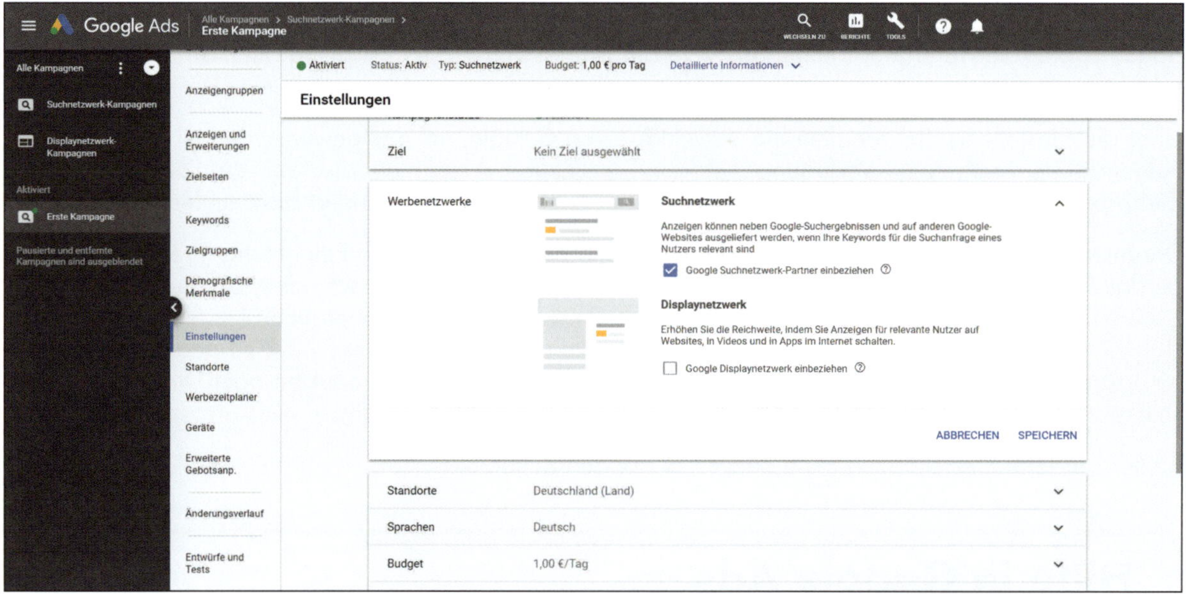
Google Ads
Alle Kampagnen > Suchnetzwerk-Kampagnen >
Erste Kampagne
Alle Kampagnen
Suchnetzwerk-Kampagnen
Displaynetzwerk-Kampagnen
Aktiviert
Erste Kampagne
Pausierte und entfernte Kampagnen sind ausgeblendet
Anzeigengruppen
Anzeigen und Erweiterungen
Zielseiten
Keywords
Zielgruppen
Demografische Merkmale
Einstellungen
Standorte
Werbezeitplaner
Geräte
Erweiterte Gebotsanp.
Änderungsverlauf
Entwürfe und Tests
Aktiviert
Status: Aktiv
Typ: Suchnetzwerk
Budget: 1,00 € pro Tag
Detaillierte Informationen
Einstellungen
Ziel
Kein Ziel ausgewählt
Werbenetzwerke
Suchnetzwerk
Anzeigen können neben Google-Suchergebnissen und auf anderen Google-Websites ausgeliefert werden, wenn Ihre Keywords für die Suchanfrage eines Nutzers relevant sind
Google Suchnetzwerk-Partner einbeziehen
Displaynetzwerk
Erhöhen Sie die Reichweite, indem Sie Anzeigen für relevante Nutzer auf Websites, in Videos und in Apps im Internet schalten.
Google Displaynetzwerk einbeziehen
ABBRECHEN
SPEICHERN
Standorte
Deutschland (Land)
Sprachen
Deutsch
Budget
1,00 €/Tag

Werbenetzwerke

Das **Suchnetzwerk** umfasst die folgende Produkte von Google:

- Google Suche
- Google Shopping
- Google Maps
- Google Bilder
- Google Groups
- Partner-Websites wie AOL.com und ASK.com.

Durch das Entfernen des Hakens bei Suchnetzwerk einbeziehen werden Ihre Anzeigen nur noch in der Google Suche und bei Google Shopping gezeigt.

Nutzen Sie zu Beginn die **vollständige Reichweite** des Suchnetzwerks **inklusive der Partner-Websites**. Wenn später die ersten Leistungsdaten vorliegen, können Sie z. B. auf der Seite Anzeigengruppe oder Anzeigen und Erweiterungen über den Button Segment die Werte zu Netzwerk (mit Suchnetzwerk-Partnern) aufrufen. Bei diesem Segment werden die Daten für die verschiedenen Netzwerke aufgeschlüsselt, und Sie sehen, wie Ihre Anzeigen in der Google Suche und den Websites des Suchnetzwerks abschneiden.

Sollte sich herausstellen, dass die Leistungen (Klickrate, Conversions) Ihrer Anzeigen auf den Websites des Suchnetzwerks deutlich hinter den Leistungen in der Google Suche liegen, können Sie die Websites des Suchnetzwerks jederzeit deaktivieren.

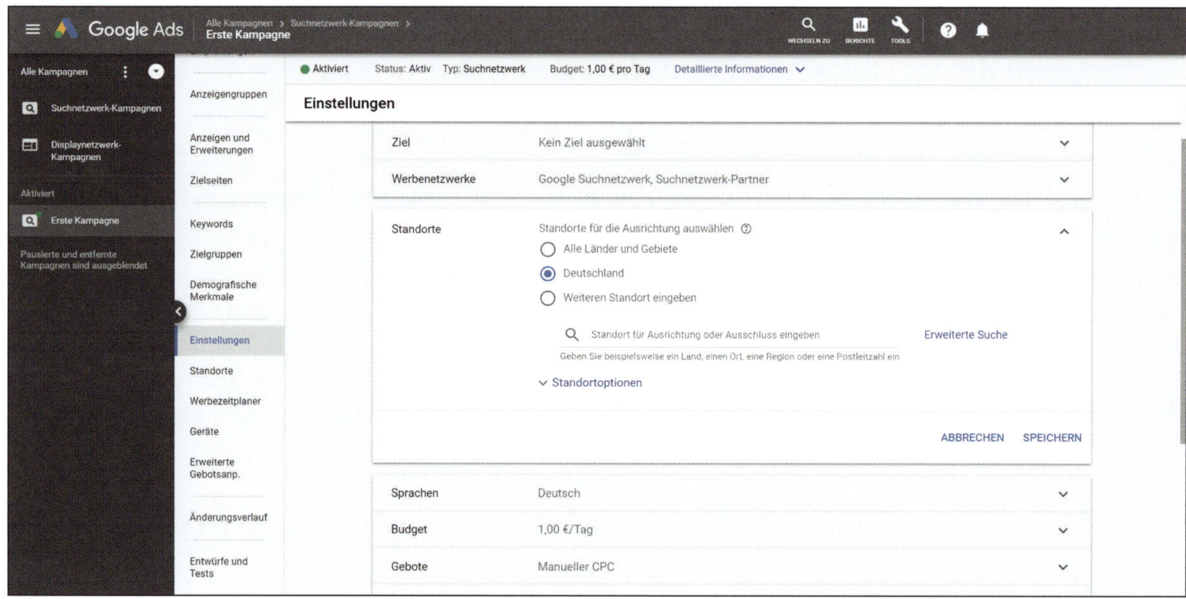
Google Ads
Alle Kampagnen > Suchnetzwerk-Kampagnen >
Erste Kampagne
WECHSELN ZU
BERICHTE
TOOLS
Alle Kampagnen
Suchnetzwerk-Kampagnen
Displaynetzwerk-Kampagnen
Aktiviert
Erste Kampagne
Pausierte und entfernte Kampagnen sind ausgeblendet
Anzeigengruppen
Anzeigen und Erweiterungen
Zielseiten
Keywords
Zielgruppen
Demografische Merkmale
Einstellungen
Standorte
Werbezeitplaner
Geräte
Erweiterte Gebotsanp.
Änderungsverlauf
Entwürfe und Tests
Aktiviert
Status: Aktiv
Typ: Suchnetzwerk
Budget: 1,00 € pro Tag
Detaillierte Informationen
Einstellungen
Ziel
Kein Ziel ausgewählt
Werbenetzwerke
Google Suchnetzwerk, Suchnetzwerk-Partner
Standorte
Standorte für die Ausrichtung auswählen
Alle Länder und Gebiete
Deutschland
Weiteren Standort eingeben
Standort für Ausrichtung oder Ausschluss eingeben
Erweiterte Suche
Geben Sie beispielsweise ein Land, einen Ort, eine Region oder eine Postleitzahl ein
Standortoptionen
ABBRECHEN
SPEICHERN
Sprachen
Deutsch
Budget
1,00 €/Tag
Gebote
Manueller CPC

Standort

Der **Standort** bzw. die **Reichweite** Ihrer Anzeige gehört zu den wichtigsten Einstellungen für Ihre Ads-Kampagne. Insbesondere **kleine und mittlere Unternehmen** sowie **lokale Händler** verfügen zumeist nur über einen **kleinen Aktionsradius**, in dem sie tätig sind oder Kundschaft erwarten. Ein Handwerksunternehmen würde eher Aufträge vor Ort durchführen, als Hunderte Kilometer bis zum Auftragsort zu fahren. Dementsprechend möchten solche Unternehmen auch nur in ihrem Umkreis werben. Das Gleiche gilt für den lokalen Einzelhandel. Dort ist es nur sinnvoll, für Produkte zu werben, wenn man weiß, dass der Suchende ins Geschäft kommen kann, es sei denn, der Einzelhändler kann seine Produkte auch versenden.

Sie können in Ads **sehr genau festlegen**, wo Ihre Werbung geschaltet werden soll.

Wahrscheinlich ist Ihre Kampagne auf Deutschland ausgerichtet. Soll Ihre Werbung eine andere geografische Ausrichtung bekommen, klicken Sie auf den Punkt Standorte und tragen im Feld Standort für Ausrichtung und Ausschluss eingeben ... den gewünschten Standort ein. Es erscheint eine **Vorschlagsliste**, und Sie können den Standort mit einem Klick auf Ausrichten auf in Ihre Liste aufnehmen. Auf diese Weise können Sie auch **Städte** oder **Bundesländer** Ihrem Standort hinzufügen. Darüber hinaus können Sie immer über die Hauptnavigation auf Standorte zugreifen. Auf dieser Seite erhalten Sie ebenfalls die Leistungsdaten zu den ausgewählten Standorten.

Der Wert **Reichweite** in der zweiten Spalte ist eine **Schätzung der Nutzerzahl** für die entsprechende Region (siehe hierzu auch die Abbildung auf der nächsten Seite). Diese Schätzung beinhaltet unter anderem verschiedene Endgeräte, unterschiedliche Webbrowser und temporäre Besucher. Sie können auch **Städtenamen** in dieses Feld eintragen und Ihrer Standortliste hinzufügen.

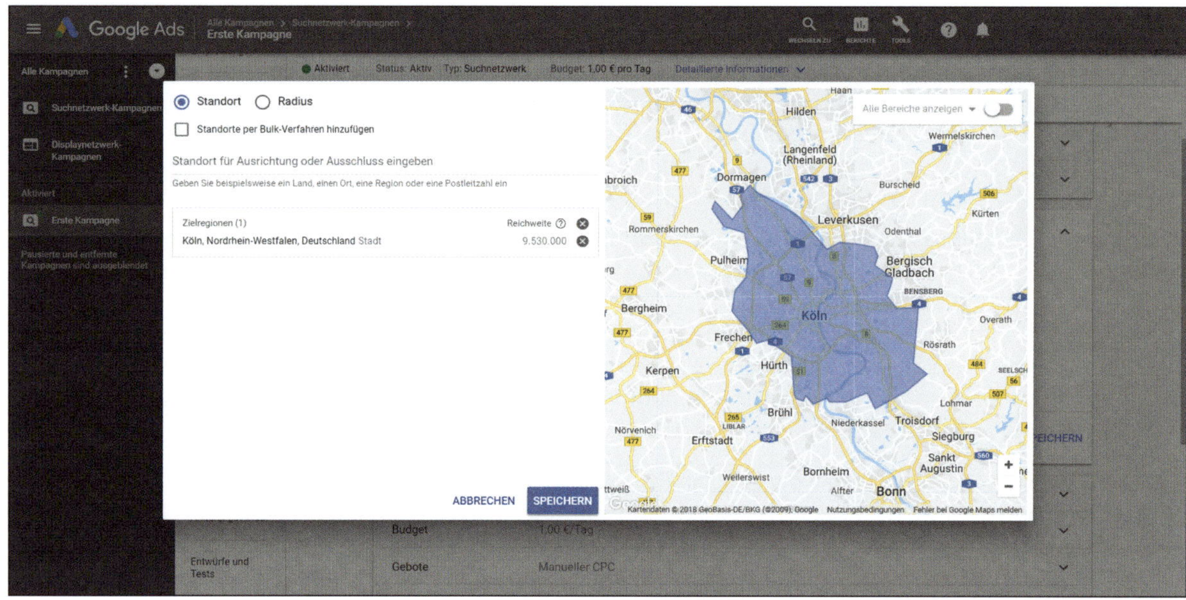

Google Ads
Erste Kampagne
Standort
Radius
Standorte per Bulk-Verfahren hinzufügen
Standort für Ausrichtung oder Ausschluss eingeben
Geben Sie beispielsweise ein Land, einen Ort, eine Region oder eine Postleitzahl ein
Zielregionen (1)
Reichweite
Köln, Nordrhein-Westfalen, Deutschland Stadt
9.530.000
ABBRECHEN
SPEICHERN
Alle Bereiche anzeigen
Köln
Leverkusen
Bonn

Standort genauer festlegen

Wenn Sie die Option Erweiterte Suche auswählen, öffnet sich ein **Pop-up**, über das Sie die **geografische Ausrichtung** Ihrer Kampagne noch **genauer festlegen** können. In der linken Hälfte des neuen Fensters befinden sich am oberen Rand zwei Auswahlmöglichkeiten, mit denen Sie den gewünschten Standort für Ihre Kampagne auf unterschiedliche Weise festlegen können:

Im ersten Bereich Standort (zum **Radius** mehr auf der nächste Seite) können Sie Standorte in das Formularfeld eingeben und diese über einen Klick auf Ausrichten auf oder Ausschließen auf Ihre Standortliste übernehmen.

Im rechten Bereich des Fensters wird Ihre Auswahl auf **einer Karte** dargestellt. Wenn Sie vermeiden wollen, dass Ihre Werbung in bestimmten Regionen geschaltet wird, können Sie einen geografischen Bereich über Ausschließen von der Anzeigenschaltung ausnehmen.

Über den Punkt Standorte per Bulk-Verfahren hinzufügen können Sie mehrere Standorte auf einmal hinzufügen.

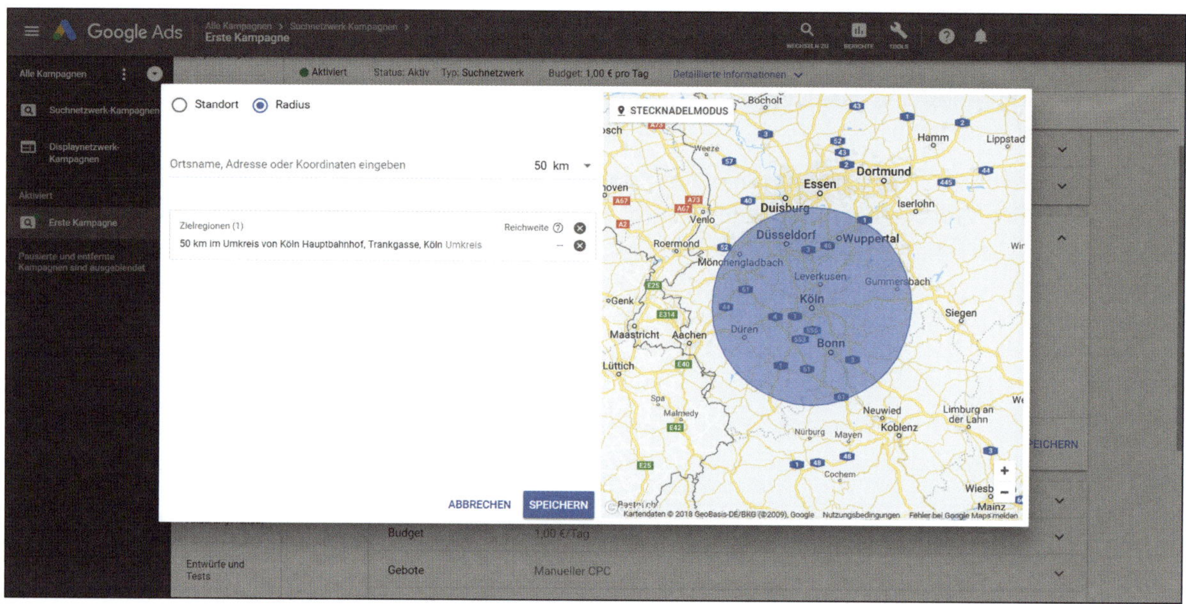
Google Ads
Erste Kampagne
Standort
Radius
Ortsname, Adresse oder Koordinaten eingeben
50 km
Zielregionen (1)
Reichweite
50 km im Umkreis von Köln Hauptbahnhof, Trankgasse, Köln Umkreis
STECKNADELMODUS
ABBRECHEN
SPEICHERN
Essen
Dortmund
Duisburg
Düsseldorf
Wuppertal
Mönchengladbach
Leverkusen
Köln
Bonn
Aachen
Maastricht
Koblenz
Siegen
Budget
Gebote
Manueller CPC

Radius

Der **Radius** ist ideal für alle Unternehmen, die nur in einem bestimmten Umkreis um ihren **Unternehmensstandort** tätig sind, z. B. Rechtsanwälte, und daher auch nur in diesem Bereich werben wollen. Wenn Sie ein **Geschäft vor Ort** betreiben, können Sie ebenfalls von dieser Funktion profitieren, da Sie die Reichweite Ihrer Anzeigen mit dem potenziellen Einzugsgebiet Ihres Standorts abgleichen können.

Gehen Sie wie folgt vor, um den richtigen Umkreis für Ihr Unternehmen festzulegen:

Tragen Sie in das Formularfeld die **Adresse Ihres Standorts** ein sowie den **gewünschten Umkreis** in Kilometern in das folgende Formularfeld. Wählen Sie im Drop-down-Menü noch die Einheit km aus. Die Standardeinstellung gibt immer Meilen vor (mi). Mit einem Klick auf den Button Ausrichten auf werden Ihre Eingaben auf der rechten Karte dargestellt und in die Standortliste übernommen.

Sollte das Ergebnis nicht Ihren Vorstellungen entsprechen, können Sie die Einträge wieder aus der Liste entfernen, die Vorschau aktualisiert sich automatisch.

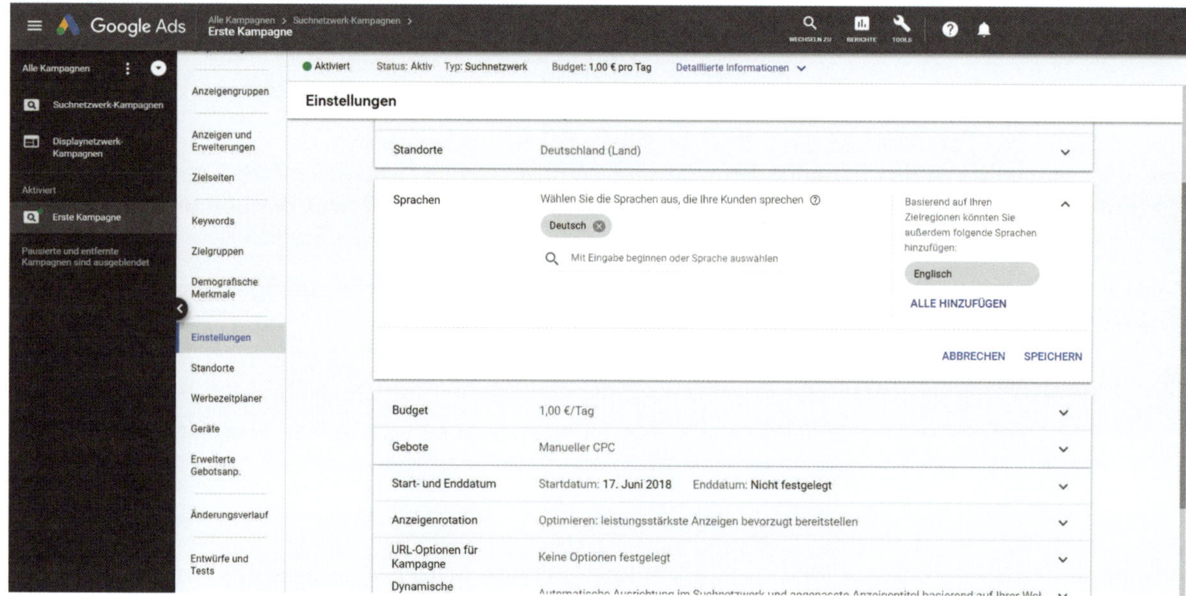
Google Ads
Alle Kampagnen > Suchnetzwerk-Kampagnen >
Erste Kampagne
Alle Kampagnen
Suchnetzwerk-Kampagnen
Displaynetzwerk-Kampagnen
Aktiviert
Erste Kampagne
Pausierte und entfernte Kampagnen sind ausgeblendet
Anzeigengruppen
Anzeigen und Erweiterungen
Zielseiten
Keywords
Zielgruppen
Demografische Merkmale
Einstellungen
Standorte
Werbezeitplaner
Geräte
Erweiterte Gebotsanp.
Änderungsverlauf
Entwürfe und Tests
Aktiviert
Status: Aktiv
Typ: Suchnetzwerk
Budget: 1,00 € pro Tag
Detaillierte Informationen
Einstellungen
Standorte
Deutschland (Land)
Sprachen
Wählen Sie die Sprachen aus, die Ihre Kunden sprechen
Deutsch
Mit Eingabe beginnen oder Sprache auswählen
Basierend auf Ihren Zielregionen könnten Sie außerdem folgende Sprachen hinzufügen:
Englisch
ALLE HINZUFÜGEN
ABBRECHEN
SPEICHERN
Budget
1,00 €/Tag
Gebote
Manueller CPC
Start- und Enddatum
Startdatum: 17. Juni 2018
Enddatum: Nicht festgelegt
Anzeigenrotation
Optimieren: leistungsstärkste Anzeigen bevorzugt bereitstellen
URL-Optionen für Kampagne
Keine Optionen festgelegt
Dynamische

Sprachen

Nachdem Sie die geografische Ausrichtung abgeschlossen haben, folgt die **Festlegung der Sprache** Ihrer Kampagne. Google schlägt Ihnen abhängig von Ihrer vorherigen geografischen Auswahl die infrage kommenden Sprachen vor. Wenn Sie nur in Deutschland werben wollen, reicht es aus, als Sprache Deutsch auszuwählen und deutsche Keywords und Anzeigen in der Kampagne zu hinterlegen. Mit dieser Einstellung sollten Sie die allermeisten Menschen erreichen können.

Ein Nutzer, der über www.google.de sucht und die Spracheinstellung unverändert gelassen hat, wird Ihre Anzeigen finden. Wenn Sie in einer **grenznahen Region** leben und Ihre Produkte oder Dienstleistungen auch im **fremdsprachigen Ausland** anbieten wollen, müssen Sie eine neue Kampagne anlegen, diese auf die entsprechende Sprache ausrichten und entsprechende Keywords und Anzeigen in der neuen Zielsprache hinterlegen. **Google übersetzt für Sie weder Anzeigen noch Keywords**.

Angenommen, Ihr Unternehmen hat seinen Sitz in Aachen und Sie wollen Ihre Produkte in den Niederlanden bewerben. Legen Sie nun für Ihre Anzeigenschaltung von Aachen auf einen Umkreis von 50 km fest, reicht dieser Umkreis auch in die Niederlande hinein. Wenn der niederländisch Suchende www.google.nl nutzt und als Sprache Niederländisch eingestellt hat, erreichen Sie ihn nur, wenn Sie in der Kampagne als Sprache Niederländisch ausgewählt haben und Anzeigen und Keywords in Niederländisch verfügbar sind.

Surft der niederländische Nutzer allerdings auf www.google.nl und hat als Sprache Deutsch eingestellt, wird er Ihre deutschen Anzeigen zu sehen bekommen, die in der Kampagne mit der Sprachausrichtung Deutsch hinterlegt sind.

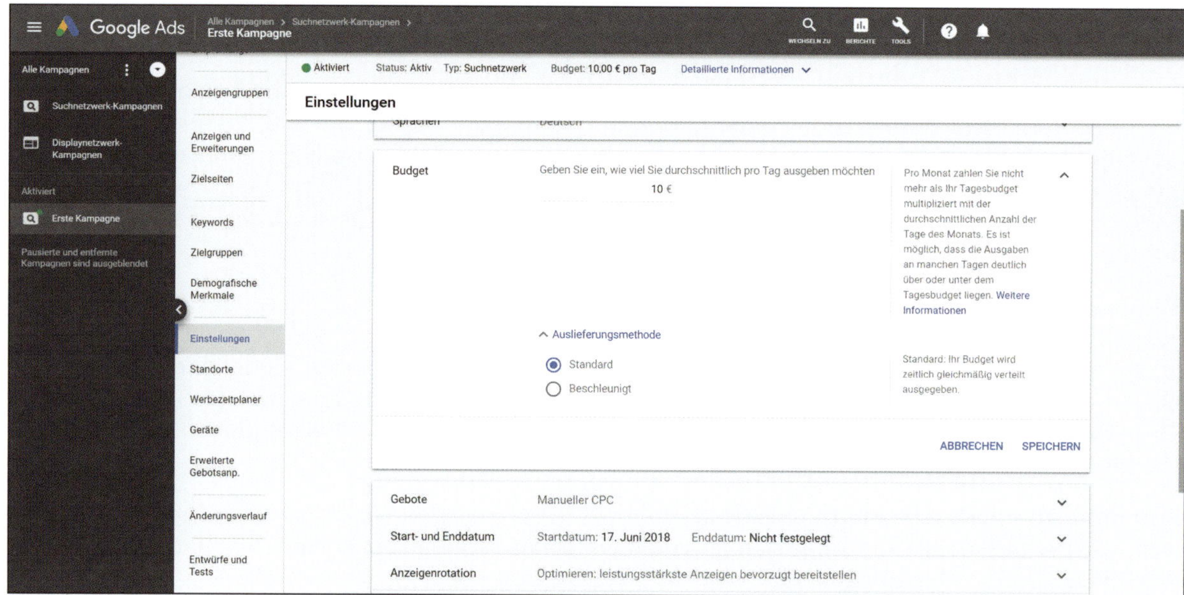

Google Ads
Alle Kampagnen > Suchnetzwerk-Kampagnen >
Erste Kampagne
WECHSELN ZU
BERICHTE
TOOLS
Alle Kampagnen
Suchnetzwerk-Kampagnen
Displaynetzwerk-Kampagnen
Aktiviert
Erste Kampagne
Pausierte und entfernte Kampagnen sind ausgeblendet
Anzeigengruppen
Anzeigen und Erweiterungen
Zielseiten
Keywords
Zielgruppen
Demografische Merkmale
Einstellungen
Standorte
Werbezeitplaner
Geräte
Erweiterte Gebotsanp.
Änderungsverlauf
Entwürfe und Tests
Aktiviert
Status: Aktiv
Typ: Suchnetzwerk
Budget: 10,00 € pro Tag
Detaillierte Informationen
Einstellungen
Budget
Geben Sie ein, wie viel Sie durchschnittlich pro Tag ausgeben möchten
10 €
Pro Monat zahlen Sie nicht mehr als Ihr Tagesbudget multipliziert mit der durchschnittlichen Anzahl der Tage des Monats. Es ist möglich, dass die Ausgaben an manchen Tagen deutlich über oder unter dem Tagesbudget liegen. Weitere Informationen
Auslieferungsmethode
Standard
Beschleunigt
Standard: Ihr Budget wird zeitlich gleichmäßig verteilt ausgegeben.
ABBRECHEN
SPEICHERN
Gebote
Manueller CPC
Start- und Enddatum
Startdatum: 17. Juni 2018
Enddatum: Nicht festgelegt
Anzeigenrotation
Optimieren: leistungsstärkste Anzeigen bevorzugt bereitstellen

Budget und Auslieferungsmethode

Im nächsten Schritt müssen Sie jetzt das **Tagesbudget** festlegen. Hierbei stellt sich häufig die Frage, wie viel man pro Tag für Ads ausgeben sollte. Wenn Sie ein Marketingbudget haben und wissen, wie viel davon Sie monatlich für Ads ausgeben können, lässt sich die Frage sehr einfach beantworten. Teilen Sie Ihr Monatsbudget durch 31 Tage, und Sie erhalten den Wert für Ihr Tagesbudget.

Sollten Sie über kein geplantes Monatsbudget verfügen, empfehle ich Ihnen, mit einem **kleinen Betrag**, z. B. 5 bis 10 Euro pro Tag, zu beginnen. Bei Keywords mit hohen Klickpreisen kann das Budget auch höher ausfallen. Wenn Sie feststellen, dass Ihre Anzeigen erfolgreich sind und Sie Ihre Ziele erreichen, können Sie das **Budget später immer noch erhöhen**.

Wenn Sie später Ihre Ads-Werbung überprüfen und z. B. den Vortag auswerten, kann es passieren, dass Ihre Ausgaben an diesem Tag über Ihrem Tagesbudget gelegen haben. Ads kann bei den täglichen Ausgaben Ihr vorgegebenes Budget **um bis zu 20 % übersteigen**. Auf den Monat hochgerechnet, wird Ihr Tagesbudget allerdings nie überschritten.

Nach der Festlegung Ihres Tagesbudgets können Sie noch die **Auslieferungsmethode** Ihrer Anzeigen bestimmen. Wenn Sie ein **kleines Tagesbudget** für Ads haben, kann es schnell passieren, dass dieses aufgebraucht ist und Ihre Anzeigen nicht mehr geschaltet werden. Da Sie Nutzer zu **unterschiedlichen Tageszeiten** erreichen wollen, sorgt die Einstellung Standard dafür, dass Ihre Anzeigen **gleichmäßig über den Tag** verteilt geschaltet werden. Dies bedeutet auch, dass Ihre Anzeigen nicht bei jeder passenden Suchanfrage eingeblendet werden. Die Option Beschleunigt liefert Ihre Anzeigen dagegen aus, sobald eine passende Suchanfrage vorliegt. Dadurch kann es geschehen, dass Ihr Budget z. B. schon am Vormittag eines Tages aufgebraucht ist und Ihre Anzeigen für den restlichen Tag nicht mehr geschaltet werden. Wenn Sie wissen, dass Sie mit den Klicks auf Ihre Anzeigen auf Ihrer Website Umsatz generieren oder Kunden gewinnen und zusätzlich über ein ausreichend hohes Tagebudget verfügen, können Sie die Option Beschleunigt wählen. Achten Sie aber darauf, dass Sie nicht unnötig Geld ausgeben.

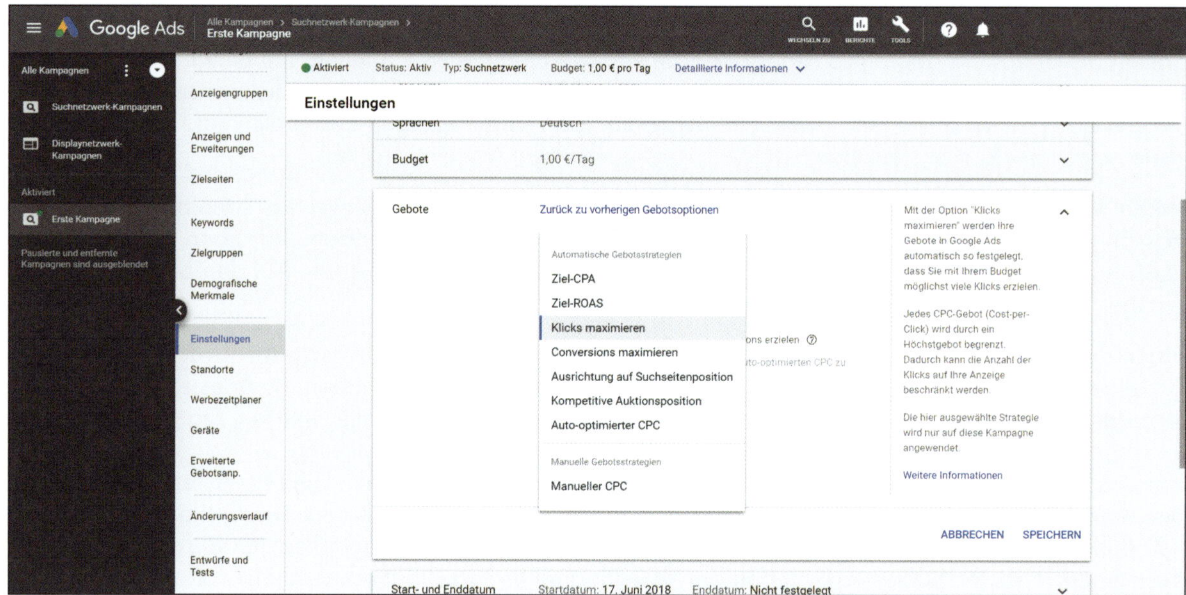
Google Ads
Alle Kampagnen > Suchnetzwerk-Kampagnen >
Erste Kampagne
Alle Kampagnen
Suchnetzwerk-Kampagnen
Displaynetzwerk-Kampagnen
Aktiviert
Erste Kampagne
Pausierte und entfernte Kampagnen sind ausgeblendet
Anzeigengruppen
Anzeigen und Erweiterungen
Zielseiten
Keywords
Zielgruppen
Demografische Merkmale
Einstellungen
Standorte
Werbezeitplaner
Geräte
Erweiterte Gebotsanp.
Änderungsverlauf
Entwürfe und Tests
Aktiviert
Status: Aktiv
Typ: Suchnetzwerk
Budget: 1,00 € pro Tag
Detaillierte Informationen
Einstellungen
Budget
1,00 €/Tag
Gebote
Zurück zu vorherigen Gebotsoptionen
Automatische Gebotsstrategien
Ziel-CPA
Ziel-ROAS
Klicks maximieren
Conversions maximieren
Ausrichtung auf Suchseitenposition
Kompetitive Auktionsposition
Auto-optimierter CPC
Manuelle Gebotsstrategien
Manueller CPC
Mit der Option "Klicks maximieren" werden Ihre Gebote in Google Ads automatisch so festgelegt, dass Sie mit Ihrem Budget möglichst viele Klicks erzielen.
Jedes CPC-Gebot (Cost-per-Click) wird durch ein Höchstgebot begrenzt. Dadurch kann die Anzahl der Klicks auf Ihre Anzeige beschränkt werden.
Die hier ausgewählte Strategie wird nur auf diese Kampagne angewendet.
Weitere Informationen
ABBRECHEN
SPEICHERN
Start- und Enddatum
Startdatum: 17. Juni 2018
Enddatum: Nicht festgelegt

Gebote und Gebotsstrategie

Die **Gebote** stellen den nächsten Punkt bei den Kampagneneinstellungen dar. Wie schon beschrieben, legen Sie fest, wie viel Sie maximal für einen Klick zu zahlen bereit sind (**Maximales Cost-per-Click-Gebot**). Mit diesem Gebot nehmen Sie an einer **Auktion** teil, wenn der Nutzer eine **passende Suchanfrage** für Ihre Keywords eingegeben hat. Ihr **maximales Gebot** ist allerdings nur eine Komponente bei dieser Auktion. Neben dem Gebot fließt auch die **Qualität Ihrer Anzeige und der Keywords** in die Auktion mit ein. Aus diesem Grund ist es wichtig, dass Ihre Keywords und Anzeigen für die entsprechende Suchanfrage immer eine **hohe Relevanz** haben. Es ist durchaus möglich, dass ein Wettbewerber mit einem **niedrigeren Gebot**, aber einer **höheren Relevanz** über Ihrer Anzeige positioniert ist. Sie zahlen für den Klick auf Ihre Anzeige nicht immer den angegebenen maximalen Betrag, sondern oft weniger. Der Grund dafür ist, dass Sie nur so viel bezahlen müssen, wie nötig ist, um die **Position der nachfolgenden Anzeige zu überbieten**.

Das Auktionsmodell von Google Ads wird nochmals ausführlich in Kapitel 9 erläutert.

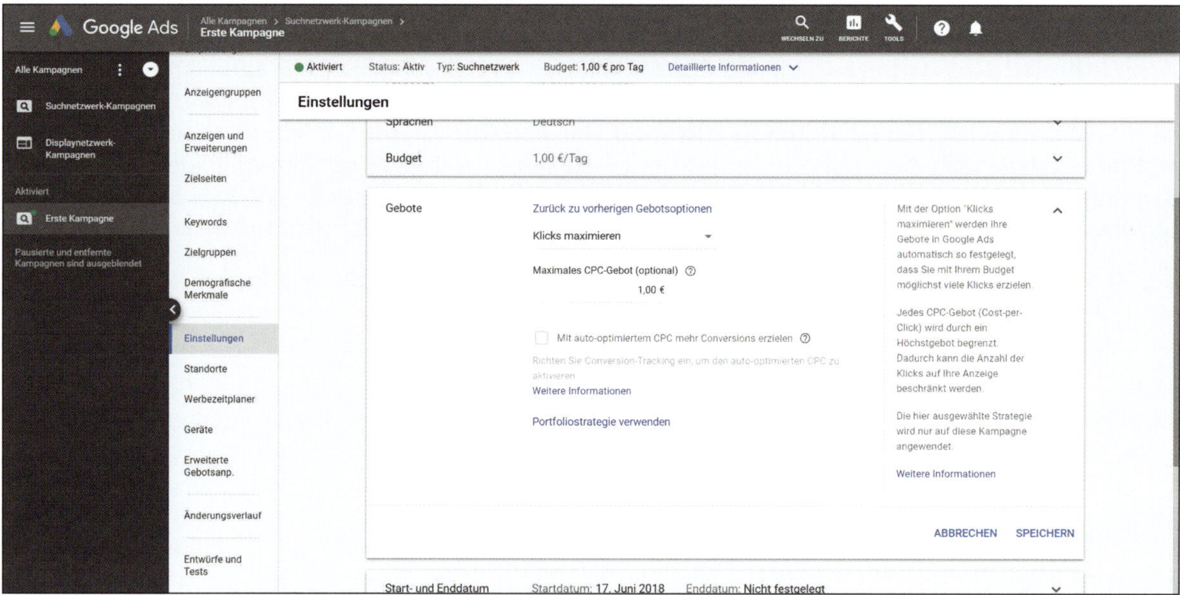
Google Ads
Alle Kampagnen > Suchnetzwerk-Kampagnen >
Erste Kampagne
Alle Kampagnen
Suchnetzwerk-Kampagnen
Displaynetzwerk-Kampagnen
Aktiviert
Erste Kampagne
Pausierte und entfernte Kampagnen sind ausgeblendet
Anzeigengruppen
Anzeigen und Erweiterungen
Zielseiten
Keywords
Zielgruppen
Demografische Merkmale
Einstellungen
Standorte
Werbezeitplaner
Geräte
Erweiterte Gebotsanp.
Änderungsverlauf
Entwürfe und Tests
Aktiviert
Status: Aktiv
Typ: Suchnetzwerk
Budget: 1,00 € pro Tag
Detaillierte Informationen
Einstellungen
Budget
1,00 €/Tag
Gebote
Zurück zu vorherigen Gebotsoptionen
Klicks maximieren
Maximales CPC-Gebot (optional)
1,00 €
Mit auto-optimiertem CPC mehr Conversions erzielen
Weitere Informationen
Portfoliostrategie verwenden
Mit der Option "Klicks maximieren" werden Ihre Gebote in Google Ads automatisch so festgelegt, dass Sie mit Ihrem Budget möglichst viele Klicks erzielen.
Jedes CPC-Gebot (Cost-per-Click) wird durch ein Höchstgebot begrenzt. Dadurch kann die Anzahl der Klicks auf Ihre Anzeige beschränkt werden.
Die hier ausgewählte Strategie wird nur auf diese Kampagne angewendet.
Weitere Informationen
ABBRECHEN
SPEICHERN
Start- und Enddatum
Startdatum: 17. Juni 2018
Enddatum: Nicht festgelegt

Manuelle vs. Automatische Gebotseinstellung

Grundsätzlich haben Sie zwei Möglichkeiten, Ihre Gebote festzulegen: **manuell und automatisch**. Wenn Sie die **Gebote für Klicks** manuell festlegen, haben Sie die **größte Kontrolle** über Ihre **Ausgaben** und können für jedes Keyword ein individuelles Gebot oder auch für alle Keywords einer Anzeigengruppe das gleiche Gebot festlegen.

Die Einstellung Klicks maximieren von Google Ads nimmt Ihnen die Arbeit des manuellen Festlegens von Geboten ab. Diese Funktion sollten Sie nur dann nutzen, wenn Sie Einsteiger bei Ads sind oder **wenig Zeit** haben, Ihre Gebote zu verwalten. Ihre Gebote werden bei der automatischen Einstellung von Ads mit dem Ziel vorgenommen, die Klicks **innerhalb des 30-Tage-Budgets zu maximieren**. Damit Ads Ihr Geld nicht mit vollen Händen ausgibt, können Sie ein **Gebotslimit einrichten**, das nicht überschritten werden darf.

Die automatische Gebotseinstellung können Sie z.B. am **Beginn einer neuen Kampagne** nutzen, um zu sehen, mit welchen tatsächlichen Klickpreisen Sie welche Anzeigenposition erreichen. Diese Phase sollten Sie allerdings nicht zu lang werden lassen, sondern nach kurzer Zeit dazu übergehen, Ihre Gebote manuell festzulegen.

Wenn Sie das Conversion-Tracking installiert haben (siehe Kapitel 11), können Sie auch die Funktionen Auto-optimierten CPC aktivieren oder Conversions maximieren wählen. Bei Auto-optimiertem CPC kann Ihr Gebot **erhöht oder gesenkt** werden, je nachdem, ob der Klick zu einer Conversion führen kann oder nicht. Wenn Sie die Gebotsstrategie Conversions maximieren nutzen, geben Sie ein **Zielgebot** für eine Conversion vor und legen kein Gebot für einen Klick fest. Um diese Funktion zu nutzen, müssen Sie in den letzten **30 Tagen mindesten 15 Conversions** generiert haben.

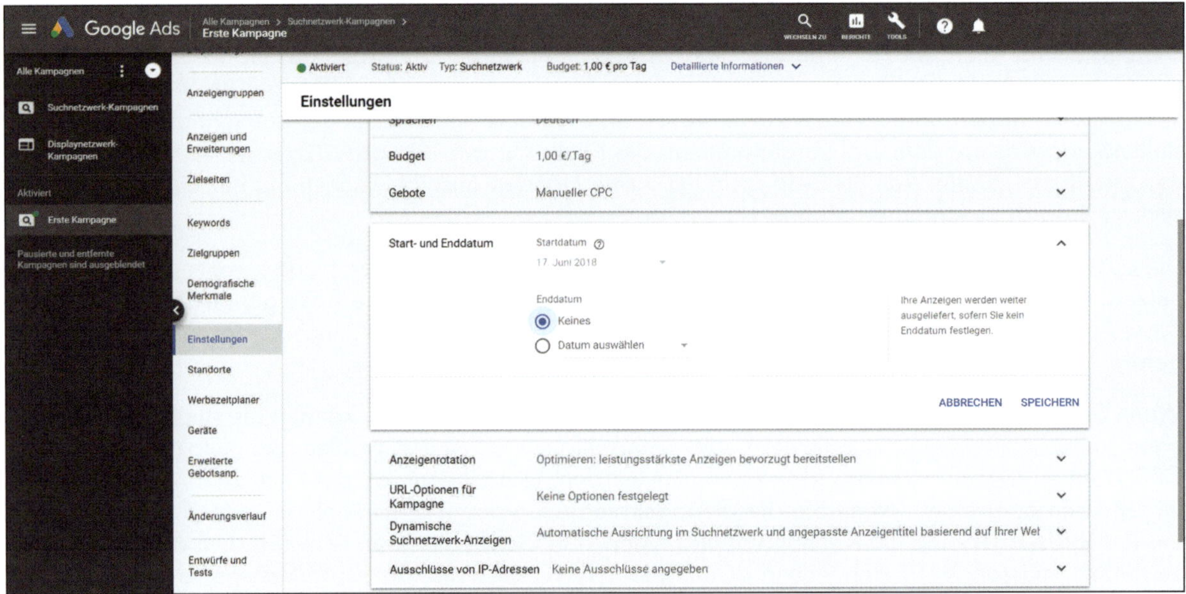
Google Ads
Alle Kampagnen > Suchnetzwerk-Kampagnen >
Erste Kampagne
Alle Kampagnen
Suchnetzwerk-Kampagnen
Displaynetzwerk-Kampagnen
Aktiviert
Erste Kampagne
Pausierte und entfernte Kampagnen sind ausgeblendet
Anzeigengruppen
Anzeigen und Erweiterungen
Zielseiten
Keywords
Zielgruppen
Demografische Merkmale
Einstellungen
Standorte
Werbezeitplaner
Geräte
Erweiterte Gebotsanp.
Änderungsverlauf
Entwürfe und Tests
Aktiviert Status: Aktiv Typ: Suchnetzwerk Budget: 1,00 € pro Tag Detaillierte Informationen
Einstellungen
Budget 1,00 €/Tag
Gebote Manueller CPC
Start- und Enddatum
Startdatum
17. Juni 2018
Enddatum
Keines
Datum auswählen
Ihre Anzeigen werden weiter ausgeliefert, sofern Sie kein Enddatum festlegen.
ABBRECHEN SPEICHERN
Anzeigenrotation Optimieren: leistungsstärkste Anzeigen bevorzugt bereitstellen
URL-Optionen für Kampagne Keine Optionen festgelegt
Dynamische Suchnetzwerk-Anzeigen Automatische Ausrichtung im Suchnetzwerk und angepasste Anzeigentitel basierend auf Ihrer Wel
Ausschlüsse von IP-Adressen Keine Ausschlüsse angegeben

Start- und Enddatum

Die Eingabe eines Start- und eines Enddatums erlaubt Ihnen, Kampagnen zeitlich zu planen. Das **Startdatum** ist immer der Tag, an dem Sie die Kampagne erstellt haben. Nur beim ersten Anlegen der Kampagne können Sie ein eigenes Startdatum festlegen. Das **Enddatum** können Sie durch einen Klick auf Datum auswählen festlegen. Diese Funktion ist sehr nützlich, wenn Sie eine Kampagne für eine **zeitlich begrenzte Aktion** schalten wollen, wie z. B. einen Sonderverkauf. Durch das Festlegen eines Enddatums müssen Sie sich keine Gedanken über das rechtzeitige Beenden Ihrer Kampagne machen.

Sie können auch die Planung für ein ganzes Jahr vornehmen, wenn Sie wissen, wann welche Aktion starten soll, und wenn entsprechende Zielseiten für alle Anzeigen vorhanden sind. Legen Sie für jede Aktion eine eigene Kampagne an und ergänzen Sie diese mit den passenden Anzeigen und Keywords für Ihre geplanten Aktionen. Jetzt müssen Sie nur noch das Start- und das Enddatum für jede Kampagne festlegen, und Ads sorgt dafür, dass die Anzeigen im **gewünschten Zeitraum** geschaltet werden. Wenn Sie z. B. ein Restaurant betreiben und saisonale Gerichte bewerben wollen, bietet sich diese Funktion an und ebenso im Einzelhandel, wenn der (inoffizielle) Sommer- und Winterschlussverkauf beworben werden.

Wie Sie Ihre Kampagne auf den Tagesverlauf ausrichten können, erfahren Sie weiter unten im Abschnitt Werbezeitplan.

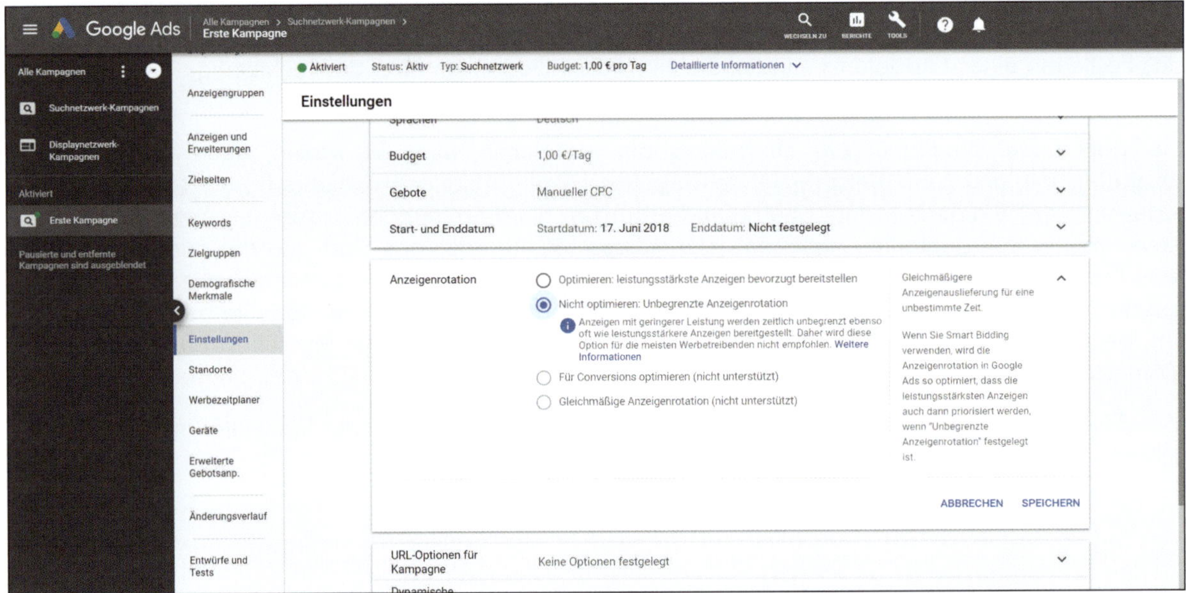
Google Ads
Alle Kampagnen > Suchnetzwerk-Kampagnen >
Erste Kampagne
Alle Kampagnen
Suchnetzwerk-Kampagnen
Displaynetzwerk-Kampagnen
Aktiviert
Erste Kampagne
Pausierte und entfernte Kampagnen sind ausgeblendet
Anzeigengruppen
Anzeigen und Erweiterungen
Zielseiten
Keywords
Zielgruppen
Demografische Merkmale
Einstellungen
Standorte
Werbezeitplaner
Geräte
Erweiterte Gebotsanp.
Änderungsverlauf
Entwürfe und Tests
Aktiviert
Status: Aktiv
Typ: Suchnetzwerk
Budget: 1,00 € pro Tag
Detaillierte Informationen
Einstellungen
Budget
1,00 €/Tag
Gebote
Manueller CPC
Start- und Enddatum
Startdatum: 17. Juni 2018
Enddatum: Nicht festgelegt
Anzeigenrotation
Optimieren: leistungsstärkste Anzeigen bevorzugt bereitstellen
Nicht optimieren: Unbegrenzte Anzeigenrotation
Anzeigen mit geringerer Leistung werden zeitlich unbegrenzt ebenso oft wie leistungsstärkere Anzeigen bereitgestellt. Daher wird diese Option für die meisten Werbetreibenden nicht empfohlen. Weitere Informationen
Für Conversions optimieren (nicht unterstützt)
Gleichmäßige Anzeigenrotation (nicht unterstützt)
Gleichmäßigere Anzeigenauslieferung für eine unbestimmte Zeit.
Wenn Sie Smart Bidding verwenden, wird die Anzeigenrotation in Google Ads so optimiert, dass die leistungsstärksten Anzeigen auch dann priorisiert werden, wenn "Unbegrenzte Anzeigenrotation" festgelegt ist.
ABBRECHEN
SPEICHERN
URL-Optionen für Kampagne
Keine Optionen festgelegt

Weitere Einstellungen – Anzeigenrotation

Die Anzeigenrotation erreichen Sie über einen Klick auf Weitere Einstellungen. Wenn Sie Anzeigen für ein bestimmtes Produkt oder eine bestimmte Dienstleistung schalten, sollten Sie nicht nur eine Anzeige texten, sondern **mehrere mit unterschiedlichen Formulierungen**. Mehr dazu erfahren Sie in Kapitel 7, »Anzeigen«. Da man nie genau weiß, welche Anzeige von den Nutzern bevorzugt wird und welche für sie ansprechender ist, muss man dies **durch Testen herausfinden**.

Damit Sie diesen Test später durchführen können, müssen Sie im Bereich Anzeigenrotation den Punkt Nicht optimieren: Unbegrenzte Anzeigenrotation auswählen. Wenn Sie die Einstellung nicht anpassen, wird durch Ads Optimieren: leistungsstärkste Anzeigen bevorzugt bereitstellen voreingestellt. Ads schaltet dann immer die Anzeigen, **die voraussichtlich mehr Klicks erzielen**, und Sie haben keinen Einfluss auf die Anzeigenverteilung. Ähnlich verhält es sich mit der zweiten Option Für Conversions optimieren. Hierbei sind nicht die Klicks das Ziel, sondern Conversions (festgelegte Ziele auf Ihrer Website). Für diese Funktion ist der Einsatz von Conversion-Tracking notwendig, das in Kapitel 11 erläutert wird.

Anzeigen testen

Da man aber immer wieder **neue Anzeigen ins Rennen** schicken sollte und sich auf verschiedenen Wegen der optimalen Anzeige nähern kann, empfehle ich Ihnen die letzte Option zur Anzeigenschaltung. Wenn Sie das Kapitel zur Anzeigenerstellung gelesen haben, wird die Bedeutung dieser Einstellung noch deutlicher.

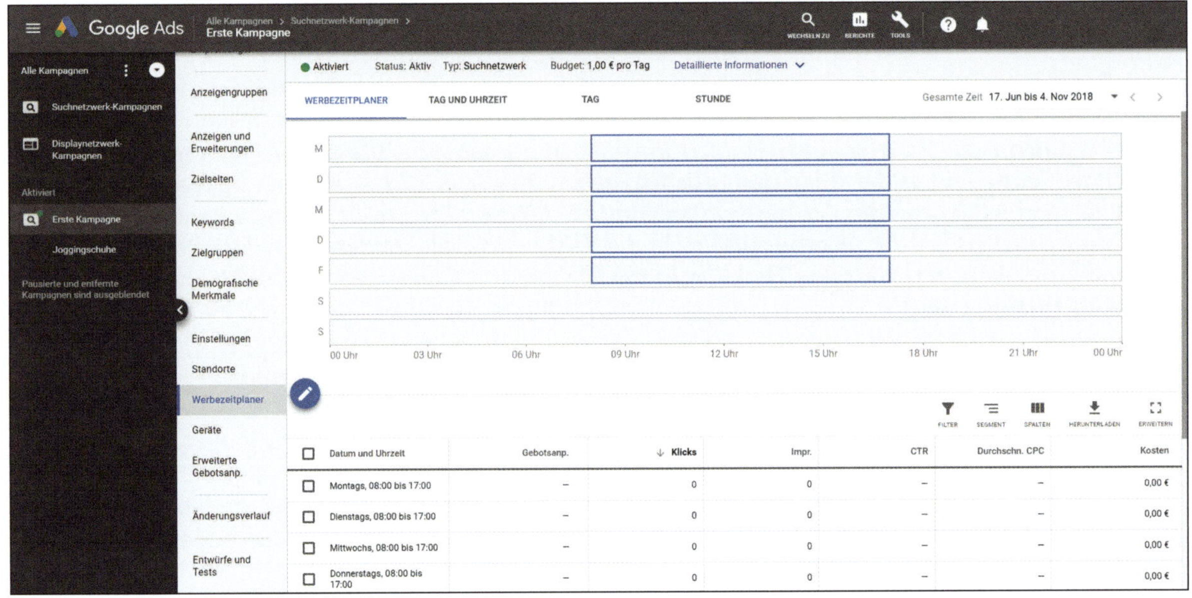
Google Ads
Alle Kampagnen > Suchnetzwerk-Kampagnen >
Erste Kampagne
WECHSELN ZU
BERICHTE
TOOLS
Alle Kampagnen
Suchnetzwerk-Kampagnen
Displaynetzwerk-Kampagnen
Aktiviert
Erste Kampagne
Joggingschuhe
Pausierte und entfernte Kampagnen sind ausgeblendet
Anzeigengruppen
Anzeigen und Erweiterungen
Zielseiten
Keywords
Zielgruppen
Demografische Merkmale
Einstellungen
Standorte
Werbezeitplaner
Geräte
Erweiterte Gebotsanp.
Änderungsverlauf
Entwürfe und Tests
Aktiviert
Status: Aktiv
Typ: Suchnetzwerk
Budget: 1,00 € pro Tag
Detaillierte Informationen
WERBEZEITPLANER
TAG UND UHRZEIT
TAG
STUNDE
Gesamte Zeit 17. Jun bis 4. Nov 2018
M
D
M
D
F
S
S
00 Uhr
03 Uhr
06 Uhr
09 Uhr
12 Uhr
15 Uhr
18 Uhr
21 Uhr
00 Uhr
FILTER
SEGMENT
SPALTEN
HERUNTERLADEN
ERWEITERN
Datum und Uhrzeit
Gebotsanp.
Klicks
Impr.
CTR
Durchschn. CPC
Kosten
Montags, 08:00 bis 17:00 – 0 0 – – 0,00 €
Dienstags, 08:00 bis 17:00 – 0 0 – – 0,00 €
Mittwochs, 08:00 bis 17:00 – 0 0 – – 0,00 €
Donnerstags, 08:00 bis 17:00 – 0 0 – – 0,00 €

Werbezeitplan

Sie können Ihre Anzeigenschaltung nicht nur mit einem Start- und einem Enddatum festlegen, sondern auch **individuell für jeden Tag** bestimmen. Wenn Sie Kundenanfragen direkt beantworten wollen, sollten Sie Ihre Anzeigen nur **während Ihrer Geschäftszeiten** schalten, um sicherzustellen, dass der potenzielle Kunde Sie erreichen kann und Sie reagieren können.

Den **Werbezeitplaner** erreichen Sie direkt über die Navigationsspalte. Klicken Sie dann auf den **blauen Button mit dem Stiftsymbol**. Im jetzt erscheinenden Formularfeld legen Sie im ersten Feld den Tag bzw. die Tage fest und danach die gewünschte Start- und Endzeit. Neben der Überschrift Werbezeitplaner bearbeiten findet sich ein Menüsymbol (drei vertikale Punkte). Dort können Sie zwischen 12- und 24-Stunden-Modus wechseln. Dadurch ist es leichter, die Uhrzeit genau festzulegen.

Wenn Sie Ihre Einstellungen vorgenommen haben, können Sie sie mit einem Klick auf Speichern festlegen und auf Wunsch einen weiteren Zeiteintrag anlegen. Auf diese Weise können Sie die Planung für eine ganze Woche vornehmen und Ihre Anzeigen nur dann schalten, wenn Sie die Nutzer auch wirklich erreichen wollen.

Das Ergebnis Ihrer Einstellungen wird grafisch dargestellt, sodass Sie sehr einfach kontrollieren können, ob alles richtig angepasst wurde. Zusätzlich erhalten Sie auf der Seite Werbezeitplan die Leistungsdaten zu den einzelnen Zeiträumen und können diese dann auswerten.

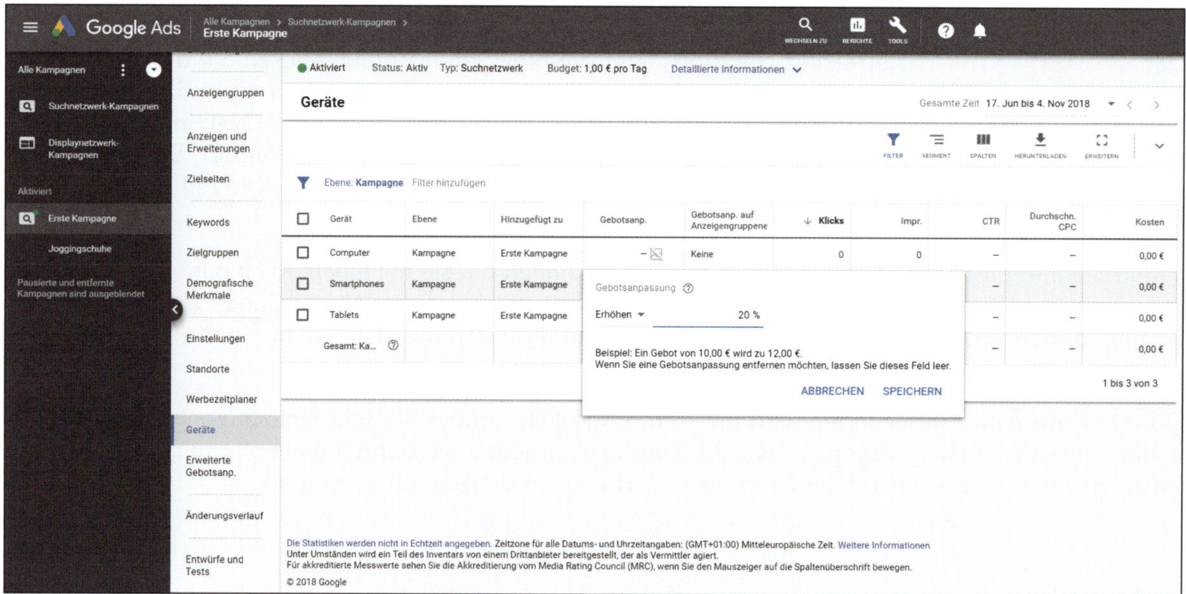
Google Ads
Alle Kampagnen > Suchnetzwerk-Kampagnen >
Erste Kampagne
WECHSELN ZU
BERICHTE
TOOLS
Alle Kampagnen
Suchnetzwerk-Kampagnen
Displaynetzwerk-Kampagnen
Aktiviert
Erste Kampagne
Joggingschuhe
Pausierte und entfernte Kampagnen sind ausgeblendet
Anzeigengruppen
Anzeigen und Erweiterungen
Zielseiten
Keywords
Zielgruppen
Demografische Merkmale
Einstellungen
Standorte
Werbezeitplaner
Geräte
Erweiterte Gebotsanp.
Änderungsverlauf
Entwürfe und Tests
Aktiviert Status: Aktiv Typ: Suchnetzwerk Budget: 1,00 € pro Tag Detaillierte Informationen
Geräte
Gesamte Zeit 17. Jun bis 4. Nov 2018
FILTER
SEGMENT
SPALTEN
HERUNTERLADEN
ERWEITERN
Ebene: Kampagne Filter hinzufügen
Gerät
Ebene
Hinzugefügt zu
Gebotsanp.
Gebotsanp. auf Anzeigengruppene
Klicks
Impr.
CTR
Durchschn. CPC
Kosten
Computer
Kampagne
Erste Kampagne
Keine
0
0
0,00 €
Smartphones
Kampagne
Erste Kampagne
0,00 €
Tablets
Kampagne
Erste Kampagne
0,00 €
Gesamt: Ka...
0,00 €
1 bis 3 von 3
Gebotsanpassung
Erhöhen
20 %
Beispiel: Ein Gebot von 10,00 € wird zu 12,00 €.
Wenn Sie eine Gebotsanpassung entfernen möchten, lassen Sie dieses Feld leer.
ABBRECHEN
SPEICHERN
Die Statistiken werden nicht in Echtzeit angegeben. Zeitzone für alle Datums- und Uhrzeitangaben: (GMT+01:00) Mitteleuropäische Zeit. Weitere Informationen
Unter Umständen wird ein Teil des Inventars von einem Drittanbieter bereitgestellt, der als Vermittler agiert.
Für akkreditierte Messwerte sehen Sie die Akkreditierung vom Media Rating Council (MRC), wenn Sie den Mauszeiger auf die Spaltenüberschrift bewegen.
© 2018 Google

Geräte

Google schaltet Ihre Anzeigen mit der Standardeinstellung auf **Computern, Smartphones und Tablets**. Sie haben die Möglichkeit, diese Einstellung über die Seite Geräte in der Navigationsspalte zu ändern und die Leistungsdaten für die verschiedenen Geräte auszuwerten.

In **bestimmten Situationen** ergibt es Sinn, das Gebot für Mobilgeräte zu erhöhen. Dies ist dann der Fall, wenn Sie ein Produkt oder eine Dienstleistung anbieten, die Interessenten über ihr Smartphone suchen. Das kann beispielsweise ein Schlüsseldienst oder ein Notfalldienst sein. Passen Sie das Gebot um einen bestimmten Prozentwert in der Zeile Smartphones an, indem Sie in der Spalte Gebotsanpassungen auf den vorgegebenen Wert (+ 0 %) klicken. Wenn Sie für einen Klick 1 Euro bieten und das Gebot um 50 % erhöhen, zahlen Sie für einen Klick von einem mobilen Endgerät 1,50 Euro, logisch.

Für den Fall, dass Ihr Angebot nicht für mobile Endgeräte geeignet ist (Ihr Angebot ist sehr umfangreich und informationsintensiv, oder Ihre Website ist nicht für Mobilgeräte geeignet), sollten Sie auf das Anzeigen auf Smartphones verzichten. Dies erreichen Sie dadurch, dass Sie das Formularfeld auf Verringern um setzen und den Wert 100 % eintragen.

Kapitel 6 | Keywords

Durch das Einrichten der Kampagne haben Sie die ersten wichtigen Einstellungen für Ihre Ads-Werbung vorgenommen. Sie haben unter anderem festgelegt, in welchen geografischen Regionen Ihre Anzeigen für die Nutzer geschaltet werden und in welcher Sprache.

Jetzt benötigen Sie die **richtigen Keywords**, damit Ihre Anzeigen erfolgreich für die Nutzer geschaltet werden, die Sie mit Ihrer Werbung erreichen wollen. Es ist wichtig, dass Sie Ihre **Keywords strukturieren** und **zusammengehörige Keywords in eigenen Keywordlisten zusammenfassen**. Angenommen, Sie betreiben ein lokales Geschäft und verkaufen dort Dirndl und Lederhosen. Sie sollten dann eine **Keywordliste** erstellen, die sich nur auf Dirndl, und eine, die sich auf Lederhosen bezieht. Des Weiteren sollten Sie überlegen, wie der Nutzer nach Ihren Produkten suchen würde. Wenn Sie das Geschäft in Köln betreiben, könnte ein Keyword heißen: Dirndl kaufen Köln.

Sie sehen an diesem Beispiel bereits, dass Sie durch die Auswahl der Keywords genau die Nutzer erreichen können, die genau nach Ihren Produkten suchen und ganz konkret nach einer Möglichkeit, sie zu kaufen.

Je feiner Sie Ihre Keywordlisten strukturieren, umso passender können Sie auch die Anzeigen zu den entsprechenden Keywords texten. Dadurch erreichen Sie eine **hohe Relevanz** für den suchenden Nutzer und schaffen so eine sehr gute Grundlage für einen **hohen Qualitätsfaktor Ihrer Keywords**.

Wie Sie passende Keywords finden, welche Optionen für Keywords zur Verfügung stehen, welche Tools Google anbietet und wie Sie die fertigen Keywordlisten einfügen, erfahren Sie auf den nächsten Seiten.

Bohrmaschine kaufen 

Alle Shopping Bilder Videos News Mehr Einstellungen Tools

Ungefähr 2.240.000 Ergebnisse (0,28 Sekunden)

Bohrmaschine Test 2018 | Top 7 im Warentest & Vergleich
Anzeige warentest.vergleich.org/ ▾
Bohrmaschinen. Aktuelle Top 7 von 2018 im Test und Vergleich. Jetzt **Bohrmaschinen** auf ...
Bohrmaschinen Test 2018 · Tischbohrmaschinen Test · Akku-Schlagbohrschrauber

toom Baumarkt Bohrmaschinen | Online bestellen und abholen | toom.de
Anzeige www.toom.de/Bohrmaschinen ▾
toom.de hat das passende Werkzeug. Vertrauen Sie unseren hochwertigen Produkten. Wir bieten Selbermachern ganzjährige Rabatte und garantieren eine fachmännische Beratung. Händler des Jahres. Mietgeräteservice. 0%-Finanzierung. Planungshilfen. Handwerkerservice.
Reservieren & Abholen · Aktuelle Angebote · Newsletter anmelden · toom Gutscheinkarten
Köln · 4 Standorte in der Nähe

BAUHAUS Bohrmaschinen Kaufen | Inklusive 5 Jahre Garantie
Anzeige www.bauhaus.info/Maschinen/Bohrmaschinen ▾
Große Auswahl an **Bohrmaschinen** jetzt im BAUHAUS Online-Shop entdecken!
Köln · 8 Standorte in der Nähe

Bohrmaschine Test 2018 | Top 7 im Warentest & Vergleich
Anzeige www.heimwerker.de/Test+Vergleich/Bohrmaschine ▾
Bohrmaschine. Hier Vergleichssieger online vergleichen! Jetzt **Bohrmaschine** auf Heimwerker.de vergleichen und günstig online **bestellen**! Modelle: 850 SB-2, Professional GSB 19-2 RE.

Bohrmaschinen & Schlagbohrmaschinen online kaufen bei OBI
https://www.obi.de/bohrer-schrauber/bohrmaschinen-schlagbohrmaschinen/c/1167 ▾
Bohrmaschinen & Schlagbohrmaschinen **kaufen** und bestellen ✓ Bohrer & Schrauber finden Sie online und in Ihrem OBI Markt vor Ort ✓ Jetzt bei OBI shoppen!
Bosch Professional ... · CMI Schlagbohrmaschine C ...

Bohrmaschine Preisvergleich | Günstig bei idealo kaufen

Bohrmasc... ansehen Anzeigen

Bosch Schlagbohrma...
54,02 €
Amazon.de
Versand gratis
Von Google

VARO Schlagbohrma...
19,95 €
anndora.de
+4,95 € Versand
Von Google

Makita Bohrmaschine...
48,87 €
bueromarkt-ag.de
Versand gratis
★★★★★ (971)
Von Google

Bosch DIY 26tlg. Schrauberbit-...
17,99 €
Amazon.de
+3,99 € Versand
Von Google

Festool Bohrmaschine...
382,12 €
Contorion.de
Versand gratis
★★★★★ (105)
Von Google

Bosch GSB 13 RE...
79,00 €
Toolstation.de
Versand gratis
★★★★★ (557)
Von Kelkoo

Wie finde ich die richtigen Keywords?

Sie haben sich mit Sicherheit schon überlegt, welche Produkte oder Dienstleistungen Sie bewerben wollen. Das ist natürlich wichtig, um eine **effektive Struktur** in Ihrem Ads-Konto und den Keywordlisten aufzubauen.

Stellen Sie sich die Frage, **wie Nutzer nach Ihren Produkten oder Dienstleistungen suchen würden**. Suchanfragen bestehen meistens aus **zwei oder drei Wörtern** und werden umso **konkreter formuliert**, je besser ein Nutzer informiert und je **ausgeprägter seine Kaufabsicht** ist. Wenn Sie ein sehr allgemeines Keyword verwenden oder nur einen einzelnen Begriff, erreichen Sie mehr Nutzer – viele von ihnen suchen aber nicht genau Ihr Produkt, sondern möchten sich zunächst allgemein informieren. Es gibt zum Beispiel einige Nutzer, die gezielt nach Testberichten zu einer Produktgruppe suchen. Deren Suchanfrage lautet dann zum Beispiel Bohrmaschine Test. Wenn Sie Bohrmaschinen verkaufen, wollen Sie diese Nutzer natürlich nicht ansprechen, sondern vielmehr die Nutzer, die nach Bohrmaschine kaufen suchen.

Sie sehen also, dass Sie durch **allgemeine Keywords** sehr viele Nutzer erreichen können und durch **präzise Keywordkombinationen** weniger, aber für Sie relevantere Nutzer. Es stellt sich jetzt die Frage, welchen Weg Sie gehen sollten. Wenn Sie die Bekanntheit Ihres Unternehmens steigern und möglichst viele Nutzer auf Ihre Produkte aufmerksam machen wollen, sollten Sie Ihre Keywords allgemeiner halten. Der Wettbewerb bei diesen Keywords ist dann natürlich größer, und Sie müssen mit höheren Kosten für Klicks auf Ihre Anzeigen rechnen.

Sie müssen durch **Testen und Ausprobieren** herausfinden, welche **Keywords am besten funktionieren**, um Ihre Ziele zu erreichen. Ads liefert Ihnen wichtigen Daten, z. B. wie oft welches Keyword zu einer Anzeigenschaltung geführt hat (**Impressions**) und wie häufig eine Anzeige angeklickt wurde (**Klicks**).Sie können auch mit dem Conversion-Tracking messen, ob die Besucher auf Ihrer Website ein bestimmtes Ziel erreicht haben, und Sie sehen in Ads, wie viel Geld es Sie gekostet hat, bis diese Ziele erreicht wurden. Ads bietet Ihnen eine Reihe von **Keyword-Optionen zur Steuerung Ihrer Anzeigen** an, die auf den nächsten Seiten vorgestellt werden.

Weitgehend Passend

Keyword: Bohrmaschine kaufen

Anzeigenschaltung bei: Werkzeug kaufen, Akkuschrauber kaufen

Modifizierer für weitgehend passende Keywords

Keyword: +Bohrmaschine +kaufen

Anzeigenschaltung bei: Bohrmaschine günstig kaufen Bohrmaschinen kaufen

Keyword-Optionen – Teil 1

Durch den Einsatz von **Keyword-Optionen** können Sie steuern, wann Ihre Keywords eine Anzeigenschaltung auslösen. Je nachdem, für welche Keyword-Optionen Sie sich entscheiden, erreichen Sie m**ehr oder weniger Nutzer**. Keyword-Optionen werden mit **unterschiedlichen Zeichen** gekennzeichnet (siehe Abbildung). Folgende Optionen stehen Ihnen zur Verfügung:

- **Weitgehend passend**
  Die Option Weitgehend passend ist die **Standardeinstellung** für alle Keywords, wenn Sie selbst keine Anpassungen vornehmen. Bei dieser Keyword-Option wird eine Schaltung Ihrer Anzeige ausgelöst, wenn die Suchanfrage die Wörter Ihres Keywords in einer **beliebigen Reihenfolge** enthält. Zusätzlich darf die Suchanfrage auch weitere Begriffe enthalten, die nicht in Ihrem Keyword vorkommen. Darüber hinaus sind **Rechtschreibfehler, Synonyme, verwandte Suchanfragen** und andere **relevante Begriffe** zulässig. Mit dieser Option können Sie sehr einfach eine Keywordliste aufbauen und erhalten wahrscheinlich sehr viele Impressions. Der Nachteil ist allerdings, dass Sie mit Ihren Keywords auch Nutzer erreichen, die nur ein **geringes Interesse** an Ihren Produkten oder Dienstleistungen haben, und Sie mit wesentlich mehr **Werbenden konkurrieren**. Um eine hohe Relevanz für Ihre Anzeigen zu erzielen, sollten Sie diese Option nach Möglichkeit **nicht nutzen** und eine der folgende Keyword-Optionen verwenden:
- **Modifizierer für weitgehend passende Keywords**
  Bei dieser Option müssen Sie ein Pluszeichen (+), einen sogenannten **Modifizierer**, vor die ausgewählten Begriffe setzen. Die Begriffe, die Sie mit einem Pluszeichen versehen haben, **müssen in der Suchanfrage des Nutzer enthalten** sein oder in einer sehr ähnlichen Variante, damit eine Anzeigenschaltung ausgelöst wird. Die Reihenfolge der Begriffe bleibt beliebig. War es bei der Option Weitgehend passend noch zulässig, dass Google Synonyme oder ähnliche Suchanfragen berücksichtigte, wird dies durch den Modifizierer ausgeschlossen. Die Anzahl der **Impressions wird eingeschränkt**, und Sie erhöhen die Relevanz für die Nutzer. Der Modifizierer + kann nur für weitgehend passende Keywords eingesetzt werden und nicht für die folgenden Optionen.

Passende Wortgruppe

Keyword: "Bohrmaschine kaufen"

Anzeigenschaltung bei:
leistungsstarke Bohrmaschine kaufen

Genau passend

Keyword: [Bohrmaschine kaufen]

Anzeigenschaltung bei:
Bohrmaschinen kaufen

Keyword-Optionen – Teil 2

- **Passende Wortgruppe**
  Bei dieser Option setzen Sie Ihre **Keywords in Anführungszeichen** (etwa so: »karierte Hemden«). Der Nutzer muss dann genau dieses Keyword eingeben oder eine sehr ähnliche Variante davon (z. B. werden Rechtschreibfehler, Singular- oder Pluralabweichungen toleriert), um eine Anzeigenschaltung auszulösen. Zusätzlich erlaubt sind weitere Begriffe **vor oder nach Ihrem festgelegten Keyword**. Die Reihenfolge der Begriffe innerhalb Ihres festgelegten Keywords muss bei der Suchanfrage aber auf jeden Fall beibehalten werden. Durch den Einsatz dieser Keyword-Option wird die Anzahl der Impressions weiter eingeschränkt. Dies wirkt sich jedoch positiv auf die Relevanz Ihrer Anzeigen für die Nutzer und somit auf den Qualitätsfaktor Ihrer Keywords aus.
- **Genau passend**
  Wenn Sie sicherstellen wollen, dass Ihre Anzeigen nur dann geschaltet werden, wenn der **Nutzer ganz genau Ihr Keyword eingibt**, müssen Sie die Keyword-Option Genau passend verwenden. Das Keyword muss dann in **rechteckige Klammern** gesetzt werden, zum Beispiel so: [karierte Hemden kaufen]. Die Suchanfrage muss genau Ihrem Keyword entsprechen, und es sind keine weiteren Begriffe vor oder nach Ihrem Keyword zulässig. Wie schon bei der Keyword-Option Passende Wortgruppe sind die einzigen zulässigen Abweichungen bei der Suchanfrage unter anderem Rechtschreibfehler und Singular- und Pluralformen.

Jetzt haben Sie die unterschiedlichen **Keyword-Optionen** kennengelernt. Probieren Sie aus, welche Keyword-Option am besten funktioniert. Beachten Sie dabei immer, dass Ihre Keywords und die dazugehörigen Anzeigen eine möglichst hohe Relevanz für den Nutzer haben. Sie können auch ein Keyword mit allen vier Optionen in Ihre Keywordliste aufnehmen und beobachten, welche Option das beste Ergebnis liefert.

Eine letzte Steuerungsmöglichkeit im Bereich der Keywords sind Ausschließende Keywords. Diese lernen Sie auf der nächsten Seite kennen.

Ausschließende Keywords	Suchanfrage	Anzeigenschaltung
-billig	Bohrmaschine billig	✖
-günstig	günstige Bohrmaschine	✖
-Test	Test Bohrmaschine	✖
-Testbericht	Bohrmaschine Testbericht	✖
-Vergleich	Bohrmaschine Vergleich	✖

Ausschließende Keywords

Ausschließende Keywords sind eine weitere Option, Ihre Anzeigen nur dann zu schalten, wenn die Suchanfrage zu Ihren Keywords und Anzeigen passt. Stellen Sie sich vor, Sie verkaufen Werkzeug, z. B. Bohrmaschinen. Sie möchten also Nutzer erreichen, die bereit sind, eine Bohrmaschine zu kaufen. Da Ihre Bohrmaschinen hochwertig sind und einen entsprechenden Preis haben, möchten Sie verhindern, dass Nutzer, die nach günstigen oder preiswerten Bohrmaschinen suchen, Ihre Anzeige zu sehen bekommen. Das Gleiche gilt für Nutzer, die nach einem Testbericht oder einem Produktvergleich von Bohrmaschinen suchen.

Um dieses Ziel zu erreichen, können Sie **ausschließende Keywords** festlegen. Diese Keywords werden mit einem Minuszeichen (-) vor dem Keyword versehen. Für das genannte Beispiel könnten z. B. diese ausschließenden Keywords Ihr Problem lösen:

- -billig
- -günstig
- -Test
- -Testbericht
- -Vergleich

Durch den Einsatz von ausschließenden Keywords können Sie **unnötige Impressions vermeiden**, was einen **positiven Effekt auf die Klickrate** hat, da diese dadurch steigt. Sie können ausschließende Keywords für eine ganze Kampagne festlegen oder nur für eine bestimmte Anzeigengruppe.

Bohrmaschine
Bohrmaschine kaufen
Bohrmaschine bestellen
Bohrmaschine online kaufen
Bohrmaschine Onlineshop

Akkuschrauber
Akkuschrauber kaufen
Akkuschrauber bestellen
Akkuschrauber online kaufen
Akkuschrauber Onlineshop

Stichsäge
Stichsäge kaufen
Stichsäge bestellen
Stichsäge online kaufen
Stichsäge Onlineshop

Bohrhammer
Bohrhammer kaufen
Bohrhammer bestellen
Bohrhammer online kaufen
Bohrhammer Onlineshop

Keywords sammeln und strukturieren

Durch den **Einsatz von Keyword-Optionen** wissen Sie jetzt, wie Sie Ihre Anzeigenschaltung für die Nutzer steuern können. Im nächsten Schritt gilt es, die **Keywords zu sammeln und zu strukturieren**. Sie werden sich mit Sicherheit schon Gedanken darüber gemacht haben, wie Sie selbst nach Ihren Produkten oder Dienstleistungen suchen würden. Schreiben Sie **Ihre eigenen Ideen** auf und fragen Sie auch **Ihre Mitarbeiter und Freunde**. Jeder sucht anders, und schnell hat man ein gutes Keyword übersehen. Überlegen Sie, welche Ziele Sie erreichen und auf welche Seite Sie die Nutzer leiten wollen, wenn diese auf Ihre Anzeigen klicken. Welche Begriffe verwenden Sie dort?

Suchen Sie mit Ihren Keywords bei Google und schauen Sie, welche Anzeigen Ihre Wettbewerber schalten. Dort können Sie sich mit Sicherheit den einen oder anderen Begriff abschauen. Besuchen Sie auch die **Websites Ihrer Wettbewerber** und schauen Sie sich dort um. Rufen Sie in Ihrem Browser den **Quelltext** dieser Website auf (indem Sie mit der rechten Maustaste auf einen freien Bereich der Website klicken und im Menü Seitenquelltext anzeigen auswählen), sehen Sie sich den oberen Bereich der Website an und suchen Sie nach den **Metatags** Titel, Description und Keywords.

Auf diese Weise werden Sie eine Vielzahl von Keywords sammeln können, die Sie jetzt noch **in Listen zusammenstellen** müssen, und zwar entsprechend Ihren Zielen bzw. Produkten und Dienstleistungen, die Sie bewerben wollen. Jede dieser Listen ist später die **Grundlage für eine Anzeigengruppe**, und die Anzeigen sollten genau auf diese Keywords ausgerichtet werden. Laut Google liegt die Anzahl der Keywords pro Liste bzw. Anzeigengruppe zwischen 5 und 20.

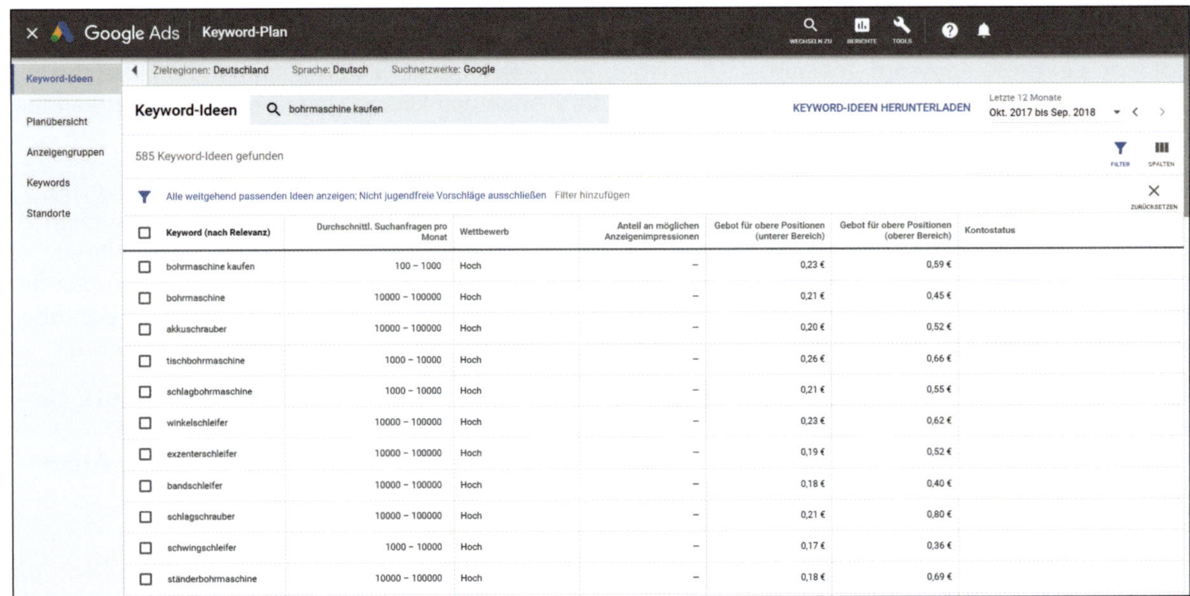

Keyword (nach Relevanz)	Durchschnittl. Suchanfragen pro Monat	Wettbewerb	Anteil an möglichen Anzeigenimpressionen	Gebot für obere Positionen (unterer Bereich)	Gebot für obere Positionen (oberer Bereich)	Kontostatus
bohrmaschine kaufen	100 – 1000	Hoch	–	0,23 €	0,59 €	
bohrmaschine	10000 – 100000	Hoch	–	0,21 €	0,45 €	
akkuschrauber	10000 – 100000	Hoch	–	0,20 €	0,52 €	
tischbohrmaschine	1000 – 10000	Hoch	–	0,26 €	0,66 €	
schlagbohrmaschine	1000 – 10000	Hoch	–	0,21 €	0,55 €	
winkelschleifer	10000 – 100000	Hoch	–	0,23 €	0,62 €	
exzenterschleifer	10000 – 100000	Hoch	–	0,19 €	0,52 €	
bandschleifer	10000 – 100000	Hoch	–	0,18 €	0,40 €	
schlagschrauber	10000 – 100000	Hoch	–	0,21 €	0,80 €	
schwingschleifer	1000 – 10000	Hoch	–	0,17 €	0,36 €	
ständerbohrmaschine	10000 – 100000	Hoch	–	0,18 €	0,69 €	

Keyword-Planer

Der **Keyword-Planer** ist ein Werkzeug für die Keywordsuche und das Abrufen von Suchvolumen und Prognosen.

Die Funktion Keywords suchen bietet gute Unterstützung, wenn Sie am Beginn Ihrer Keywordsuche stehen. Sie können ein Produkt oder eine Dienstleistung, die Sie anbieten, eine Zielseite, die Sie bewerben wollen, oder eine Produktkategorie eingeben. Als Ergebnis bekommen Sie eine Tabelle mit möglichen Anzeigengruppen-Ideen und Keyword-Ideen geliefert. Sie sehen in der Tabelle direkt, wie die **Wettbewerbssituation** aussieht, und Ads schlägt Ihnen auch einen **möglichen Klickpreis** für dieses Keyword vor. Über die Checkbox vor den Keywords können Sie die Keywords auswählen, die Sie später verwenden wollen. Wenn Sie das erste Keyword markiert haben, erscheint im oberen Bereich ein zusätzliches Menü. Dort können Sie die ausgewählten Keywords einem Plan oder einer neuen Anzeigengruppe hinzufügen, Keyword-Optionen festlegen oder ausschließende Keywords festlegen. Ihre Keywords werden dann mit dem Label im Plan markiert, wenn Sie diese dort hinzugefügt haben. Über den Punkt Planübersicht erhalten Sie eine Prognose zu den gewählten Keywords. Sie können diese Liste herunterladen und lokal bearbeiten oder direkt aus den Keywords eine Kampagne erstellen.

Wenn Sie bereits eine Reihe von Keywords zusammengetragen haben und wissen wollen, mit welchem **Suchvolumen** zu rechnen ist und wie die **Wettbewerbssituation** aussieht, können Sie die zweite Funktion nutzen. Klicken Sie hierzu auf den Punkt Suchvolumen und Prognosen abrufen und tragen Sie Ihre Keywords in das entsprechende Formularfeld ein oder laden Sie eine CSV-Datei hoch. Sie erhalten dann ein ähnliches Ergebnis wie bei der ersten Funktion und können die Keywords, die für Sie infrage kommen, wieder über einen Klick auf den Doppelpfeil zusammenfassen und herunterladen.

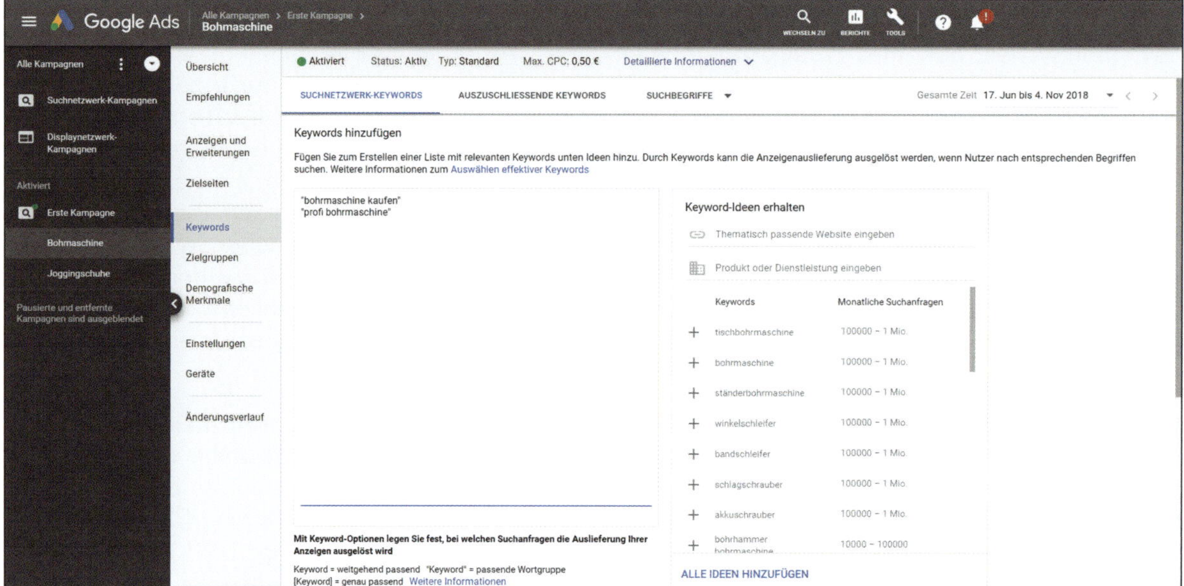
Google Ads
Alle Kampagnen › Erste Kampagne ›
Bohrmaschine
WECHSELN ZU
BERICHTE
TOOLS
Alle Kampagnen
Suchnetzwerk-Kampagnen
Displaynetzwerk-Kampagnen
Aktiviert
Erste Kampagne
Bohrmaschine
Joggingschuhe
Pausierte und entfernte Kampagnen sind ausgeblendet
Übersicht
Empfehlungen
Anzeigen und Erweiterungen
Zielseiten
Keywords
Zielgruppen
Demografische Merkmale
Einstellungen
Geräte
Änderungsverlauf
Aktiviert
Status: Aktiv
Typ: Standard
Max. CPC: 0,50 €
Detaillierte Informationen
SUCHNETZWERK-KEYWORDS
AUSZUSCHLIESSENDE KEYWORDS
SUCHBEGRIFFE
Gesamte Zeit 17. Jun bis 4. Nov 2018
Keywords hinzufügen
Fügen Sie zum Erstellen einer Liste mit relevanten Keywords unten Ideen hinzu. Durch Keywords kann die Anzeigenauslieferung ausgelöst werden, wenn Nutzer nach entsprechenden Begriffen suchen. Weitere Informationen zum Auswählen effektiver Keywords
"bohrmaschine kaufen"
"profi bohrmaschine"
Mit Keyword-Optionen legen Sie fest, bei welchen Suchanfragen die Auslieferung Ihrer Anzeigen ausgelöst wird
Keyword = weitgehend passend "Keyword" = passende Wortgruppe
[Keyword] = genau passend Weitere Informationen
Keyword-Ideen erhalten
Thematisch passende Website eingeben
Produkt oder Dienstleistung eingeben
Keywords
Monatliche Suchanfragen
tischbohrmaschine 100000 – 1 Mio.
bohrmaschine 100000 – 1 Mio.
ständerbohrmaschine 100000 – 1 Mio.
winkelschleifer 100000 – 1 Mio.
bandschleifer 100000 – 1 Mio.
schlagschrauber 100000 – 1 Mio.
akkuschrauber 100000 – 1 Mio.
bohrhammer 10000 – 100000
ALLE IDEEN HINZUFÜGEN

Keywords einfügen

Wenn Sie Ihre **Keywordlisten** für die Produkte und Dienstleistungen, die Sie bewerben wollen, fertiggestellt haben, wird es Zeit, diese in **Ads einzufügen**. Bedenken Sie, dass Sie Ihre Keywordlisten und die Keyword-Optionen jederzeit anpassen können, je nachdem, wie sich die Leistungen in Ihren Anzeigengruppen entwickeln.

Um Ihre erste Keywordliste einzufügen, wählen Sie in der linken Spalte die **Kampagne** aus, die Ihre **Anzeigengruppe** enthalten soll. Wechseln Sie in der Navigationsspalte auf den Punkt Anzeigengruppen und klicken Sie auf den blauen Button. Geben Sie der Anzeigengruppe einen eindeutigen Namen, sodass Sie immer wissen, welche Anzeigen dort geschaltet werden sollen. Scrollen Sie nach unten und tragen Sie in das Feld Standardgebot einen Betrag ein, den Sie **maximal pro Klick zu bezahlen bereit sind** (maximales Cost-per-Click-Gebot, max. CPC). Dieses Gebot gilt dann für alle Keywords, die Sie im nächsten Schritt Ihrer Anzeigengruppe hinzufügen. Sie können später auch das Gebot auf Keywordebene für jedes einzelne Keyword festlegen und somit Ihre Anzeigenschaltung präzise steuern.

In das letzte Formularfeld können Sie dann Ihre Keywords **manuell oder via Kopieren und Einfügen eintragen**. Die Keywords können Sie direkt mit den **gewünschten Keyword-Optionen** einpflegen. Dies gilt auch für ausschließende Keywords. Diese werden allerdings nicht in der Liste der Keywords aufgeführt, sondern auf einer eigenen Seite unter dem Punkt Ausschließende Keywords. In der Spalte Ebene können Sie sehen, ob das jeweilige Keyword auf Kampagnen- oder Anzeigengruppenebene ausgeschlossen wurde.

Wiederholen Sie dieses Vorgehen für alle Anzeigengruppen, die Sie anlegen wollen. Im nächsten Kapitel erfahren Sie, wie Sie erfolgreiche Anzeigen für Ihre Produkte und Dienstleistungen texten. Durch die Erstellung der Keywordlisten haben Sie bereits eine sehr gute Grundlage dafür geschaffen.

Kapitel 7 | Anzeigen

Eine der wichtigsten Grundlagen für Ihre Ads-Werbung haben Sie mit der Erstellung Ihrer Keywordlisten geschaffen. In Ihrem Konto gibt es nun eine oder mehrere Kampagnen mit **Anzeigengruppen** und **Keywords**. Das Einzige, was jetzt noch fehlt, sind die **passenden Anzeigen** zu Ihren Keywords.

Bei der Erstellung von Textanzeigen geht es nicht einfach darum, einen Text zu verfassen. Sie müssen den **Nutzer** mit Ihrer Anzeige davon **überzeugen**, auf diese zu klicken. Um eine **hohe Relevanz** zu erzielen, müssen Ihre Keywords und Anzeigen gut **aufeinander abgestimmt** sein. Wenn der Nutzer z. B. auf der Suche nach einem bestimmten Produkt ist und auf Ihre Anzeige trifft, sollte diese ihm deutlich mitteilen, dass Sie genau das gesuchte Produkt für ihn haben.

In diesem Kapitel erfahren Sie, wie eine Anzeige aufgebaut ist, was eine gute Anzeige ausmacht und welche Richtlinien Sie bei der Anzeigenerstellung beachten müssen.

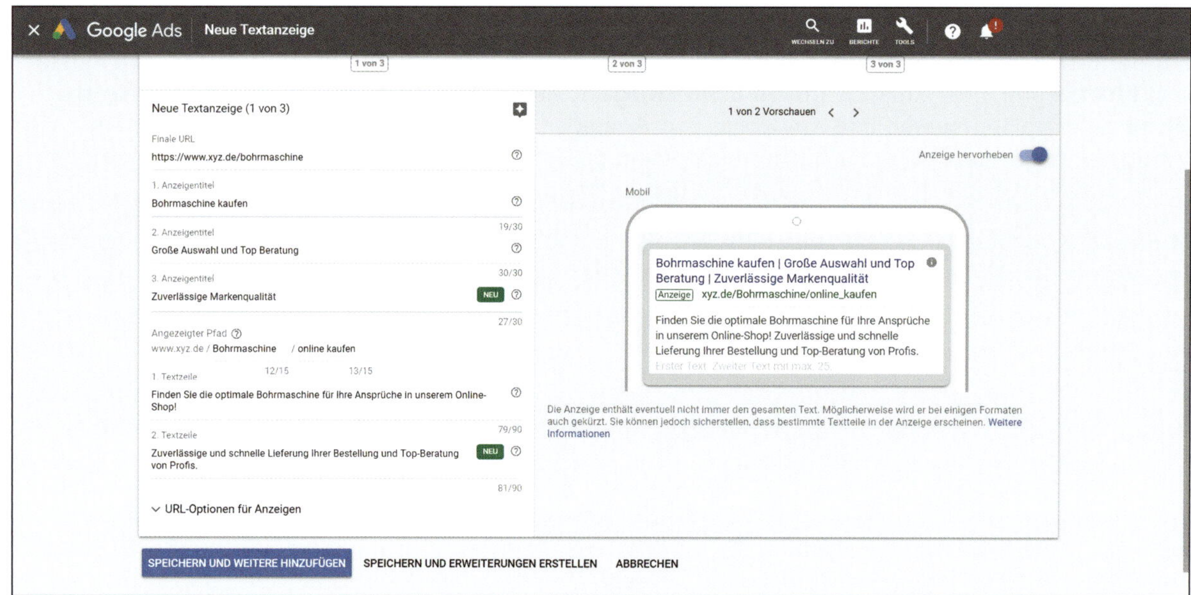
Google Ads
Neue Textanzeige
WECHSELN ZU
BERICHTE
TOOLS
1 von 3
2 von 3
3 von 3
Neue Textanzeige (1 von 3)
Finale URL
https://www.xyz.de/bohrmaschine
1. Anzeigentitel
Bohrmaschine kaufen
19/30
2. Anzeigentitel
Große Auswahl und Top Beratung
30/30
3. Anzeigentitel
Zuverlässige Markenqualität
NEU
27/30
Angezeigter Pfad
www.xyz.de / Bohrmaschine / online kaufen
12/15
13/15
1. Textzeile
Finden Sie die optimale Bohrmaschine für Ihre Ansprüche in unserem Online-Shop!
79/90
2. Textzeile
Zuverlässige und schnelle Lieferung Ihrer Bestellung und Top-Beratung von Profis.
NEU
81/90
URL-Optionen für Anzeigen
1 von 2 Vorschauen
Anzeige hervorheben
Mobil
Bohrmaschine kaufen | Große Auswahl und Top Beratung | Zuverlässige Markenqualität
Anzeige xyz.de/Bohrmaschine/online_kaufen
Finden Sie die optimale Bohrmaschine für Ihre Ansprüche in unserem Online-Shop! Zuverlässige und schnelle Lieferung Ihrer Bestellung und Top-Beratung von Profis.
Die Anzeige enthält eventuell nicht immer den gesamten Text. Möglicherweise wird er bei einigen Formaten auch gekürzt. Sie können jedoch sicherstellen, dass bestimmte Textteile in der Anzeige erscheinen. Weitere Informationen
SPEICHERN UND WEITERE HINZUFÜGEN
SPEICHERN UND ERWEITERUNGEN ERSTELLEN
ABBRECHEN

Aufbau einer Anzeige

Bevor Sie mit dem Texten Ihrer Anzeigen beginnen, ist es wichtig, zu wissen, wie eine Anzeige aufgebaut ist und welche Möglichkeiten Ihnen zur Verfügung stehen.

Eine **Textanzeige** besteht aus

- **drei Anzeigentiteln**, die maximal jeweils 30 Zeichen enthalten dürfen,
- einem **angezeigten Pfad**, bestehend aus zwei Feldern mit maximal 15 Zeichen und
- zwei **Beschreibungen** mit maximal 90 Zeichen.

Neben diesen sichtbaren Anzeigeelementen gehört noch die **finale URL** zur Textanzeige. Mit der finalen URL legen Sie fest, auf welche Webseite Sie den Nutzer leiten wollen, nachdem er auf Ihre Anzeige geklickt hat.

Die drei Anzeigentitel werden entsprechend ihrer Reihenfolge angezeigt. Der dritte Anzeigentitel wird nicht immer ausgegeben. Die wichtigsten Informationen sollten daher im ersten und zweiten Anzeigentitel enthalten sein.

Welche der beiden Beschreibungen ausgespielt wird, hängt davon ab, wie das Ads-System bestimmte Kombinationen von Anzeigentiteln, Beschreibungen und Anzeigenerweiterungen hinsichtlich der Suchanfrage des Nutzers einschätzt.

Um eine Anzeige anzulegen, wählen Sie die gewünschte **Kampagne und die Anzeigengruppe aus**, in der die Anzeige eingetragen werden soll. Wählen Sie dann in der Hauptnavigation den Punkt Anzeigen und Erweiterungen aus und klicken Sie auf den blauen Button mit dem Plussymbol. Dann wählen Sie im erscheinenden Menü den Punkt Textanzeige aus. Nach dem Klick auf Textanzeige erscheint ein umfangreicheres Formular, in das Sie Ihre Textanzeige eintragen können.

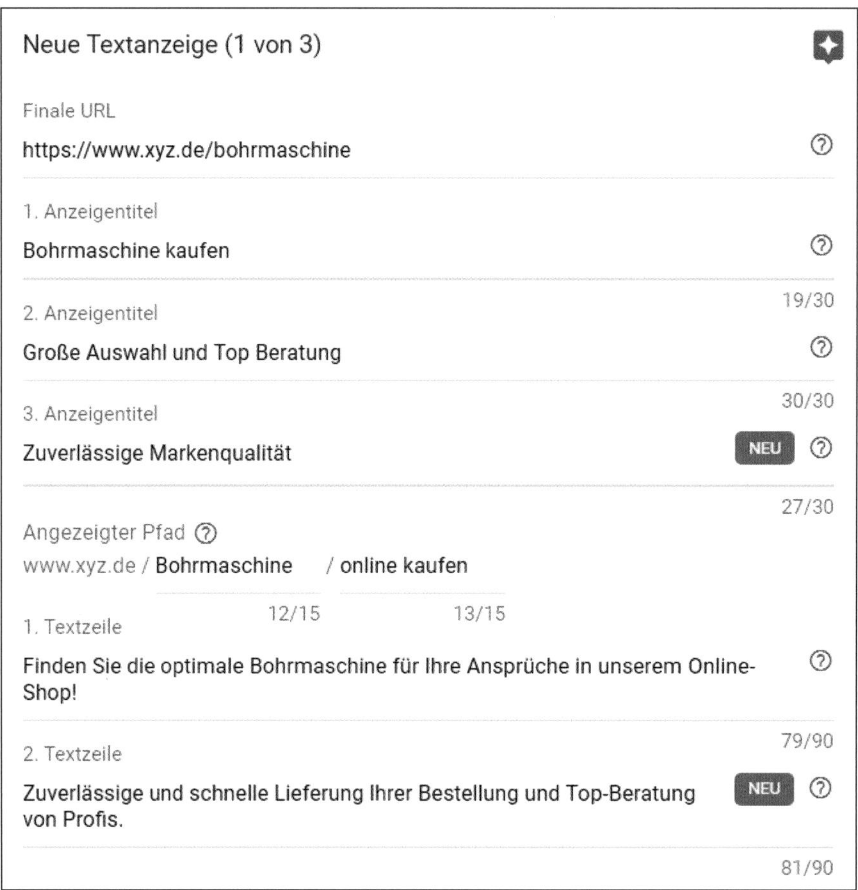

Neue Textanzeige (1 von 3)
Finale URL
https://www.xyz.de/bohrmaschine
1. Anzeigentitel
Bohrmaschine kaufen
19/30
2. Anzeigentitel
Große Auswahl und Top Beratung
30/30
3. Anzeigentitel
Zuverlässige Markenqualität
NEU
27/30
Angezeigter Pfad
www.xyz.de / Bohrmaschine / online kaufen
12/15
13/15
1. Textzeile
Finden Sie die optimale Bohrmaschine für Ihre Ansprüche in unserem Online-Shop!
79/90
2. Textzeile
Zuverlässige und schnelle Lieferung Ihrer Bestellung und Top-Beratung von Profis.
NEU
81/90

Anzeigentitel und Beschreibung

Die **Anzeigentitel** einer Anzeige bestehen aus den Elementen, die dem Nutzer meistens zuerst ins Auge fallen. Im Unterschied zur restlichen Anzeige ist der Text des Anzeigentitels blau eingefärbt. Hierdurch wird direkt deutlich gemacht, dass dieser **angeklickt** werden kann, um auf die Zielseite des Werbenden zu gelangen. Der Rest der Anzeige kann nicht angeklickt werden.

Da die Anzeigentitel die **höchste Wahrnehmung** haben, sollten Sie beim Texten versuchen, den **Suchbegriff des Nutzers** bereits in den Anzeigentiteln vorkommen zu lassen. Dies hat zwei Vorteile: Zum einem fühlt sich der Nutzer besser angesprochen, und zum anderen wird der Suchbegriff in der Anzeige **fett hervorgehoben**.

Eine Anzeige, die die Suchanfrage des Nutzers direkt in der Überschrift enthält, erzielt in der Regel eine **bessere Klickrate** als eine Anzeige, in der der gesuchte Begriff erst später erscheint. Sollte es aus Platzgründen nicht möglich sein, das Keyword in den Anzeigentiteln zu verwenden, platzieren Sie es möglichst weit oben im Text.

Wenn der Nutzer Ihre Anzeigentitel gelesen hat, ist es wichtig, in der Beschreibung **schnell auf den Punkt** Ihres Angebots zu kommen. Versuchen Sie, Ihre **Botschaft** in einem einfachen Satz zu formulieren, um eine gute Lesbarkeit für den Nutzer zu erreichen. Beim Schreiben Ihrer Anzeigen erhalten Sie eine **Anzeigenvorschau für die mobile und die Desktopansicht** neben den Formularfeldern. Damit können Sie genau kontrollieren, wie Ihre Anzeige auf den verschiedenen Endgeräten ausgegeben wird.

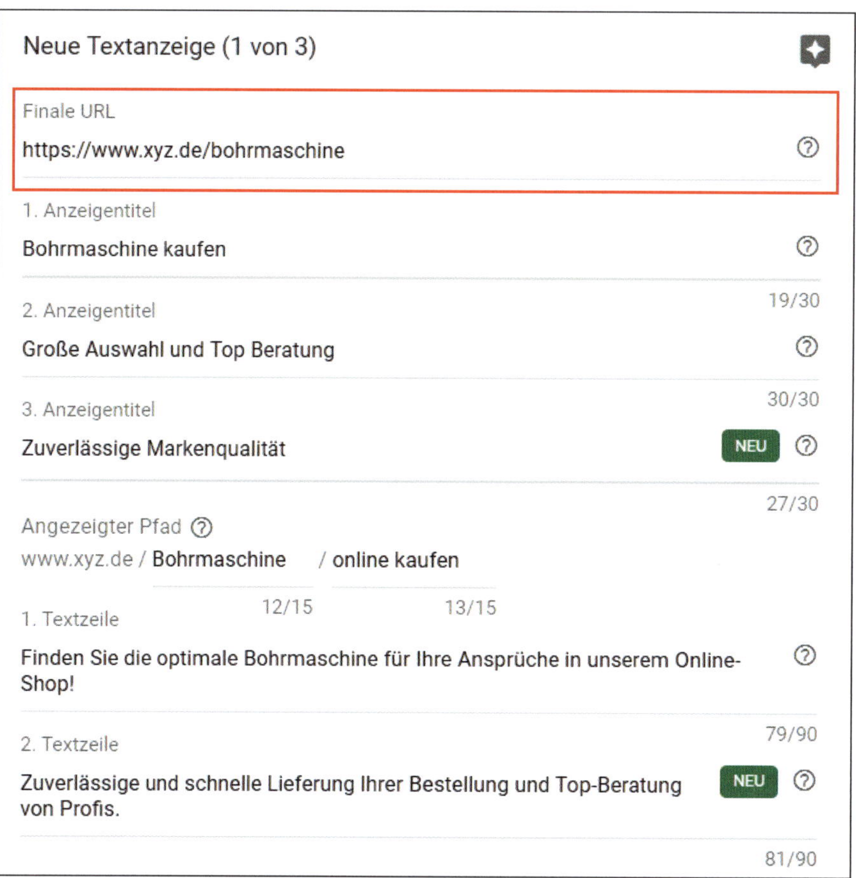
Neue Textanzeige (1 von 3)
Finale URL
https://www.xyz.de/bohrmaschine
1. Anzeigentitel
Bohrmaschine kaufen
19/30
2. Anzeigentitel
Große Auswahl und Top Beratung
30/30
3. Anzeigentitel
Zuverlässige Markenqualität
NEU
27/30
Angezeigter Pfad
www.xyz.de / Bohrmaschine / online kaufen
12/15
13/15
1. Textzeile
Finden Sie die optimale Bohrmaschine für Ihre Ansprüche in unserem Online-Shop!
79/90
2. Textzeile
Zuverlässige und schnelle Lieferung Ihrer Bestellung und Top-Beratung von Profis.
NEU
81/90

Angezeigter Pfad und finale URL

Die finale URL wird in das erste Formularfeld eingetragen. Die Domain der finalen URL wird automatisch für den angezeigten Pfad übernommen. Außerdem ist in einer Anzeigengruppe nur die **Verwendung einer Domain** erlaubt. Wenn Sie mehrere Websites mit unterschiedlichen Domains betreiben, müssen Sie das bei der Planung berücksichtigen. Die finale URL ist die Webseite, auf die Sie den Nutzer leiten wollen. Dabei muss es sich natürlich um eine funktionsfähige Webseite handeln, es darf **weder eine E-Mail-Adresse noch eine Datei** sein.

Nach den Anzeigentiteln folgt der **angezeigte Pfad**. Dieser beginnt mit der Domain aus der finalen URL und kann mit zwei Formularfeldern **zusätzlich gestaltet** werden. Sie haben 2 × 15 Zeichen für diese Zeile zur Verfügung, hier können Sie also z. B. noch Ihr Keyword mit einfließen lassen. Die Adresse muss nicht zwingend existieren und kann somit etwas freier gestaltet werden. Angenommen, Sie sind Steuerberater in Köln und wollen dies in einer Anzeige für Ihre Kanzlei nochmals kommunizieren. Dann könnte die angezeigte URL so aussehen: www.xxx.de/steuerberater_köln. Diese Adresse wird in Grün unter der zweiten Textzeile angezeigt.

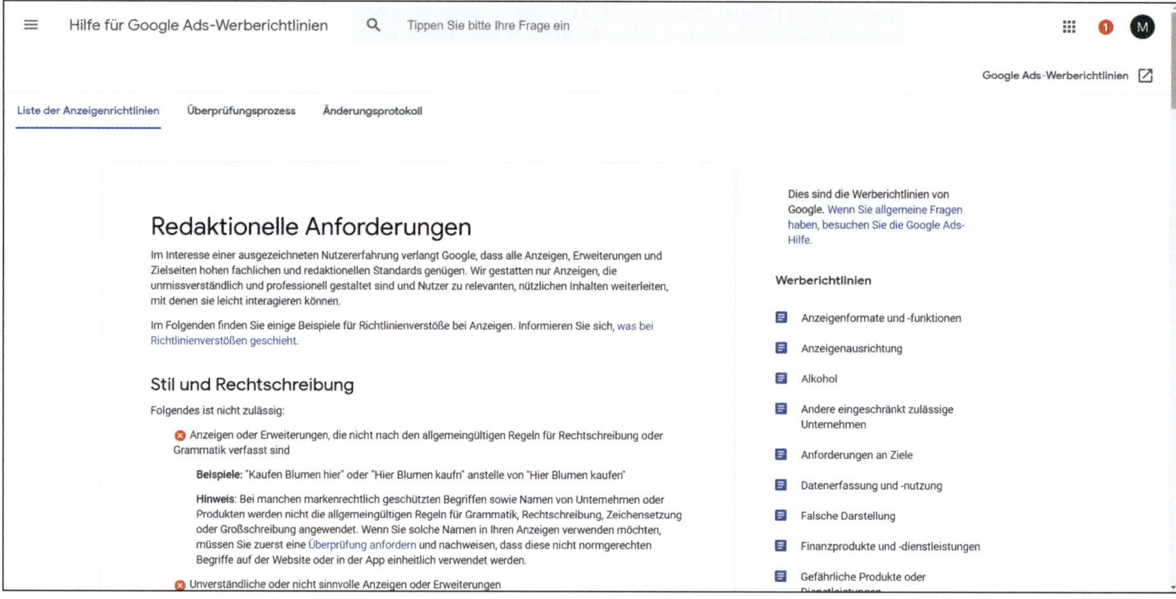
Hilfe für Google Ads-Werberichtlinien
Tippen Sie bitte Ihre Frage ein
Google Ads-Werberichtlinien
Liste der Anzeigenrichtlinien
Überprüfungsprozess
Änderungsprotokoll
Redaktionelle Anforderungen
Im Interesse einer ausgezeichneten Nutzererfahrung verlangt Google, dass alle Anzeigen, Erweiterungen und Zielseiten hohen fachlichen und redaktionellen Standards genügen. Wir gestatten nur Anzeigen, die unmissverständlich und professionell gestaltet sind und Nutzer zu relevanten, nützlichen Inhalten weiterleiten, mit denen sie leicht interagieren können.
Im Folgenden finden Sie einige Beispiele für Richtlinienverstöße bei Anzeigen. Informieren Sie sich, was bei Richtlinienverstößen geschieht.
Stil und Rechtschreibung
Folgendes ist nicht zulässig:
Anzeigen oder Erweiterungen, die nicht nach den allgemeingültigen Regeln für Rechtschreibung oder Grammatik verfasst sind
Beispiele: "Kaufen Blumen hier" oder "Hier Blumen kaufn" anstelle von "Hier Blumen kaufen"
Hinweis: Bei manchen markenrechtlich geschützten Begriffen sowie Namen von Unternehmen oder Produkten werden nicht die allgemeingültigen Regeln für Grammatik, Rechtschreibung, Zeichensetzung oder Großschreibung angewendet. Wenn Sie solche Namen in Ihren Anzeigen verwenden möchten, müssen Sie zuerst eine Überprüfung anfordern und nachweisen, dass diese nicht normgerechten Begriffe auf der Website oder in der App einheitlich verwendet werden.
Unverständliche oder nicht sinnvolle Anzeigen oder Erweiterungen
Dies sind die Werberichtlinien von Google. Wenn Sie allgemeine Fragen haben, besuchen Sie die Google Ads-Hilfe.
Werberichtlinien
Anzeigenformate und -funktionen
Anzeigenausrichtung
Alkohol
Andere eingeschränkt zulässige Unternehmen
Anforderungen an Ziele
Datenerfassung und -nutzung
Falsche Darstellung
Finanzprodukte und -dienstleistungen
Gefährliche Produkte oder

Redaktionelle Vorgaben

Beim Texten von Anzeigen gilt es einige **Vorgaben** zu beachten.

Es beginnt bereits bei der Verwendung von **Satzzeichen**: **Ausrufungszeichen** sind in den Anzeigentiteln nicht zulässig und dürfen in der gesamten Anzeige nur einmal verwendet werden. **Aufzählungspunkte** dürfen überhaupt nicht verwendet werden.

Auch die Schreibung in Großbuchstaben zur Hervorhebung von Texten oder Begriffen wird durch Google stark eingeschränkt. Ganze Wörter dürfen **nicht komplett großgeschrieben** werden. Die einzigen Ausnahmen bilden **Marken- oder Produktnamen** und gängige Abkürzungen. Es ist auch nicht zulässig, innerhalb eines Worts große Buchstaben zu verwenden.

Wiederholungen stehen genauso auf der Verbotsliste. Wörter dürfen nicht hintereinander wiederholt werden. Das Gleiche gilt für Wortgruppen. Die ersten drei Textzeilen (Anzeigentitel und Beschreibung) dürfen **nicht die gleiche Wortgruppe** enthalten.

In der Regel bekommen Sie **direkt** einen Hinweis, wenn Ihre Anzeige gegen eine der Vorgaben verstößt, und Sie können die Anzeige **sofort korrigieren**. Manche Fehler fallen erst bei der Überprüfung durch Google auf. Sie werden per E-Mail informiert, wenn eine Änderung der Anzeige notwendig ist.

Redaktionelle Richtlinien

Eine Übersicht über alle **redaktionellen Richtlinien** mit vielen Beispielen finden Sie unter https://support.google.com/adspolicy/answer/6021546?hl=de.

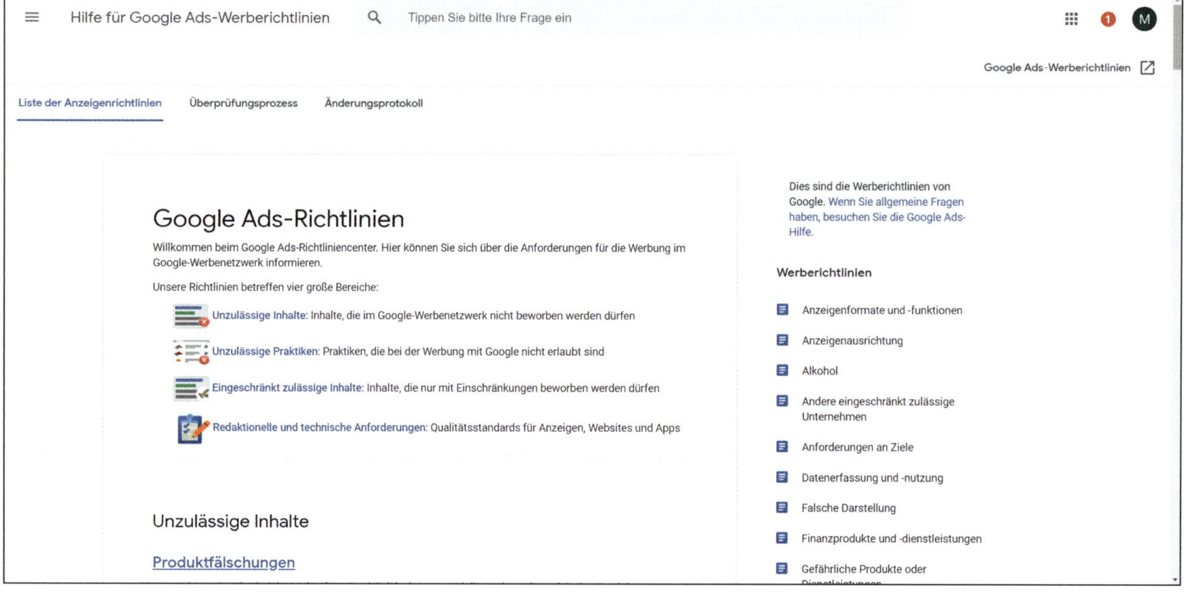
Hilfe für Google Ads-Werberichtlinien
Tippen Sie bitte Ihre Frage ein
Google Ads-Werberichtlinien
Liste der Anzeigenrichtlinien
Überprüfungsprozess
Änderungsprotokoll
Google Ads-Richtlinien
Willkommen beim Google Ads-Richtliniencenter. Hier können Sie sich über die Anforderungen für die Werbung im Google-Werbenetzwerk informieren.
Unsere Richtlinien betreffen vier große Bereiche:
Unzulässige Inhalte: Inhalte, die im Google-Werbenetzwerk nicht beworben werden dürfen
Unzulässige Praktiken: Praktiken, die bei der Werbung mit Google nicht erlaubt sind
Eingeschränkt zulässige Inhalte: Inhalte, die nur mit Einschränkungen beworben werden dürfen
Redaktionelle und technische Anforderungen: Qualitätsstandards für Anzeigen, Websites und Apps
Unzulässige Inhalte
Produktfälschungen
Dies sind die Werberichtlinien von Google. Wenn Sie allgemeine Fragen haben, besuchen Sie die Google Ads-Hilfe.
Werberichtlinien
Anzeigenformate und -funktionen
Anzeigenausrichtung
Alkohol
Andere eingeschränkt zulässige Unternehmen
Anforderungen an Ziele
Datenerfassung und -nutzung
Falsche Darstellung
Finanzprodukte und -dienstleistungen
Gefährliche Produkte oder

Werberichtlinien

Neben den redaktionellen Vorgaben gibt es einige **Werberichtlinien** zu Produkten, die nicht beworben werden dürfen, und zu Inhalten Ihrer Anzeigen im Allgemeinen.

Zu den Produkten, die nicht oder nur eingeschränkt beworben werden dürfen, zählen z. B. **Alkohol**, **Glücksspiele**, **Tabak**, **Waffen** und **Produkte zur Manipulation im Straßenverkehr**. Je nach Land, in dem Sie werben, gibt es aufgrund der unterschiedlichen Gesetzeslage andere Vorgaben, die Sie beachten müssen. Auf der unten angegebenen Website finden Sie eine Übersicht mit vielen Beispielen.

Wenn Sie eine Anzeige texten, gilt es auch andere Punkte zu beachten. Sie dürfen keine anstößigen oder unangemessenen Ausdrücke verwenden, und die Handlungsaufforderungen Klicken Sie hier und Klick sind nicht zulässig.

Werben Sie mit **Sonderangeboten**, **Preisen**, **vergleichenden Werbeaussagen** oder **Superlativen**, müssen diese der Wahrheit entsprechen und aktuell sein. Sonderangebote und Preise müssen innerhalb von **zwei Klicks** aufzufinden sein und **Werbeaussagen belegt werden**. Wenn Sie also behaupten, das beste Produkt zu verkaufen, sollte dies z. B. durch einen renommierten Produkttest belegt werden können.

Werberichtlinien auf einen Blick

Google stellt unter https://goo.gl/fXTek5 eine Übersicht zur Verfügung, auf der Sie sich im Detail über die Werberichtlinien informieren können.

Lohnt sich Markenschutz? | Kanzlei Meier & Müller | Über 50 Jahre Erfahrung
Anzeige www.xyz.de/markenrecht/patentrecht

Wir beraten Sie kompetent und zuverlässig zu Marken- und Patentrecht. Profitieren Sie von unserem umfangreichen Know-How und sichern Sie Ihr geistiges Eigentum.

Verbatim Double Layer | DVD+R, 8,5 GB, 8x, printable | Angebot 25 Stück nur 30,99 €
Anzeige www.xyz.de/verbatim/angebot

Verbatim Rohling immer ab Lager verfügbar. Schnelle und einfache Lieferung. Finden Sie bei uns den passenden Verbatim Rohling für Ihre Ansprüche.

Werbeagentur Schmidt in Köln | Individuelle Marketingkonzepte | Fordern Sie uns heraus
Anzeige www.xyz.de/werbeagentur/aachen

Wir entwickeln individuelle Marketingkonzepte für Ihr Unternehmen. Jetzt informieren! Profitieren Sie vom Know-How und der Kreativität unseres großen Teams!

Sportkoffer online bestellen | Frachtfrei ab 100€ Bestellwert | Große Auswahl an Koffern
Anzeige www.xyz.de/sportkoffer/günstig

Finden Sie den richtigen Koffer für Ihre Reise in unserem Online-Shop . Sie suchen den richtigen Koffer? Lassen Sie sich von unserem Team telefonisch beraten!

Wie schreibe ich eine gute Anzeige

Sie wissen jetzt, was Sie beim Schreiben der Anzeigen berücksichtigen müssen. Aber was macht eine Anzeige so attraktiv, dass sie die Nutzer erreicht? Hier ein paar Tipps:

Bevor Sie mit dem Texten beginnen, schauen Sie sich **Anzeigen von Wettbewerbern** an. Finden Sie heraus, was Sie von ihnen lernen und wie Sie sich von ihnen absetzen können.

Was ist Ihr **Alleinstellungsmerkmal**? Wenn Sie es wissen, teilen Sie es den Nutzern in Ihrer Anzeige unbedingt mit.

Versuchen Sie, den Nutzer **persönlich anzusprechen**, indem Sie z. B. eine **Frage formulieren**, sodass er bei der Durchsicht der Anzeigen und Suchergebnisse innehält.

Wenn Sie ein Produkt zu einem **günstigen Preis** anbieten können oder potenziellen Kunden einen **Rabatt einräumen** wollen, kommunizieren Sie dies ganz klar in Ihren Anzeigen. Beachten Sie, dass das entsprechende Angebot innerhalb von **zwei Klicks** auf Ihrer Website zu finden sein muss.

Nutzen Sie **Handlungsaufforderungen** (Call-to-Action) wie z. B. Jetzt informieren oder Unverbindlich anfragen, um den Nutzer zu einem Klick auf Ihre Anzeige zu animieren.

Bleiben Sie bei Ihren Anzeigen immer bei der **Wahrheit** und halten Sie Ihre **Versprechen**. Dies bedeutet auch, dass die Anzeige immer zur Zielseite passen sollte, damit der Nutzer auch die Information vorfindet, die er sich erhofft hat.

Wie schon beschrieben, sollten Sie stets versuchen, die **passenden Keywords** in die Anzeigen einzubauen, um dem Nutzer klar zu signalisieren, dass Sie das gesuchte Produkt oder die Dienstleistung anbieten können.

Anzeigen testen

Wenn Sie Anzeigen für eine Anzeigengruppe verfassen, schreiben Sie nicht nur eine Anzeige, sondern **mehrere**, und versuchen Sie, den Nutzer auf **unterschiedliche Weise** anzusprechen. Sie finden in der Regel nur durch **Testen** heraus, welche Anzeige am besten funktioniert. Für diesen **Anzeigentest** haben Sie bereits bei den Kampagneneinstellungen eine wichtige Grundlage gelegt. Beim Punkt Anzeigenrotation im Bereich Erweiterte Einstellungen sollte Immer leistungsunabhängig schalten aktiviert sein. Ist das noch nicht der Fall, sollten Sie es jetzt nachholen.

In der Standardeinstellung dieser Funktion würde Google die Anzeige schalten, die voraussichtlich die meisten Klicks erzielen wird. Das bedeutet allerdings, dass manche Anzeigen kaum geschaltet werden und andere wiederum sehr häufig. Durch die **leistungsunabhängige Schaltung** der Anzeigen verhindern Sie dieses Vorgehen und können **selbst testen und entscheiden**, welche Anzeige erfolgreich und geeignet ist, die gesetzten Ziele zu erfüllen.

Bei vier Anzeigen können Sie beispielsweise nach einem bestimmten Zeitraum die **Anzeige deaktivieren**, die die **schlechtesten Leistungsdaten** aufweist. Dies wiederholen Sie so oft, bis nur noch eine optimale Anzeige übrig bleibt. Sie können aber auch immer wieder eine neue Anzeige ins Rennen schicken und sehen, ob eine ganz neu formulierte Anzeige besser abschneidet als die bisherigen.

Als weitere Testmöglichkeit können Sie drei oder vier sehr ähnliche Anzeigen texten, die sich nur in den **Handlungsaufforderungen** unterscheiden. Auf diese Weise können Sie herausfinden, welche Handlungsaufforderung den Nutzer am meisten anspricht.

Kapitel 8 | Zielseite

Die **Zielseite** ist die Seite, auf die Sie den Besucher leiten, wenn er auf eine Ihrer **Anzeigen geklickt** hat. Wenn das geschieht, konnten Sie den Nutzer mit Ihrer Anzeige **überzeugen,** und er geht jetzt davon aus, dass er auf der Zielseite das beworbene Produkt oder die Dienstleistung finden wird.

Für Sie bedeutet dies zum einen, dass Sie die **passende Zielseite** für Ihre Anzeige auswählen müssen, und zum anderen, dass die Zielseite Ihr **Angebot optimal darstellt**, sodass der Nutzer auch zum Kunden wird. An dieser Stelle möchte ich nochmals an den **roten Faden** bei Ads erinnern. Durch die Keywords legen Sie fest, bei welchen Suchanfragen Ihre Anzeigen geschaltet werden. Die Anzeigen sollten einen engen Bezug zu Ihren Keywords haben, und diese sollten am besten in den Anzeigentiteln oder am Anfang der Beschreibung Ihrer Anzeige vorkommen. **Auswahl** und **Gestaltung** der passenden Zielseite zur Anzeige bedeuten den letzten Schritt in diesem Prozess.

Was Sie bei der Gestaltung der Zielseite berücksichtigen sollten, welche Richtlinien zu beachten sind und wie die Zielseite den Qualitätsfaktor beeinflusst, erfahren Sie auf den nächsten Seiten.

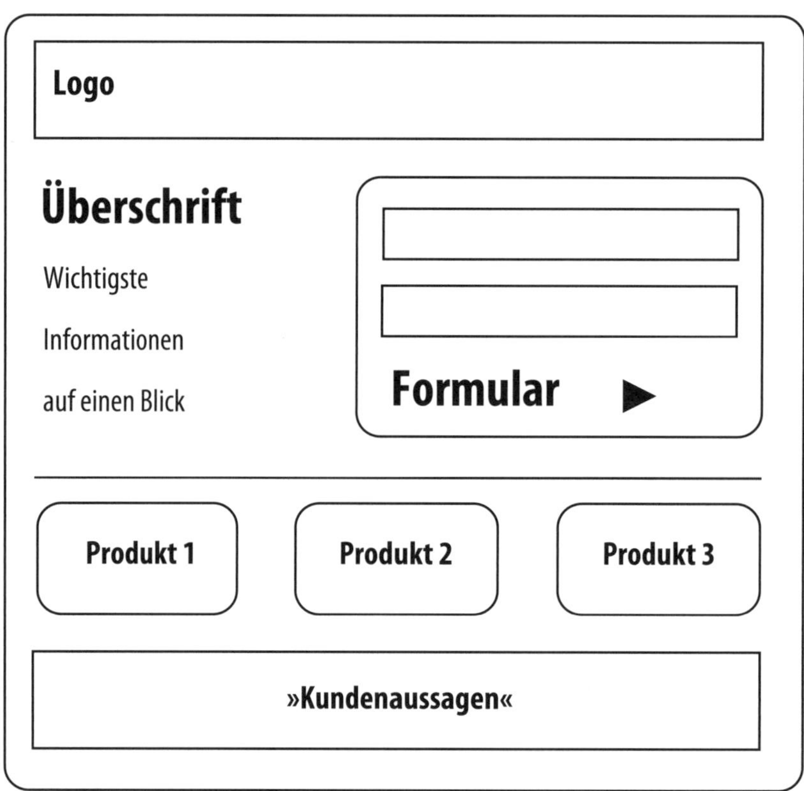
Logo
Überschrift
Wichtigste
Informationen
auf einen Blick
Formular
Produkt 1
Produkt 2
Produkt 3
»Kundenaussagen«

Was zeichnet eine gute Zielseite aus?

Wenn Sie ein Produkt oder eine Dienstleistung mithilfe von Google suchen und sich bei der Suche entscheiden, auf eine Anzeige zu klicken – was erwarten Sie dann auf der Zielseite? Genau diese Frage müssen Sie sich stellen, wenn es um deren **Gestaltung** und **Aufbau** geht. Als Nutzer erwarten Sie, dass Sie das auf einer Webseite finden, was Ihnen in der Anzeige versprochen wurde. Bieten Sie eine Dienstleistung an, sollten Sie klar formulieren, was Sie anbieten und worin Ihr **Alleinstellungsmerkmal** besteht. Listen Sie Ihre **Qualifikationen** auf und arbeiten Sie mit **Referenzen**. Im Handwerksbereich können dies z. B. **Vorher-nachher-Bilder** sein, oder aber Sie setzen **Kundenaussagen** ein.

Wichtig ist, dass der Besucher Ihrer Website **Vertrauen** zu Ihrem Unternehmen aufbaut. Das beginnt bereits bei der Überschrift der ausgewählten Webseite. Wenn dort das Keyword auftaucht, das die Anzeigenschaltung ausgelöst hat, geht der Nutzer davon aus, dass er bei Ihnen richtig ist. **Verwenden Sie Bilder**, um Ihre Produkte und Dienstleistungen zu veranschaulichen und den Text in der Aussage zu unterstützen. Der **Text** auf der Webseite sollte **leicht zu erfassen** sein, da viele Nutzer eine Webseite nur kurz überfliegen und dann entscheiden, ob sie sich dort weiter aufhalten oder die Seite wieder verlassen. Durch den Einsatz einer **Aufzählung** mit den **wichtigsten Informationen** zu Ihrem Angebot werden Ihre Aussagen übersichtlich präsentiert.

Aus technischer Sicht sollten Sie dafür sorgen, dass Ihre **Zielseite schnell lädt**. Bilder sind zwar ein wichtiges Element für Ihre Zielseite, sollten aber auf jeden Fall gut optimiert sein, sodass die Ladezeit reduziert wird.

Besonders wichtig ist eine **Handlungsaufforderung**. Das Prinzip der Handlungsaufforderung (Call-to-Action) haben Sie bereits beim Texten von Anzeigen kennengelernt. Wenn Sie wollen, dass der Nutzer eine bestimmte Aktion ausführt, müssen Sie ihn dazu auffordern.

Handlungsaufforderung

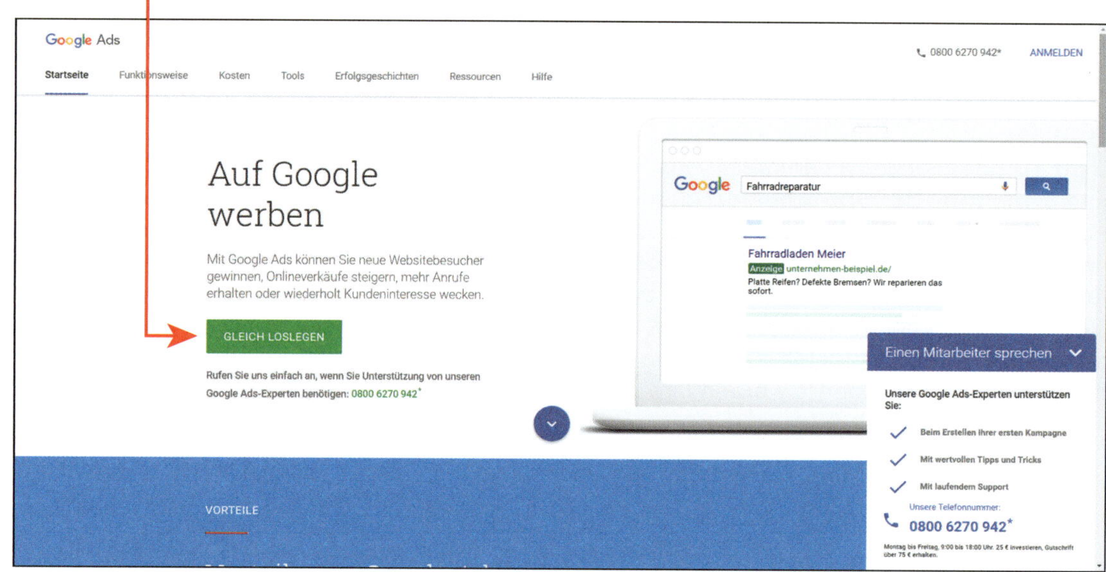

Handlungsaufforderung

Eine **Handlungsaufforderung** kann sehr unterschiedlich ausfallen und ist abhängig davon, welches Ziel Sie anpeilen. Wenn Sie beispielsweise erreichen wollen, dass der Besucher Ihrer Webseite bei Ihnen anruft, **schaffen Sie einen Anreiz** dafür, z. B. eine kostenlose und unverbindliche Erstberatung. Die Telefonnummer sollte schnell und einfach aufzufinden sein. Teilen Sie dem Besucher mit, was er erwarten kann, wenn er Sie anruft.

Wenn Sie einen Newsletter anbieten, fordern Sie den Nutzer dazu auf, das Anmeldeformular auszufüllen. Verlangen Sie dabei nur die **nötigsten Informationen**. Um einen Newsletter zuzustellen, reicht eine E-Mail-Adresse völlig aus. Möchten Sie den Besucher persönlich ansprechen, sind noch Vor- und Nachname notwendig. Je weniger Informationen Sie von einem Nutzer verlangen, umso eher ist er bereit, Ihr Angebot zu anzunehmen.

Die **Handlungsaufforderung** sollte auf der Webseite **deutlich zu erkennen** sein und sich klar abheben. Hierbei kann es sich z. B. um einen Button mit entsprechender Aufschrift handeln. Wenn der Kunde ein unverbindliches Angebot anfordern kann, sollte dies auf dem Button kommuniziert werden.

Sorgen Sie auch dafür, dass es auf Ihrer Zielseite **nicht zu viel Ablenkung** gibt, und konzentrieren Sie sich bei der Gestaltung auf die wesentlichen Elemente.

info@tusche-online.de

Start Services Workshops Online-Kurse Referenzen Über mich Kontakt Blog

Online-Marketing-Beratung mit Herz!

Für Sie im Einsatz

Ich bin mit Leib und Seele **Online-Marketing-Beraterin, Trainerin und Autorin.** Ich bringe all meine Erfahrung in Ihr Online-Marketing-Projekt mit ein. Ich unterstütze Sie bei der Konzeption und Vermarktung Ihrer Website und Ihrer Produkte oder Dienstleistungen.

Was ich Ihnen bieten kann?

Als **Dipl.-Kommunikationswirtin (BAW)** und **Online-Marketing-Managerin (IHK)** berate ich Sie bei der Neugestaltung Ihrer Website oder der Optimierung Ihrer bestehenden Website, damit mehr Besucher auf Ihre Website kommen und Sie mehr **Sichtbarkeit** im Internet erlangen.

Es ist mir wichtig, Sie **individuell und umfassend** zu beraten. Halbe Sachen liegen mir nicht, deshalb zeige ich Ihnen die Möglichkeiten und entsprechend Ihrem Budget wählen wir dann gemeinsam die richtigen Maßnahmen aus.

Ich bin immer neugierig und freue mich auf neue Herausforderungen.

1.) Online-Marketing Beratung

Bei den meisten Online-Marketing-Maßnahmen ist es nicht mit einer einzelnen Aktion getan. Daher übernehme ich gerne auch längerfristig die notwendigen SEO-Maßnahmen, die Optimierung und Betreuung Ihres Google Ads Kontos oder berate Sie bei Ihren Social Media Aktivitäten.

Gemeinsam entwickeln wir konkret auf Ihre Bedürfnisse abgestimmte Strategien, mit denen Sie erfolgreich sein können. Bei der Umsetzung bin ich Ihnen gerne behilflich. Oder Sie profitieren von meinem Know-how und buchen ein **individuelles Coaching** im Rahmen eines Workshops.

Vertrauen gewinnen

Das **Vertrauen** eines Nutzers zu gewinnen, ist keine leichte Aufgabe. Der Nutzer, der Ihre Website zum ersten Mal besucht, kennt Sie möglicherweise nicht und weiß nichts über Sie und Ihr Unternehmen. Wenn Ihr Angebot für den Besucher von Interesse ist, möchte er natürlich auch wissen, mit wem er es zu tun hat. Hierbei können verschiedene Elemente auf der Website hilfreich sein:

Auf der Zielseite sollten Ihre **Kontaktinformationen** schnell zu finden sein. Teilen Sie dem Besucher mit, wer die **Ansprechpartner** sind und wie sie erreicht werden können. Ein Bild des jeweiligen Ansprechpartners ist hierbei sehr hilfreich.

Verstecken Sie das **Impressum** nicht in der letzten Ecke, damit der Besucher nicht lange danach suchen muss.

Schreiben Sie über **Ihr Unternehmen** und erzählen Sie Ihre **Geschichte**. Wie lange gibt es Ihr Unternehmen schon, und über **welche Erfahrung** verfügen Sie? Wie viele Mitarbeiter sind für Sie tätig, und welche Qualifikation haben sie? Dies alles sind Fragen, die für einen Besucher Ihrer Zielseite von Interesse sein können.

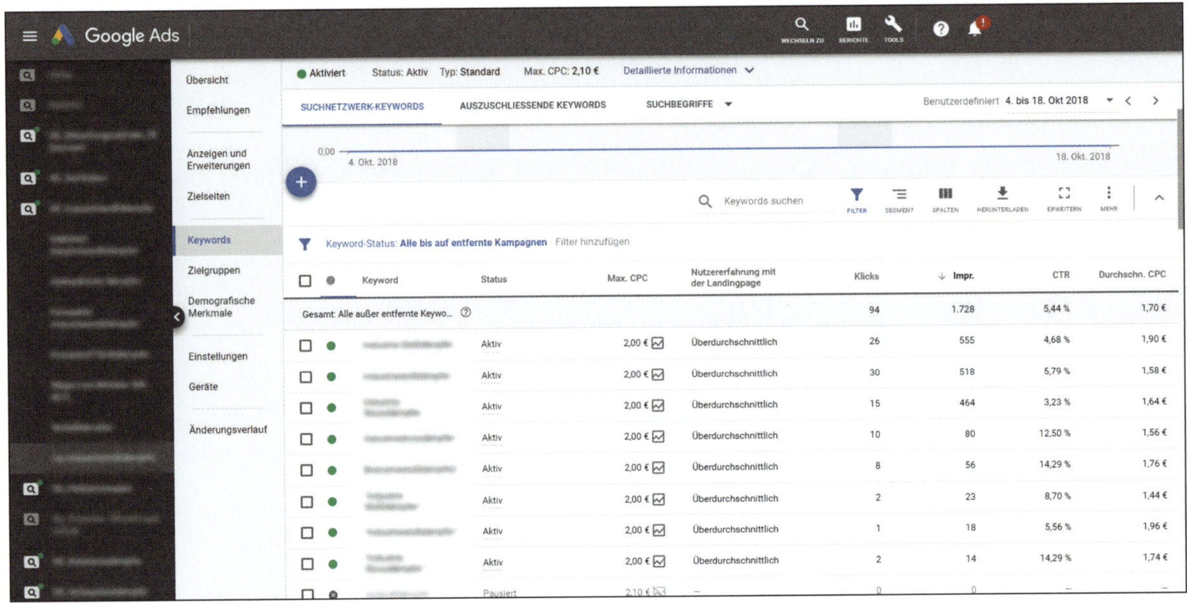

Google Ads
WECHSELN ZU
BERICHTE
TOOLS
Übersicht
Empfehlungen
Anzeigen und Erweiterungen
Zielseiten
Keywords
Zielgruppen
Demografische Merkmale
Einstellungen
Geräte
Änderungsverlauf
Aktiviert
Status: Aktiv
Typ: Standard
Max. CPC: 2,10 €
Detaillierte Informationen
SUCHNETZWERK-KEYWORDS
AUSZUSCHLIESSENDE KEYWORDS
SUCHBEGRIFFE
Benutzerdefiniert
4. bis 18. Okt 2018
0,00
4. Okt. 2018
18. Okt. 2018
Keywords suchen
FILTER
SEGMENT
SPALTEN
HERUNTERLADEN
ERWEITERN
MEHR
Keyword-Status: Alle bis auf entfernte Kampagnen
Filter hinzufügen
Keyword
Status
Max. CPC
Nutzererfahrung mit der Landingpage
Klicks
Impr.
CTR
Durchschn. CPC
Gesamt: Alle außer entfernte Keywo...
94
1.728
5,44 %
1,70 €
Aktiv
2,00 €
Überdurchschnittlich
26
555
4,68 %
1,90 €
Aktiv
2,00 €
Überdurchschnittlich
30
518
5,79 %
1,58 €
Aktiv
2,00 €
Überdurchschnittlich
15
464
3,23 %
1,64 €
Aktiv
2,00 €
Überdurchschnittlich
10
80
12,50 %
1,56 €
Aktiv
2,00 €
Überdurchschnittlich
8
56
14,29 %
1,76 €
Aktiv
2,00 €
Überdurchschnittlich
2
23
8,70 %
1,44 €
Aktiv
2,00 €
Überdurchschnittlich
1
18
5,56 %
1,96 €
Aktiv
2,00 €
Überdurchschnittlich
2
14
14,29 %
1,74 €
Pausiert
2,10 €

Zielseitenerfahrung

Ihre **Zielseite (Landingpage)** wird nicht nur von Nutzern besucht, sondern auch von **Google bewertet**. Diese Bewertung ist ein Bestandteil des **Qualitätsfaktors**, den Sie im nächsten Kapitel kennenlernen werden. Auf der Seite Keywords können Sie über das Icon Spalten unter Qualitätsfaktor den Punkt Nutzererfahrung mit der Landingpage einblenden. Ist der Status der Zielseitenerfahrung Überdurchschnittlich oder Durchschnittlich, ist alles in Ordnung, es besteht kein Handlungsbedarf, und der Qualitätsfaktor wird nicht negativ beeinflusst. Sollte der Status Unterdurchschnittlich sein, muss die **Zielseite optimiert** werden.

Google führt hierzu mehrere Punkte auf, die Sie bei der Optimierung beachten sollten:

- **Relevanz**
  Die Zielseite sollte immer im **Zusammenhang mit dem Keyword in dem Anzeigentext** stehen, sodass der Nutzer auch die gesuchte Information vorfindet. Wenn Sie Informationen haben, die einzigartig sind, sollten diese auf der Zielseite hervorgehoben werden.
- **Transparenz und Vertrauenswürdigkeit**
  Sagen Sie den Besuchern, wer Sie sind, und platzieren Sie Ihre **Kontaktinformationen** an einer prominenten Stelle. Der Besucher sollte es so leicht wie möglich haben, Sie zu kontaktieren.
- **Einfache Navigation**
  Sorgen Sie dafür, dass Besucher Ihrer Zielseite alle **wichtigen Informationen** schnell finden können und zusätzliche Informationen einfach zugänglich sind.
- **Schnelle Ladenzeiten**
  Stellen Sie sicher, dass Ihre Zielseite sowohl auf normalen Desktopcomputern als auch auf mobilen Endgeräten schnell lädt. Mit diesem Tool https://developers.google.com/speed/pagespeed/insights/ können Sie die Ladegeschwindigkeit Ihrer Webseiten testen.

Wenn Sie bei der Gestaltung und der Auswahl der Zielseite den Nutzer im Fokus haben, sollte die Zielseitenerfahrung unproblematisch sein.

Kapitel 9 | Qualitätsfaktor

In den letzten Kapiteln haben Sie einiges über **Keywords**, **Anzeigen** und die **Zielseite** erfahren. Immer wieder wurde betont, wie wichtig **die Relevanz** für den Nutzer ist, um erfolgreich zu werben. Sie ist aber nicht nur für den Nutzer von Bedeutung, sondern wird auch von Google bewertet und im **Qualitätsfaktor** ausgedrückt.

Wenn Sie den Qualitätsfaktor für Ihre Keywords sehen wollen, müssen Sie diesen zuerst einblenden. Wählen Sie hierzu in der mittleren Navigationsspalte den Punkt Keywords aus und klicken Sie dann auf das Icon Spalten und dort auf Spalten anpassen. Wählen Sie in diesem Menü den Punkt Qualitätsfaktor aus und setzen Sie dann im erscheinenden Untermenü ein Häkchen bei Qualitätsfaktor. Der Qualitätsfaktor wird dann der Liste auf der rechten Seite hinzugefügt. Sie können die Reihenfolge der Messwerte per **Drag-and-drop** nach Belieben anpassen. Da der Qualitätsfaktor eine hohe Bedeutung hat, empfehle ich Ihnen, diesen sehr weit oben auf der Liste anzuordnen. Durch einen Klick auf Übernehmen kehren Sie zur Keywordliste zurück und sehen jetzt den **Qualitätsfaktor** für jedes einzelne Keyword.

Der Qualitätsfaktor hat einen **Wert zwischen 1 und 10** – je höher, desto besser. Wird z. B. die Reihenfolge der Anzeigen aller Wettbewerber ermittelt, wird der Qualitätsfaktor als **Multiplikator** verwendet. Ein hoher Multiplikator verschafft Ihnen also eine gute Ausgangsposition.

Auf folgende Bereiche, die auf den nächsten Seiten erläutert werden, hat der Qualitätsfaktor Einfluss:

- Anzeigenposition
- tatsächliche Kosten für einen Klick
- geschätztes Gebot für die erste Seite
- Teilnahme an den Anzeigenauktionen
- geschätztes Gebot für eine obere Anzeigenposition
- Einsatz von Anzeigenerweiterungen

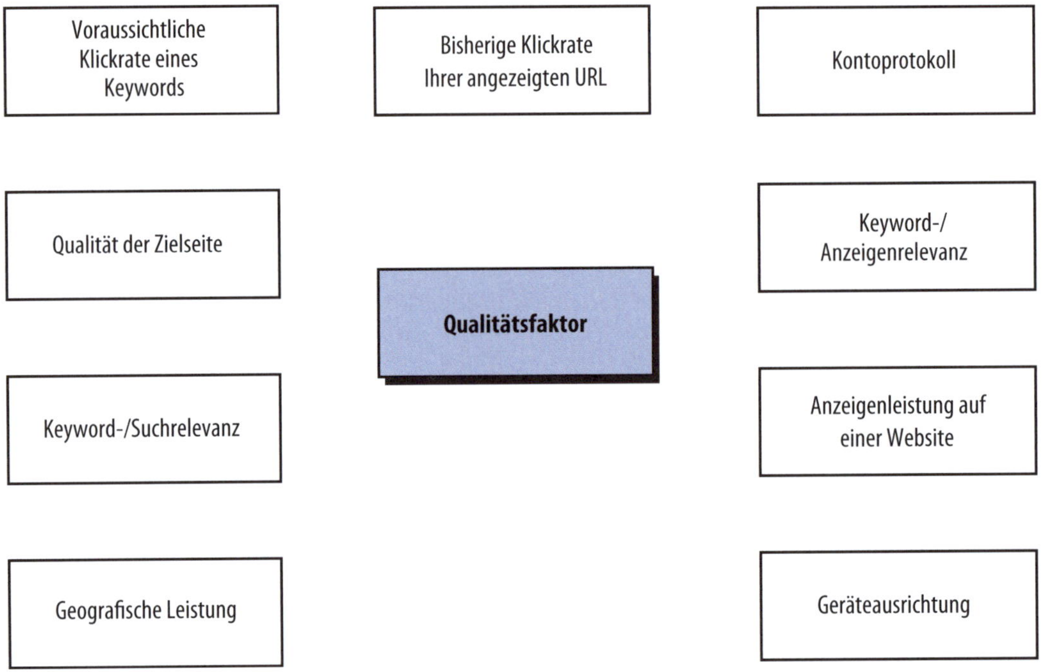

Voraussichtliche Klickrate eines Keywords

Bisherige Klickrate Ihrer angezeigten URL

Kontoprotokoll

Qualität der Zielseite

Keyword-/Anzeigenrelevanz

Qualitätsfaktor

Keyword-/Suchrelevanz

Anzeigenleistung auf einer Website

Geografische Leistung

Geräteausrichtung

Woraus besteht der Qualitätsfaktor?

Über den **Qualitätsfaktor** und seine **Berechnung** gibt es viele Spekulationen, und keiner außer Google weiß genau, welche Faktoren wie viel Einfluss haben. Auf folgende Faktoren trifft man jedoch immer wieder, wenn man im Internet das Thema recherchiert:

- **Voraussichtliche Klickrate eines Keywords** – Dieser Wert basiert darauf, wie oft ein Keyword zu einem Klick auf Ihre Anzeigen geführt hat.
- **Bisherige Klickrate Ihrer angezeigten URL** – Wie häufig konnten Sie mit der angezeigten URL einen Klick erzielen?
- **Kontoprotokoll** – In diesem Faktor wird die Klickrate aller Anzeigen und Keywords Ihres Kontos zusammengefasst. Es ist also wichtig, dass nicht nur eine Ihrer Kampagnen gut funktioniert, sondern möglichst alle.
- **Qualität der Zielseite** – Hier wird bewertet, wie relevant, transparent und navigationsfreundlich Ihre Zielseite ist.
- **Keyword-/Anzeigenrelevanz** – Wie eng ist der Zusammenhang zwischen dem Keyword und der Anzeige?
- **Keyword-/Suchrelevanz** – Passt das Keyword sehr gut zur Suchanfrage des Nutzers, oder ist die Relevanz eher gering?
- **Geografische Leistung** – Wie gut funktioniert Ihre Anzeige in der festgelegten Region?
- **Anzeigenleistung auf einer Website** – Dieser Wert ist von Bedeutung, wenn Sie das Displaynetzwerk nutzen und Anzeigen außerhalb der Google Suche auf anderen Websites schalten. Hiermit wird die Leistung auf der entsprechenden Website gemessen.
- **Geräteausrichtung** – Da Sie Ihre Anzeigen auf unterschiedlichen Geräten schalten können, gibt es für jeden Gerätetyp (Desktopcomputer, Laptop, Mobilgerät und Tablet) unterschiedliche Qualitätsfaktoren. Mit diesem Wert wird die Leistung der Anzeige auf dem jeweiligen Gerät berücksichtigt.

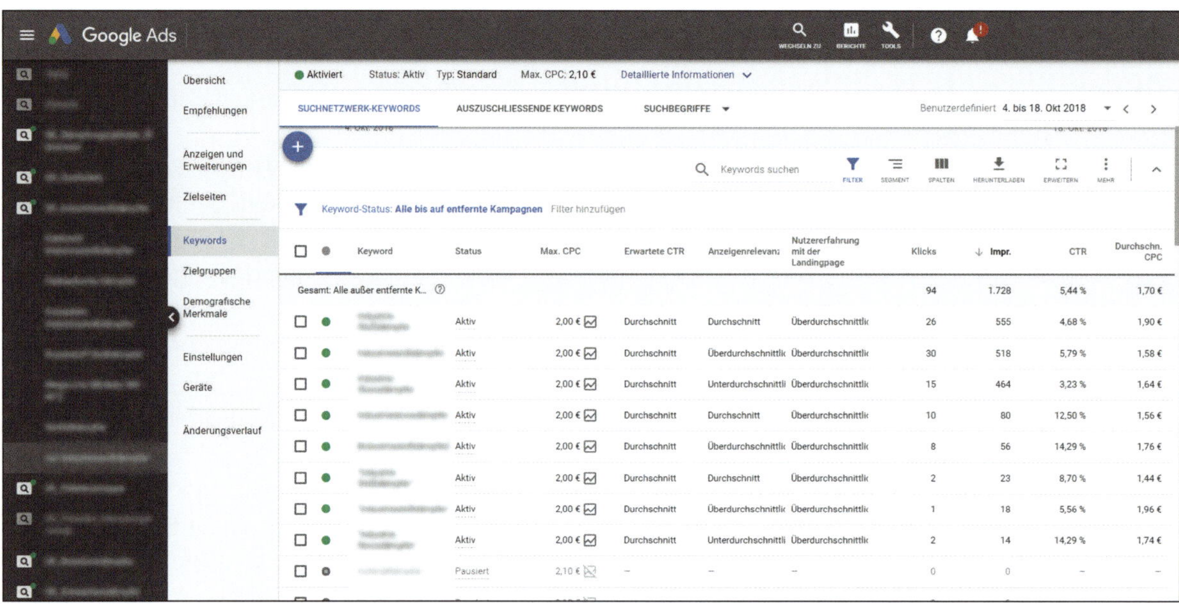

Google Ads
WECHSELN ZU
BERICHTE
TOOLS
Übersicht
Empfehlungen
Anzeigen und Erweiterungen
Zielseiten
Keywords
Zielgruppen
Demografische Merkmale
Einstellungen
Geräte
Änderungsverlauf
Aktiviert
Status: Aktiv
Typ: Standard
Max. CPC: 2,10 €
Detaillierte Informationen
SUCHNETZWERK-KEYWORDS
AUSZUSCHLIESSENDE KEYWORDS
SUCHBEGRIFFE
Benutzerdefiniert
4. bis 18. Okt 2018
Keywords suchen
FILTER
SEGMENT
SPALTEN
HERUNTERLADEN
ERWEITERN
MEHR
Keyword-Status: Alle bis auf entfernte Kampagnen
Filter hinzufügen
Keyword
Status
Max. CPC
Erwartete CTR
Anzeigenrelevanz
Nutzererfahrung mit der Landingpage
Klicks
Impr.
CTR
Durchschn. CPC
Gesamt: Alle außer entfernte K...
94
1.728
5,44 %
1,70 €
Aktiv
2,00 €
Durchschnitt
Durchschnitt
Überdurchschnittlic
26
555
4,68 %
1,90 €
Aktiv
2,00 €
Durchschnitt
Überdurchschnittlic
Überdurchschnittlic
30
518
5,79 %
1,58 €
Aktiv
2,00 €
Durchschnitt
Unterdurchschnittli
Überdurchschnittlic
15
464
3,23 %
1,64 €
Aktiv
2,00 €
Durchschnitt
Durchschnitt
Überdurchschnittlic
10
80
12,50 %
1,56 €
Aktiv
2,00 €
Durchschnitt
Überdurchschnittlic
Überdurchschnittlic
8
56
14,29 %
1,76 €
Aktiv
2,00 €
Durchschnitt
Durchschnitt
Überdurchschnittlic
2
23
8,70 %
1,44 €
Aktiv
2,00 €
Durchschnitt
Überdurchschnittlic
Überdurchschnittlic
1
18
5,56 %
1,96 €
Aktiv
2,00 €
Durchschnitt
Unterdurchschnittli
Überdurchschnittlic
2
14
14,29 %
1,74 €
Pausiert
2,10 €
–
–
–
0
0
–
–

Den Status überprüfen

Sie selbst können den **Status** bestimmter Aspekte des Qualitätsfaktors auf **Keywordebene** überprüfen und erkennen, wo es **Handlungsbedarf** gibt. In der Keywordliste klicken Sie hierzu in der Spalte Status auf das **Sprechblasensymbol**, oder Sie können sich die Spalten für Klickrate, Anzeigenrelevanz und Landingpage einblenden. Da in den Qualitätsfaktor eine Vielzahl von Werten einfließt, kann Ihr Qualitätsfaktor hoch sein, auch wenn einer der angezeigten Werte verbesserungsfähig ist. Folgende Werte werden dort aufgeführt:

- **Voraussichtliche Klickrate**
  Hierbei handelt es sich um eine **Prognose** dazu, wie wahrscheinlich es ist, dass der Nutzer auf Ihre Anzeige klicken wird. Damit unterscheidet sie sich von der tatsächlichen Klickrate (CTR). In diese Prognose fließen auch die **Leistungsdaten der anderen Werbetreibenden** mit ein. Wenn der Status des Keywords durchschnittlich oder überdurchschnittlich ist, gibt es keine Probleme mit dem Keyword. Sollte der Status unterdurchschnittlich sein, besteht Handlungsbedarf.
- **Anzeigenrelevanz**
  Die Anzeigenrelevanz gibt an, **wie gut Keyword und Anzeige zusammenpassen**. Auch hier gibt es die Status durchschnittlich und überdurchschnittlich, die signalisieren, dass alles in Ordnung ist. Beim dritten Status unterdurchschnittlich sollten Sie versuchen, eine Verbesserung herbeizuführen.
- **Nutzererfahrung mit der Landingpage**
  Den letzten Faktor **Nutzererfahrung mit der Landingpage** haben Sie bereits im vorherigen Kapitel kennengelernt. Für ihn gilt das Gleiche wie für die beiden anderen Faktoren.

Wie konkrete Verbesserungsmaßnahmen aussehen, erfahren Sie in Kapitel 12.

	Max. Gebot	Qualitätsfaktor	Anzeigenrang	Tatsächlicher Klickpreis
Werber 1	1,- Euro	10	10	0,81 Euro
Werber 2	2,- Euro	4	8	1,51 Euro
Werber 3	3,- Euro	2	6	2,01 Euro
Werber 4	4,- Euro	1	4	min. Gebot

Anzeigenrang = max. Gebot x Qualitätsfaktor
Tatsächlicher Klickpreis = Anzeigenrang des darunter platzieren Werbers / eigenen Qualitätsfaktor + 0,01 Euro

Das Auktionsmodell und der Qualitätsfaktor

Der **Qualitätsfaktor** hat eine ganz entscheidende Funktion für Ihre Anzeigen, und das **Auktionsmodell** funktioniert folgendermaßen:

Wenn ein Nutzer eine Suchanfrage bei Google eingibt, findet unter allen Werbetreibenden, die auf dieses Keyword geboten haben, eine **Auktion um die Anzeigenposition** statt. Damit Sie an der Anzeigenauktion teilnehmen können, muss Ihr **Qualitätsfaktor ausreichend hoch** sein. Je höher der Qualitätsfaktor, umso wahrscheinlicher ist es, dass Ihre Anzeige an der Auktion teilnimmt.

Sie legen für jedes Keyword einen **maximalen Betrag** fest, den Sie zu zahlen bereit sind, wenn der Nutzer auf die Anzeige klickt. Nehmen Sie jetzt an der Auktion teil, wird Ihr maximales Gebot mit dem Qualitätsfaktor und der erwarteten Auswirkung von Anzeigenerweiterungen (wie z. B. Bewertungen, Sitelinks etc.) kombiniert. Das Ergebnis ist Ihr **Anzeigenrang**, der mit allen anderen Anzeigen verglichen wird. Wenn Sie den **höchsten Anzeigenrang** haben, wird Ihre Anzeige auf Position eins geschaltet. Diese Auktion findet bei **jeder Suchanfrage** statt, und Ihre Anzeigenposition hängt immer auch von den Mitbewerbern ab.

Da der Qualitätsfaktor ein Multiplikator ist, erhalten Sie bei gleichem maximalem Gebot bei einem hohen Qualitätsfaktor einen höheren Anzeigenrang als bei einem niedrigeren Qualitätsfaktor.

Nach der Festlegung der **Anzeigenreihenfolge** lässt sich ermitteln, wie viel Sie für den Klick bezahlen müssen. Die Formel hierfür lautet:

Tatsächlicher Klickpreis = Anzeigenrang des nach Ihnen platzierten Wettbewerbers /
Ihr Qualitätsfaktor + 0,01 Euro

Da bei dieser Berechnung der Anzeigenrang durch den Qualitätsfaktor dividiert wird, verringert sich Ihr tatsächlicher Klickpreis bei einem hohen Qualitätsfaktor.

Zusätzlich fließen noch Anzeigenerweiterungen und deren Auswirkungen (z. B. Anruferweiterung) und der Kontext der Suchanfrage des Nutzers in die Ermittlung des Anzeigenrangs mit ein.

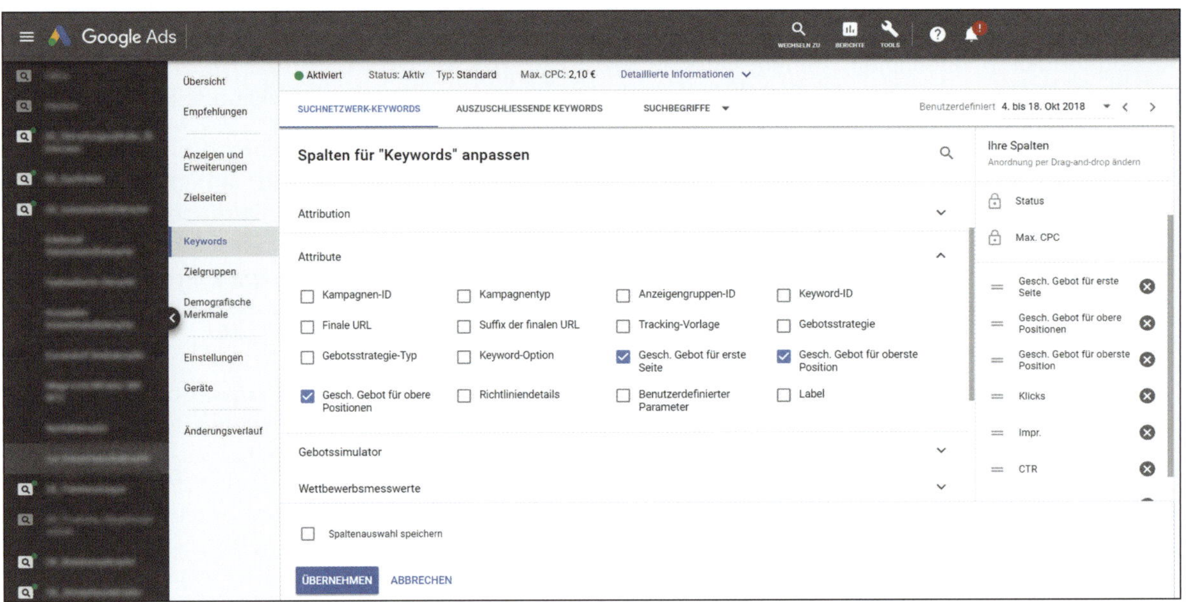
Google Ads
WECHSELN ZU
BERICHTE
TOOLS
Übersicht
Empfehlungen
Anzeigen und Erweiterungen
Zielseiten
Keywords
Zielgruppen
Demografische Merkmale
Einstellungen
Geräte
Änderungsverlauf
Aktiviert
Status: Aktiv
Typ: Standard
Max. CPC: 2,10 €
Detaillierte Informationen
SUCHNETZWERK-KEYWORDS
AUSZUSCHLIESSENDE KEYWORDS
SUCHBEGRIFFE
Benutzerdefiniert
4. bis 18. Okt 2018
Spalten für "Keywords" anpassen
Attribution
Attribute
Kampagnen-ID
Kampagnentyp
Anzeigengruppen-ID
Keyword-ID
Finale URL
Suffix der finalen URL
Tracking-Vorlage
Gebotsstrategie
Gebotsstrategie-Typ
Keyword-Option
Gesch. Gebot für erste Seite
Gesch. Gebot für oberste Position
Gesch. Gebot für obere Positionen
Richtliniendetails
Benutzerdefinierter Parameter
Label
Gebotssimulator
Wettbewerbsmesswerte
Spaltenauswahl speichern
ÜBERNEHMEN
ABBRECHEN
Ihre Spalten
Anordnung per Drag-and-drop ändern
Status
Max. CPC
Gesch. Gebot für erste Seite
Gesch. Gebot für obere Positionen
Gesch. Gebot für oberste Position
Klicks
Impr.
CTR

Wo spielt der Qualitätsfaktor noch eine Rolle?

Der Qualitätsfaktor ist also wichtig für Ihre **Anzeigenschaltung**, die **Anzeigenposition** und die **tatsächlichen Kosten pro Klick**.

Des Weiteren hat der Qualitätsfaktor Einfluss auf das Gebot, das für eine Anzeigenschaltung auf **der ersten Suchergebnisseite** notwendig ist. Wie hoch dieses Gebot sein muss, können Sie ebenfalls auf der Seite Keywords erfahren, indem Sie die Spalte Gesch. Gebot für erste Seite einblenden. In diesen Wert fließen der **Qualitätsfaktor** und die **Wettbewerbergebote** ein. Google garantiert Ihnen allerdings nicht, dass Ihre Anzeige wirklich auf der ersten Seite erscheint, sondern sieht den Wert eher als **Orientierungshilfe**. Entscheidend ist, dass die **Gebotsschätzung** bei einem guten Qualitätsfaktor **niedriger** ausfällt als bei einem schlechten Qualitätsfaktor.

Das Gleiche gilt für Gesch. Gebot für obere Positionen. Sie können sich diesen Wert ebenfalls auf der Seite Keywords einblenden lassen. Dieser Wert liefert Ihnen einen Anhaltspunkt dazu, wie viel Sie bieten müssen, damit Ihre Anzeige auf den **ersten Positionen 1 bis 4** geschaltet wird. Wenn Ihre Anzeige über den organischen Suchergebnissen geschaltet wird, kann Ihre Anzeige mit mehr **Anzeigenerweiterungen** ergänzt werden. Anzeigenerweiterungen und ihre Möglichkeiten werden Sie im nächsten Kapitel kennenlernen.

Wichtig zu wissen ist, dass bestimmte Anzeigenerweiterungen einen **Mindestqualitätsfaktor** voraussetzen. Anzeigenerweiterungen entscheiden aber auch über die **Anzeigenposition**, wenn das Gebot und der Qualitätsfaktor zweier Wettbewerber identisch sind. Google schaltet die Anzeige mit der Anzeigenerweiterung, die **erfolgversprechender** ist, dann an einer **höheren Position**.

Zusammenfassend kann man sagen, dass ein hoher Qualitätsfaktor eine wichtige Grundlage für die Schaltung von Anzeigen ist und dass man diesen im Blick haben sollte. Eine gut durchdachte und für den Nutzer sinnvolle Ads-Kampagne sollte aber von selbst zu einem guten Qualitätsfaktor führen.

Kapitel 10 | Anzeigenerweiterungen

Wie der Name schon sagt, können Sie Ihrer Anzeige mit **Anzeigenerweiterungen** zusätzliche Informationen hinzufügen und damit eine **höhere Sichtbarkeit** erzielen. Diese höhere Sichtbarkeit wirkt sich in der Regel **positiv auf Ihre Klickrate** aus. Bestimmte Anzeigenerweiterungen werden nur geschaltet, wenn Ihre Anzeige über den Suchergebnissen eingeblendet wird.

Ihre Anzeigen werden mit **einer oder mehreren** Anzeigenerweiterungen ausgeliefert, wenn sich das **positiv auf Ihre Kampagnenleistung** auswirkt. Da diese Berechnung aufseiten von Ads erfolgt, haben Sie keinen Einfluss darauf, ob oder welche von Ihnen eingerichteten Anzeigenerweiterungen in Ihrer Anzeige genutzt werden. Anzeigenerweiterungen sollten Sie dennoch auf jeden Fall nutzen, da sie für die Anzeigeposition eine hohe Bedeutung haben.

Es gibt Anzeigenerweiterungen, die Sie selbst einrichten müssen, und Erweiterungen, die automatisch von Ads hinzugefügt werden. Zu den automatisch hinzugefügten Anzeigenerweiterungen zählen z. B. **Verkäuferbewertungen** und **dynamische Sitelinks**. Wir wollen uns in diesem Kapitel auf die folgenden Anzeigenerweiterungen konzentrieren, die Sie selbst einrichten können, um die Leistung Ihrer Anzeigen zu verbessern:

- Sitelink-Erweiterungen
- Standorterweiterungen
- Anruferweiterungen
- Erweiterung mit Zusatzinformationen
- Snippet-Erweiterung
- SMS-Erweiterung
- Preiserweiterung
- Angebotserweiterung

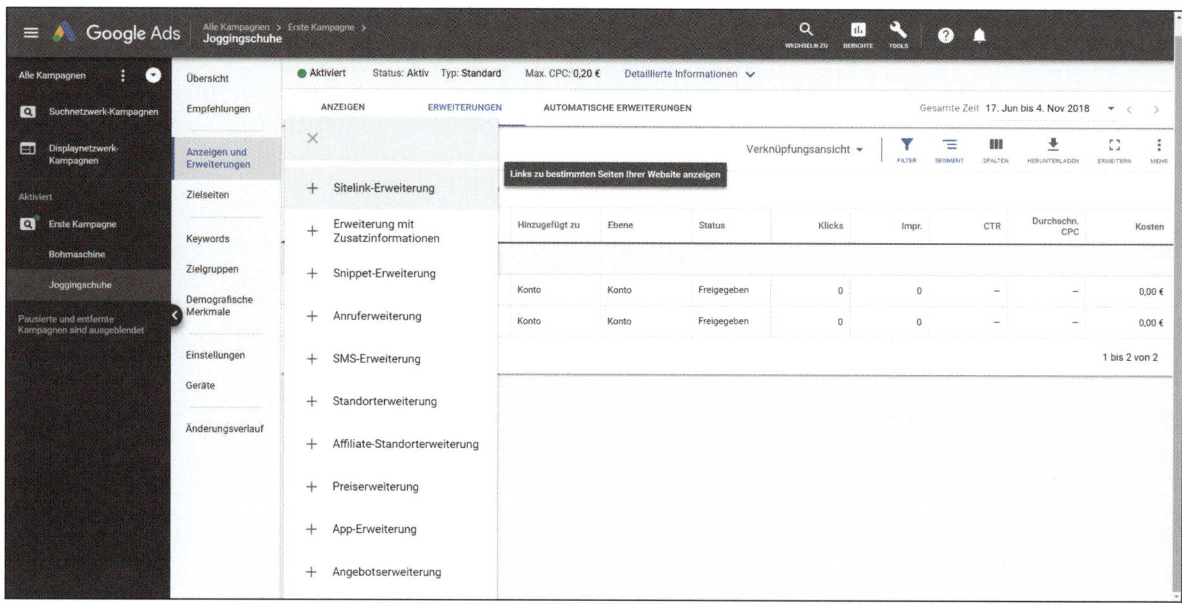

Google Ads
Alle Kampagnen > Erste Kampagne >
Joggingschuhe
WECHSELN ZU
BERICHTE
TOOLS
Alle Kampagnen
Suchnetzwerk-Kampagnen
Displaynetzwerk-Kampagnen
Aktiviert
Erste Kampagne
Bohrmaschine
Joggingschuhe
Pausierte und entfernte Kampagnen sind ausgeblendet
Übersicht
Empfehlungen
Anzeigen und Erweiterungen
Zielseiten
Keywords
Zielgruppen
Demografische Merkmale
Einstellungen
Geräte
Änderungsverlauf
Aktiviert
Status: Aktiv
Typ: Standard
Max. CPC: 0,20 €
Detaillierte Informationen
ANZEIGEN
ERWEITERUNGEN
AUTOMATISCHE ERWEITERUNGEN
Gesamte Zeit 17. Jun bis 4. Nov 2018
Sitelink-Erweiterung
Erweiterung mit Zusatzinformationen
Snippet-Erweiterung
Anruferweiterung
SMS-Erweiterung
Standorterweiterung
Affiliate-Standorterweiterung
Preiserweiterung
App-Erweiterung
Angebotserweiterung
Verknüpfungsansicht
FILTER
SEGMENT
SPALTEN
HERUNTERLADEN
ERWEITERN
MEHR
Links zu bestimmten Seiten Ihrer Website anzeigen
Hinzugefügt zu
Ebene
Status
Klicks
Impr.
CTR
Durchschn. CPC
Kosten
Konto
Konto
Freigegeben
0
0
–
–
0,00 €
Konto
Konto
Freigegeben
0
0
–
–
0,00 €
1 bis 2 von 2

Sitelink-Erweiterungen

Mit Sitelink-Erweiterungen können Sie unterhalb Ihrer Anzeige **weitere Links** auf **unterschiedliche Zielseiten** Ihrer Website einbinden. Dies könnte z.B. Ihre **Kontaktseite** oder eine Seite mit **Sonderangeboten** sein. Wenn ein Nutzer jetzt nach Ihrem Produkt oder Ihrer Dienstleistung sucht und dabei Ihre Anzeige eingeblendet wird, erscheinen unter Ihrer Anzeige direkt mehrere Links zu den eingerichteten Zielseiten. Sitelinks können nur angezeigt werden, wenn Ihre Anzeige auf den ersten drei bzw. vier Positionen über den organischen Suchergebnissen erscheint.

Um diese Erweiterung einzurichten, wählen Sie die gewünschte Kampagne oder Anzeigengruppe aus. Sie können **Sitelinks** für eine **ganze Kampagne**, eine **einzelne Anzeigengruppe** oder sogar für das **gesamte Konto** anlegen. Wenn Sie Sitelinks einsetzen wollen, die für die ganze Kampagne sinnvoll sind, reicht es aus, diese auf Kampagnenebene einzurichten. Wollen Sie hingegen Sitelinks einrichten, die nur auf eine bestimmte Anzeigengruppe ausgerichtet sind, müssen Sie hierzu die gewünschte Anzeigengruppe auswählen. Klicken Sie im nächsten Schritt in der Hauptnavigation auf den Punkt Anzeigen und Erweiterungen und wählen Sie im Hauptfenster den Tab Erweiterungen aus. Im Anschluss können Sie die Einrichtung über den blauen Button starten. Es öffnet sich eine Eingabmaske mit mehreren Formularfeldern, in die Sie die entsprechenden Informationen eintragen müssen. Der Sitelink-Text darf **maximal 25 Zeichen** lang sein und ist, genau wie die finale URL, ein Pflichtfeld.

Beachten Sie die Richtlinien

Für den Linktext gelten bestimmte Richtlinien, die Sie unter folgendem Link finden: https://support.google.com/adspolicy/answer/1054210.

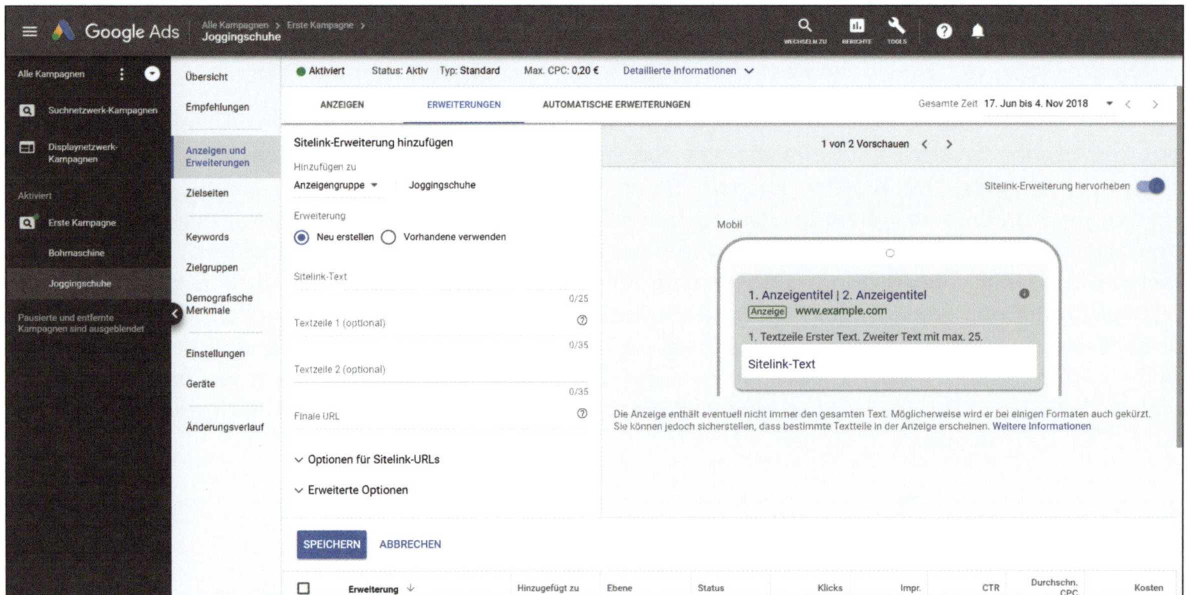

Google Ads
Alle Kampagnen > Erste Kampagne >
Joggingschuhe
Alle Kampagnen
Suchnetzwerk-Kampagnen
Displaynetzwerk-Kampagnen
Aktiviert
Erste Kampagne
Bohrmaschine
Joggingschuhe
Pausierte und entfernte Kampagnen sind ausgeblendet
Übersicht
Empfehlungen
Anzeigen und Erweiterungen
Zielseiten
Keywords
Zielgruppen
Demografische Merkmale
Einstellungen
Geräte
Änderungsverlauf
Aktiviert
Status: Aktiv
Typ: Standard
Max. CPC: 0,20 €
Detaillierte Informationen
ANZEIGEN
ERWEITERUNGEN
AUTOMATISCHE ERWEITERUNGEN
Gesamte Zeit 17. Jun bis 4. Nov 2018
Sitelink-Erweiterung hinzufügen
Hinzufügen zu
Anzeigengruppe
Joggingschuhe
Erweiterung
Neu erstellen
Vorhandene verwenden
Sitelink-Text
0/25
Textzeile 1 (optional)
0/35
Textzeile 2 (optional)
0/35
Finale URL
Optionen für Sitelink-URLs
Erweiterte Optionen
SPEICHERN
ABBRECHEN
1 von 2 Vorschauen
Sitelink-Erweiterung hervorheben
Mobil
1. Anzeigentitel | 2. Anzeigentitel
Anzeige www.example.com
1. Textzeile Erster Text. Zweiter Text mit max. 25.
Sitelink-Text
Die Anzeige enthält eventuell nicht immer den gesamten Text. Möglicherweise wird er bei einigen Formaten auch gekürzt. Sie können jedoch sicherstellen, dass bestimmte Textteile in der Anzeige erscheinen. Weitere Informationen
Erweiterung
Hinzugefügt zu
Ebene
Status
Klicks
Impr.
CTR
Durchschn. CPC
Kosten

Sitelinks einrichten und auswählen

Zusätzlich stehen Ihnen die Textzeilen 1 und 2 für eine **Beschreibung** zur Verfügung. Ich empfehle Ihnen, sie zu nutzen, da die Beschreibung unterhalb des jeweiligen Sitelinks mit eingeblendet werden kann und Ihre Anzeige damit **noch mehr auffällt**. Unter dem Punkt Erweiterte Optionen können Sie für jeden Sitelink Start- und Enddatum festlegen. Geben Sie hierzu ein **Start- und ein Enddatum** ein oder planen Sie die **zeitgesteuerte Veröffentlichung** sogar im Verlauf eines Tags. Dies kann z. B. nützlich sein, wenn Sie einen Mittagstisch anbieten, den Sie abends nicht bewerben wollen. Zusätzlich können Sie noch festlegen, ob der Sitelink bevorzugt auf mobilen Geräten ausgeliefert werden soll.

Wenn Sie so verschiedene Sitelinks eingerichtet haben, werden diese in einer Liste aufgeführt. Während Sie durch die Kampagnen und Anzeigengruppen navigieren, können Sie sehen, welche Sitelinks auf welcher Ebene zugeordnet sind. Der Vorteil von Sitelinks ist, dass Sie sie nur einmal einrichten müssen. Wenn Sie später Sitelinks zu einer anderen Anzeigengruppe hinzufügen wollen, wählen Sie den Sitelink und dann den erscheinenden Punkt Hinzufügen zu aus. Dort können Sie nun festlegen, wo der Sitelink ebenfalls ausgespielt werden soll.

Klickt ein Nutzer auf einen Sitelink, ist das leider nicht umsonst. Sie zahlen den gleichen Betrag wie für einen Klick auf Ihre Anzeige ohne Sitelinks.

Wenn Ihre Sitelinks die ersten Klicks erzielt haben, erhalten Sie hierzu **Leistungsdaten**. Diese werden Ihnen ebenfalls auf dem Tab Erweiterungen angezeigt. Um bei den unterschiedlichen Erweiterungen den Überblick zu behalten, können Sie die Filterfunktion unterhalb des blauen Buttons nutzen.

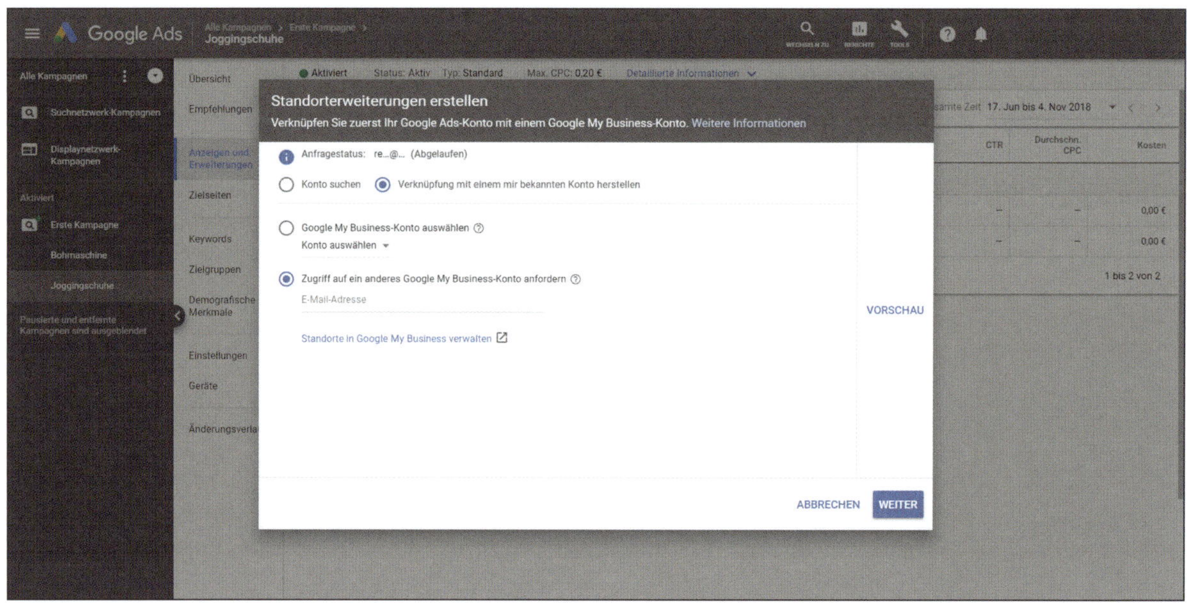

Google Ads
Joggingschuhe
Standorterweiterungen erstellen
Verknüpfen Sie zuerst Ihr Google Ads-Konto mit einem Google My Business-Konto. Weitere Informationen
Anfragestatus: re...@... (Abgelaufen)
Konto suchen
Verknüpfung mit einem mir bekannten Konto herstellen
Google My Business-Konto auswählen
Konto auswählen
Zugriff auf ein anderes Google My Business-Konto anfordern
E-Mail-Adresse
Standorte in Google My Business verwalten
VORSCHAU
ABBRECHEN
WEITER

Standorterweiterungen

Die nächste Erweiterung ist die **Standorterweiterung**. Sie ist dann sinnvoll, wenn Sie den Nutzer auf Ihr **lokales Geschäft** aufmerksam machen wollen. Bei dieser Erweiterung wird Ihre Anzeige mit der von Ihnen **hinterlegten Adresse** ergänzt. Die Erweiterung kann bei allen Anzeigen eingeblendet werden, unabhängig von der Position. Wenn der Nutzer auf die Adresse klickt, wird er auf **Google Maps** weitergeleitet, wo ihm dann der angegebene Standort angezeigt wird. Um Ihre Adresse zu hinterlegen, benötigen Sie einen Eintrag bei Google My Business (https://www.google.com/business/). Google My Business funktioniert ähnlich wie ein Branchenbuch. Auf der nächsten Seite erläutere ich kurz, wie Sie Ihren Eintrag anlegen, wenn Sie noch über keinen verfügen.

Die Einrichtung der Standorterweiterung erfolgt wieder über Erweiterungen. Dort können Sie über den blauen Button den Punkt Standorterweiterung auswählen. Es öffnet sich ein Pop-up, und Sie können Ihren Google-My-Business-Eintrag auswählen, wenn Sie für beide Dienste dasselbe Google-Konto verwenden. Die Adresse aus Ihrem My-Business-Eintrag wird dann in das Ads -Konto importiert, und die Adresse kann bei Ihren Anzeigen mit angezeigt werden.

Alternativ dazu können Sie den Zugriff auf ein My-Business-Konto anfordern, wenn Sie die entsprechende E-Mail-Adresse des Kontos kennen. Nach erteilter Freigabe können Sie dann die Adresse in der Standorterweiterung nutzen.

Google My Business
ANMELDEN
JETZT STARTEN
Startseite
Funktionsweise
Ressourcen und Support
Mit einem kostenlosen Google-Eintrag neue Kunden gewinnen
Ihr Eintrag wird eingeblendet, wenn Nutzer in Maps oder auf Google nach Ihrem Geschäft oder vergleichbaren Unternehmen suchen. In Google My Business können Sie Einträge unkompliziert erstellen, ändern und so ganz einfach potenzielle Kunden auf sich aufmerksam machen.
JETZT STARTEN
Annas Bäckerei

Google-My-Business-Eintrag anlegen

Die Startseite von Google My Business erreichen Sie über den Link https://www.google.de/business/. Klicken Sie auf den grünen Button JETZT STARTEN, und Sie können den Namen Ihres Unternehmens eintragen. Wenn Ihr Unternehmen Google bereits bekannt ist, können Sie es auswählen. Sollte das nicht der Fall sein, legen Sie Ihr Unternehmen an, indem Sie alle relevanten Informationen hinterlegen. Nachdem Sie mit einem Haken bestätigt haben, dass Sie zur Verwaltung des Unternehmens autorisiert sind, klicken Sie auf Weiter, und Ihr My-Business-Eintrag wird erstellt. Sie müssen im nächsten Schritt bestätigen, dass Sie zu diesem Unternehmen gehören. Die Bestätigung erfolgt in der Regel per Post, kann aber auch später durchgeführt werden.

Auf der folgenden Seite erscheint jetzt Ihr My-Business-Eintrag, den Sie per Klick auf den roten Button Bearbeiten vervollständigen, ändern und korrigieren können. Außerdem können Sie hier eine Beschreibung Ihres Unternehmens mit Bildern, Öffnungszeiten und weiteren Informationen hinterlegen.

Auf der My-Business-Website erhalten Sie darüber hinaus Statistiken dazu, wie oft Ihr Eintrag aufgerufen wurde und ob bzw. welche Bewertungen Sie von Google-Nutzern oder anderen Internetnutzern erhalten haben.

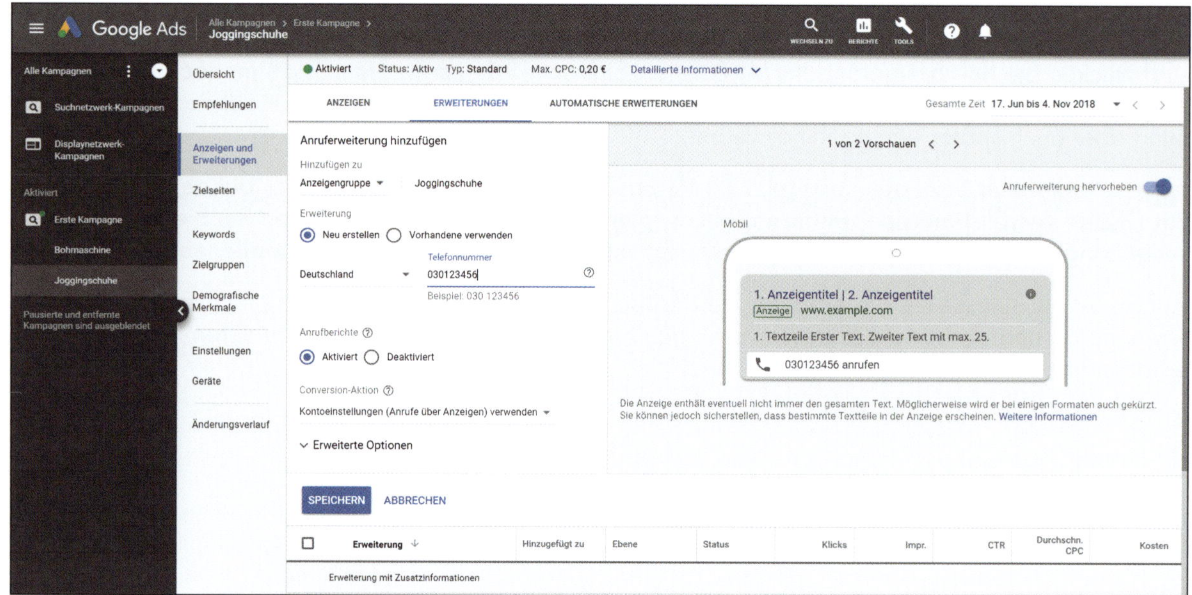

Google Ads
Alle Kampagnen > Erste Kampagne >
Joggingschuhe
Alle Kampagnen
Suchnetzwerk-Kampagnen
Displaynetzwerk-Kampagnen
Aktiviert
Erste Kampagne
Bohrmaschine
Joggingschuhe
Pausierte und entfernte Kampagnen sind ausgeblendet
Übersicht
Empfehlungen
Anzeigen und Erweiterungen
Zielseiten
Keywords
Zielgruppen
Demografische Merkmale
Einstellungen
Geräte
Änderungsverlauf
Aktiviert Status: Aktiv Typ: Standard Max. CPC: 0,20 € Detaillierte Informationen
ANZEIGEN ERWEITERUNGEN AUTOMATISCHE ERWEITERUNGEN
Gesamte Zeit 17. Jun bis 4. Nov 2018
Anruferweiterung hinzufügen
Hinzufügen zu
Anzeigengruppe Joggingschuhe
Erweiterung
Neu erstellen Vorhandene verwenden
Deutschland
Telefonnummer
030123456
Beispiel: 030 123456
Anrufberichte
Aktiviert Deaktiviert
Conversion-Aktion
Kontoeinstellungen (Anrufe über Anzeigen) verwenden
Erweiterte Optionen
1 von 2 Vorschauen
Anruferweiterung hervorheben
Mobil
1. Anzeigentitel | 2. Anzeigentitel
Anzeige www.example.com
1. Textzeile Erster Text. Zweiter Text mit max. 25.
030123456 anrufen
Die Anzeige enthält eventuell nicht immer den gesamten Text. Möglicherweise wird er bei einigen Formaten auch gekürzt. Sie können jedoch sicherstellen, dass bestimmte Textteile in der Anzeige erscheinen. Weitere Informationen
SPEICHERN ABBRECHEN
Erweiterung Hinzugefügt zu Ebene Status Klicks Impr. CTR Durchschn. CPC Kosten
Erweiterung mit Zusatzinformationen

Anruferweiterung

Wenn Sie erreichen wollen, dass der suchende Nutzer Sie direkt anruft, setzen Sie die **Anruferweiterung** ein. Durch diese Erweiterung wird Ihren Anzeigen die **Telefonnummer** Ihres Unternehmens hinzugefügt. Auf Desktopcomputern wird die Telefonnummer ganz normal angezeigt. Wenn Ihre Anzeige auf einem **mobilen Endgerät** eingeblendet wird, kann der Nutzer Sie direkt von seinem mobilen Endgerät aus anrufen. Klassische Beispiele hierfür sind z. B. der Schlüsseldienst oder ein Lieferservice für Essen.

Das Einrichten der Anruferweiterung erfolgt auf die gleiche Weise wie die beiden vorherigen Anzeigenerweiterungen. Nachdem Sie auf den Punkt +Anruferweiterung geklickt haben, können Sie Ihre Telefonnummer hinterlegen. Danach können Sie sich entscheiden, ob Sie Anrufberichte erhalten wollen. Wenn Sie diese Funktion nutzen, hinterlegt Google eine **Weiterleitungsrufnummer**. In der Anzeige wird dann in den meisten Fällen eine Rufnummer mit gleicher Vorwahl als lokale Weiterleitungsrufnummer von Google angezeigt. Sollte es Google nicht möglich sein, eine lokale Rufnummer anzuzeigen, wird auf eine gebührenfreie 0800-Rufnummer ausgewichen. So kann Google Ihnen den Anrufbericht zur Verfügung stellen. Der Vorteil für Sie ist, dass Sie Anrufe über diese Rufnummer in Ads **messen** können und unter anderem **Informationen zu Gesprächsdauer** und **Ortsvorwahl** des Anrufers bekommen.

Wenn Sie den Anrufbericht deaktivieren, wird direkt Ihre Rufnummer gewählt.

Eine wichtige Einstellungsmöglichkeit ist auch die **zeitliche Planung**. Nehmen Sie dort die Einstellungen so vor, dass die Anruferweiterung nur dann aktiv ist, wenn Sie auch **telefonisch erreichbar** sind.

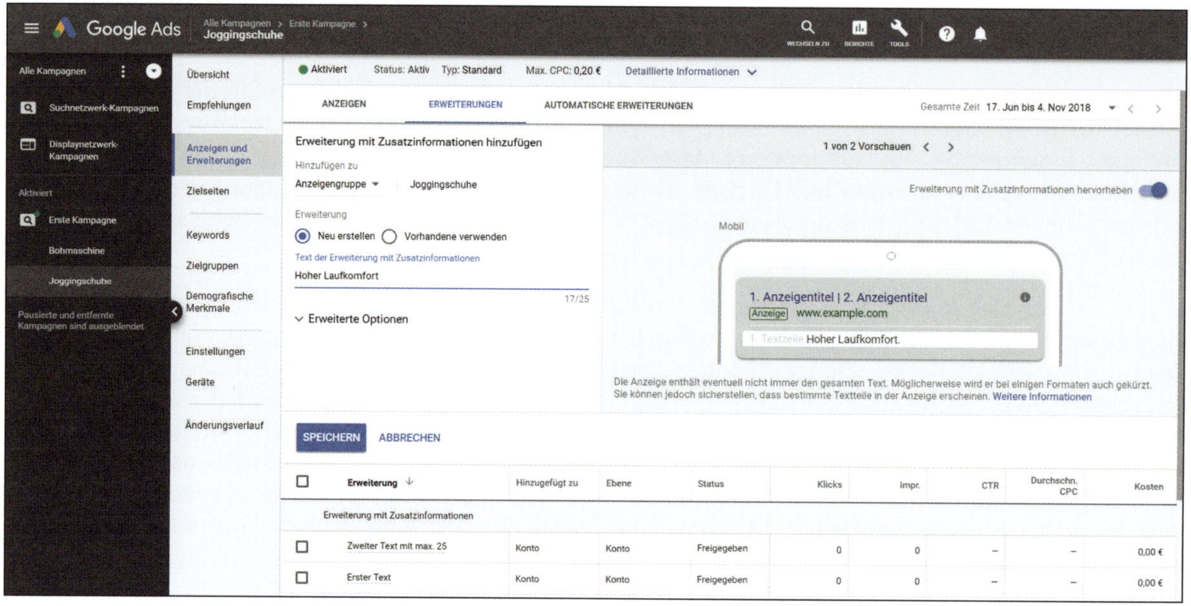

Google Ads
Alle Kampagnen › Erste Kampagne ›
Joggingschuhe
WECHSELN ZU
BERICHTE
TOOLS
Alle Kampagnen
Suchnetzwerk-Kampagnen
Displaynetzwerk-Kampagnen
Aktiviert
Erste Kampagne
Bohrmaschine
Joggingschuhe
Pausierte und entfernte Kampagnen sind ausgeblendet
Übersicht
Empfehlungen
Anzeigen und Erweiterungen
Zielseiten
Keywords
Zielgruppen
Demografische Merkmale
Einstellungen
Geräte
Änderungsverlauf
Aktiviert
Status: Aktiv
Typ: Standard
Max. CPC: 0,20 €
Detaillierte Informationen
ANZEIGEN
ERWEITERUNGEN
AUTOMATISCHE ERWEITERUNGEN
Gesamte Zeit 17. Jun bis 4. Nov 2018
Erweiterung mit Zusatzinformationen hinzufügen
Hinzufügen zu
Anzeigengruppe
Joggingschuhe
Erweiterung
Neu erstellen
Vorhandene verwenden
Text der Erweiterung mit Zusatzinformationen
Hoher Laufkomfort
17/25
Erweiterte Optionen
1 von 2 Vorschauen
Erweiterung mit Zusatzinformationen hervorheben
Mobil
1. Anzeigentitel | 2. Anzeigentitel
Anzeige www.example.com
1. Textzeile Hoher Laufkomfort.
Die Anzeige enthält eventuell nicht immer den gesamten Text. Möglicherweise wird er bei einigen Formaten auch gekürzt. Sie können jedoch sicherstellen, dass bestimmte Textteile in der Anzeige erscheinen. Weitere Informationen
SPEICHERN
ABBRECHEN
Erweiterung
Hinzugefügt zu
Ebene
Status
Klicks
Impr.
CTR
Durchschn. CPC
Kosten
Erweiterung mit Zusatzinformationen
Zweiter Text mit max. 25
Konto
Konto
Freigegeben
0
0
–
–
0,00 €
Erster Text
Konto
Konto
Freigegeben
0
0
–
–
0,00 €

Der Volkswagen Golf | Kaufen Sie unseren Klassiker | volkswagen.de
Anzeige www.volkswagen.de/Golf
Jetzt Wunschtermin wählen und Ihre Golf Probefahrt vereinbaren. Start-Stopp-System. Easy-Open Funktion. Pure Air Climatronic. Insassenschutzsystem. Modelle: Trendline, Comfortline, Highline, GTE, GTI, GTI Performance, GTD, R, Bluemotion, Clubsport.
Der Golf Konfigurator
So kommen Sie zu Ihrem Fahrzeug nach Maß. Hier online konfigurieren
Golf Probefahrt
Finden Sie Ihren Volkswagen. Jetzt Termin vereinbaren!
Golf mit JOIN-Paket
Sichern Sie sich das optionale JOIN-Paket für den Golf.
Golf Händlersuche
Finden Sie Ihren Volkswagen Partner in Ihrer Nähe. Zur Händlersuche!

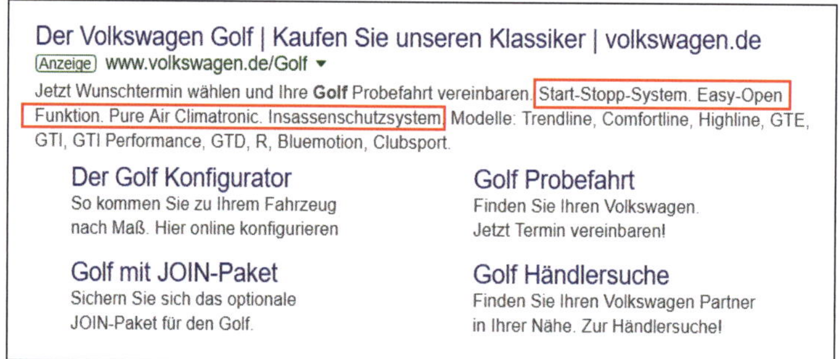

Erweiterung mit Zusatzinformationen

Mit dieser Anzeigenerweiterung können Sie **kurze Textinformationen** Ihren Anzeigen hinzufügen und damit beispielsweise auf besondere Angebote, einen Service oder Alleinstellungsmerkmale Ihres Unternehmens hinweisen. Diese Zusatzinformationen können bis zu 25 Zeichen lang sein, und Sie müssen mindestens zwei Zusatzinformationen anlegen, damit diese bei Ihren Anzeigen geschaltet werden. Die maximale Zahl liegt bei vier Ergänzungen. Sie können die Erweiterungen auf Konto-, Kampagnen- und Anzeigengruppenebene anlegen. Die Zusatzinformationen auf Kontoebene werden an die nachfolgenden Ebenen (Kampagne, Anzeigengruppe) übertragen, es sei denn, dass auf dieser Ebene noch einmal Zusatzinformationen angelegt wurden. Auf Kontoebene legt man eher allgemeine Zusatzinformationen, z. B. Kostenlose Retouren, an. Die Zusatzinformationen auf den tieferen Ebenen sollten dann gezielter auf die dort vorhandenen Anzeigen ausgerichtet sein.

Diese Erweiterung legen Sie wie alle anderen bisherigen Erweiterungen an. Um eine Erweiterung mit Zusatzinformationen anzulegen, wählen Sie in der linken Navigation die gewünschte Ebene aus und klicken auf den blauen Button. Wie bisher können Sie dann im Drop-down-Menü den Punkt Erweiterung mit Zusatzinformationen auswählen und mit der Einrichtung starten. Sie können entweder eine neue Zusatzinformation anlegen oder an der ausgewählten Stelle in der Kontostruktur eine bestehende Erweiterung hinzufügen. Auch hier können Sie zusätzlich mobile Endgeräte als bevorzugt hinterlegen und bei zeitlich begrenzten Aktionen ein Start- und ein Enddatum festlegen.

Google empfiehlt eine **Textlänge von 12 bis 15 Zeichen**, um mehr Zusatzinformationen anzeigen zu können.

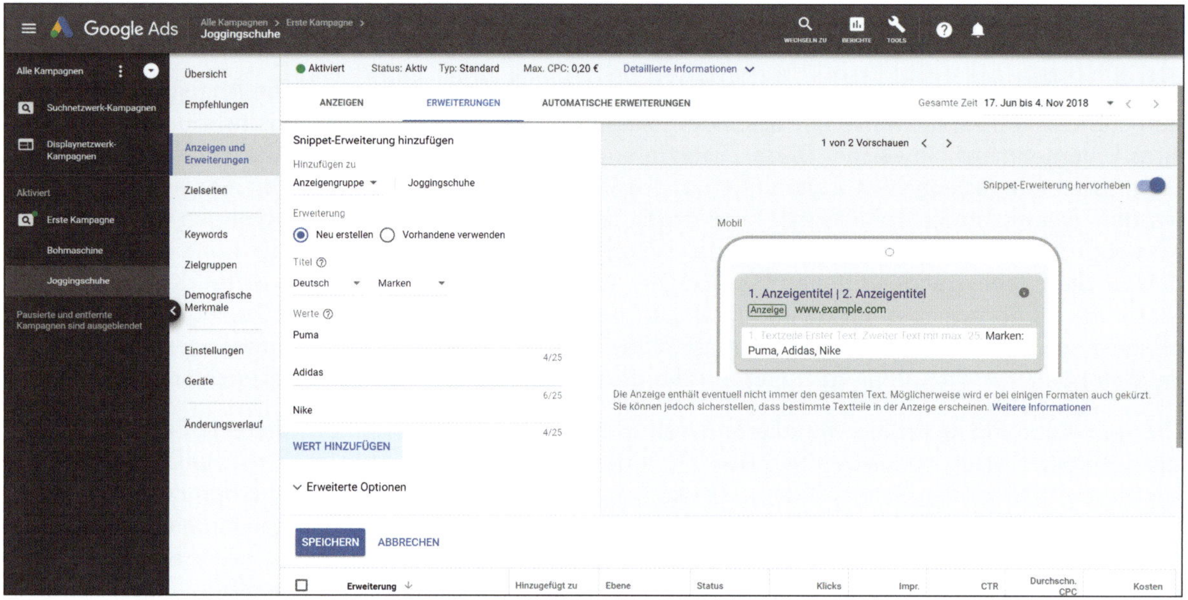

Google Ads
Alle Kampagnen > Erste Kampagne >
Joggingschuhe

Alle Kampagnen
Suchnetzwerk-Kampagnen
Displaynetzwerk-Kampagnen
Aktiviert
Erste Kampagne
Bohrmaschine
Joggingschuhe
Pausierte und entfernte Kampagnen sind ausgeblendet

Übersicht
Empfehlungen
Anzeigen und Erweiterungen
Zielseiten
Keywords
Zielgruppen
Demografische Merkmale
Einstellungen
Geräte
Änderungsverlauf

Aktiviert Status: Aktiv Typ: Standard Max. CPC: 0,20 € Detaillierte Informationen

ANZEIGEN ERWEITERUNGEN AUTOMATISCHE ERWEITERUNGEN Gesamte Zeit 17. Jun bis 4. Nov 2018

Snippet-Erweiterung hinzufügen
Hinzufügen zu
Anzeigengruppe Joggingschuhe
Erweiterung
Neu erstellen Vorhandene verwenden
Titel
Deutsch Marken
Werte
Puma 4/25
Adidas 6/25
Nike 4/25
WERT HINZUFÜGEN
Erweiterte Optionen
SPEICHERN ABBRECHEN

1 von 2 Vorschauen
Snippet-Erweiterung hervorheben
Mobil
1. Anzeigentitel | 2. Anzeigentitel
Anzeige www.example.com
1. Textzeile Erster Text. Zweiter Text mit max. 25. Marken: Puma, Adidas, Nike

Die Anzeige enthält eventuell nicht immer den gesamten Text. Möglicherweise wird er bei einigen Formaten auch gekürzt. Sie können jedoch sicherstellen, dass bestimmte Textteile in der Anzeige erscheinen. Weitere Informationen

Erweiterung	Hinzugefügt zu	Ebene	Status	Klicks	Impr.	CTR	Durchschn. CPC	Kosten

Snippet-Erweiterung

Bei der Erweiterung mit Zusatzinformationen konnten Sie einen 25 Zeichen langen Text hinterlegen, den Sie frei wählen konnten. Die **Snippet-Erweiterung** ermöglicht Ihnen das ebenfalls, allerdings mit dem Unterschied, dass die Texte/Werte zu einem bestimmten Titel (einer bestimmten Kategorie) passen müssen. Folgende Titel stehen zur Auswahl:

Ausstattung, Dienstleistungen, Kurse, Marken, Modelle, Serien, Stile, Studiengänge, Typen, Versicherungsleistung, Stadtviertel, Vorgestellte Hotels, Ziele

Wenn es Sie interessiert, was Google genau mit den einzelnen Titeln meint, wählen Sie einen Titel aus, und es werden Ihnen Beispiele angezeigt. Reiseanbieter, Hotels, Werkstätten oder Versicherungsmakler sollten hier sehr schnell zu einem guten Ergebnis kommen. Sind Sie sich nicht sicher, ob eine Snippet-Erweiterung zu Ihren Produkten oder Dienstleistungen passt, legen Sie die Erweiterung an. Im Anschluss wird die Erweiterung von Google geprüft und freigegeben bzw. abgelehnt.

Versuchen Sie, **mindestens vier Werte** zu hinterlegen. Es ist auch von Vorteil, wenn Sie die Textlänge nicht voll ausnutzen, da somit mehr von diesen zusätzlichen Angaben in der Anzeige angezeigt werden können.

Die Snippet-Erweiterung kann auf allen Ebenen hinterlegt werden, und die Einrichtung erfolgt, wie auf den vorherigen Seiten beschrieben. Zusätzlich stehen Ihnen auch hier wieder die Möglichkeiten der mobilen Ausrichtung und der zeitlichen Steuerung zur Verfügung.

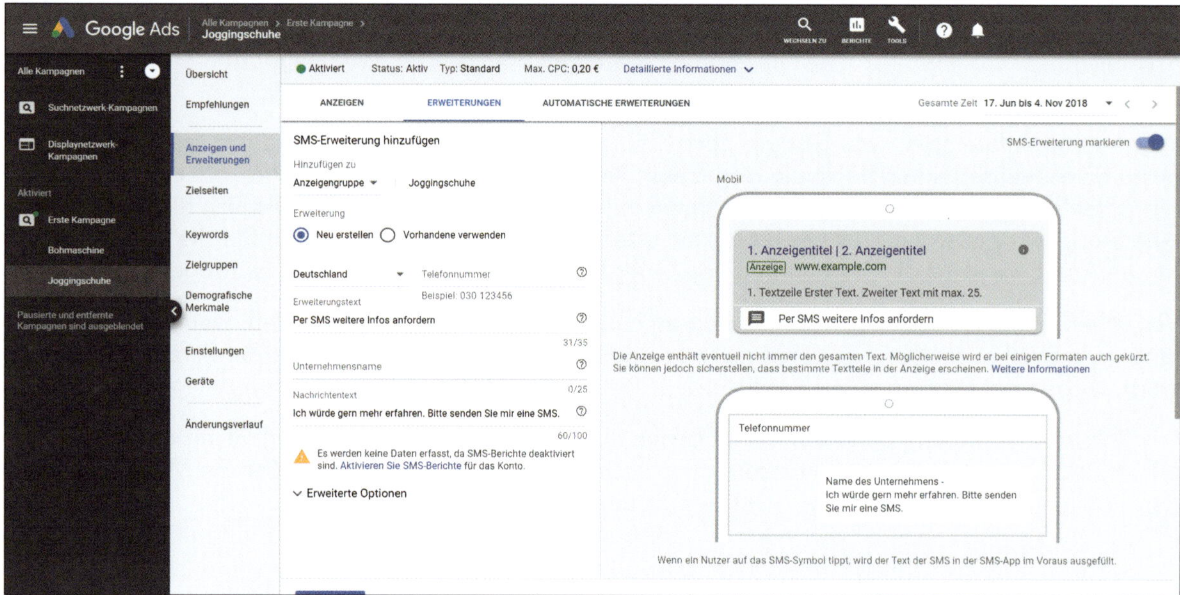

Google Ads
Alle Kampagnen > Erste Kampagne >
Joggingschuhe
WECHSELN ZU
BERICHTE
TOOLS
Alle Kampagnen
Suchnetzwerk-Kampagnen
Displaynetzwerk-Kampagnen
Aktiviert
Erste Kampagne
Bohrmaschine
Joggingschuhe
Pausierte und entfernte Kampagnen sind ausgeblendet
Übersicht
Empfehlungen
Anzeigen und Erweiterungen
Zielseiten
Keywords
Zielgruppen
Demografische Merkmale
Einstellungen
Geräte
Änderungsverlauf
Aktiviert
Status: Aktiv
Typ: Standard
Max. CPC: 0,20 €
Detaillierte Informationen
ANZEIGEN
ERWEITERUNGEN
AUTOMATISCHE ERWEITERUNGEN
Gesamte Zeit 17. Jun bis 4. Nov 2018
SMS-Erweiterung hinzufügen
Hinzufügen zu
Anzeigengruppe
Joggingschuhe
Erweiterung
Neu erstellen
Vorhandene verwenden
Deutschland
Telefonnummer
Beispiel: 030 123456
Erweiterungstext
Per SMS weitere Infos anfordern
31/35
Unternehmensname
0/25
Nachrichtentext
Ich würde gern mehr erfahren. Bitte senden Sie mir eine SMS.
60/100
Es werden keine Daten erfasst, da SMS-Berichte deaktiviert sind. Aktivieren Sie SMS-Berichte für das Konto.
Erweiterte Optionen
SMS-Erweiterung markieren
Mobil
1. Anzeigentitel | 2. Anzeigentitel
Anzeige www.example.com
1. Textzeile Erster Text. Zweiter Text mit max. 25.
Per SMS weitere Infos anfordern
Die Anzeige enthält eventuell nicht immer den gesamten Text. Möglicherweise wird er bei einigen Formaten auch gekürzt. Sie können jedoch sicherstellen, dass bestimmte Textteile in der Anzeige erscheinen. Weitere Informationen
Telefonnummer
Name des Unternehmens -
Ich würde gern mehr erfahren. Bitte senden Sie mir eine SMS.
Wenn ein Nutzer auf das SMS-Symbol tippt, wird der Text der SMS in der SMS-App im Voraus ausgefüllt.

SMS-Erweiterung

Die SMS-Erweiterung gibt den Nutzern die Möglichkeit, mit Ihnen auf eine schnelle und einfache Art und Weise in Kontakt zu treten. Wenn Sie die **SMS-Erweiterung** eingerichtet haben, erscheint in Ihren Anzeigen auf mobilen Endgeräten ein Sprechblasensymbol mit einer von Ihnen formulierten Handlungsaufforderung. Wenn der Nutzer mit seinem mobilen Endgerät auf diese Erweiterung tippt, wird eine von Ihnen vorformulierte SMS über die SMS-Anwendung des Nutzers an eine von Ihnen hinterlegte Mobilnummer gesendet. Sie haben dann die Möglichkeit, auf diese SMS zu antworten und mit dem Nutzer Kontakt aufzunehmen.

Die Einrichtung der SMS-Erweiterung erfolgt wieder über einen Klick auf den blauen Button. Im nächsten Schritt tragen Sie eine Mobilnummer ein, mit der Sie SMS empfangen können, und formulieren eine Handlungsaufforderung, z. B. Sie wünschen weitere Infos? oder Weitere Infos schnell anfordern. Danach können Sie noch Ihren Unternehmensnamen hinterlegen sowie einen Text, der als SMS an Sie verschickt wird.

In Zeiten von WhatsApp und anderen Messengern kann man über den Sinn dieser Erweiterung sicherlich diskutieren. Falls Ihr Angebot es erlaubt, dem Nutzer auf diesem Weg Informationen zukommen zu lassen, sollten Sie die Erweiterung auf jeden Fall testen. Wenn Sie den SMS-Bericht in der Erweiterung aktivieren, erhalten Sie ausreichend Leistungsdaten, um den Erfolg der SMS-Erweiterung zu messen.

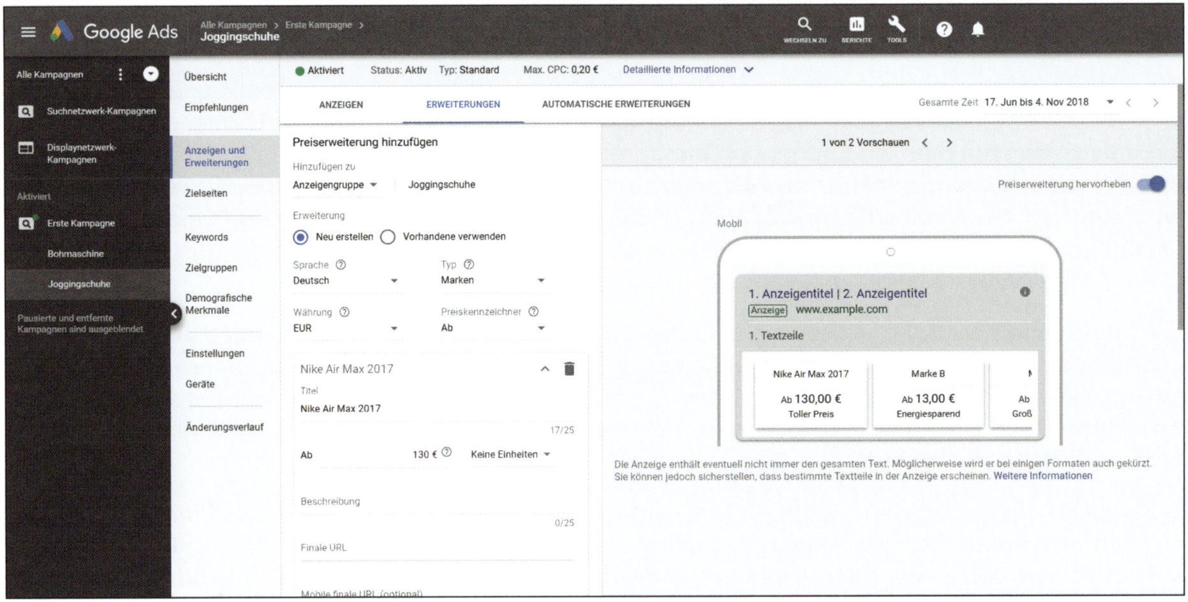

Google Ads
Alle Kampagnen > Erste Kampagne >
Joggingschuhe
WECHSELN ZU · BERICHTE · TOOLS

Alle Kampagnen
Suchnetzwerk-Kampagnen
Displaynetzwerk-Kampagnen
Aktiviert
Erste Kampagne
Bohrmaschine
Joggingschuhe
Pausierte und entfernte Kampagnen sind ausgeblendet

Übersicht
Empfehlungen
Anzeigen und Erweiterungen
Zielseiten
Keywords
Zielgruppen
Demografische Merkmale
Einstellungen
Geräte
Änderungsverlauf

Aktiviert · Status: Aktiv · Typ: Standard · Max. CPC: 0,20 € · Detaillierte Informationen

ANZEIGEN · ERWEITERUNGEN · AUTOMATISCHE ERWEITERUNGEN · Gesamte Zeit 17. Jun bis 4. Nov 2018

Preiserweiterung hinzufügen
Hinzufügen zu: Anzeigengruppe · Joggingschuhe
Erweiterung: Neu erstellen · Vorhandene verwenden
Sprache: Deutsch · Typ: Marken
Währung: EUR · Preiskennzeichner: Ab
Nike Air Max 2017
Titel: Nike Air Max 2017 · 17/25
Ab · 130 € · Keine Einheiten
Beschreibung · 0/25
Finale URL
Mobile finale URL (optional)

1 von 2 Vorschauen
Preiserweiterung hervorheben
Mobil
1. Anzeigentitel | 2. Anzeigentitel
Anzeige www.example.com
1. Textzeile
Nike Air Max 2017 · Ab 130,00 € · Toller Preis
Marke B · Ab 13,00 € · Energiesparend
Ab · Groß

Die Anzeige enthält eventuell nicht immer den gesamten Text. Möglicherweise wird er bei einigen Formaten auch gekürzt. Sie können jedoch sicherstellen, dass bestimmte Textteile in der Anzeige erscheinen. Weitere Informationen

Preiserweiterung

Die Anzeigenerweiterung **Preiserweiterung** macht genau das, was der Name verspricht. Sie haben hier die Möglichkeit, **Preise zu bewerben**. Die Erweiterung bezieht sich dabei aber nicht nur auf Preise von Produkten, sondern umfasst eine Vielzahl von Typen. Wenn Sie z. B. Veranstalter von Konzerten sind, können Sie den Typ Veranstaltungen nutzen. Aber auch Handwerker und Dienstleister können mit dieser Erweiterung ihre Angebote konkret mit Preis bewerben. Somit ist die Preiserweiterung sehr flexibel hinsichtlich ihrer Einsatzmöglichkeiten.

Die Erweiterung wird nach dem bekannten Muster angelegt und kann auf allen drei Ebenen – Konto, Kampagne und Anzeigengruppe – ausgespielt werden. Die Einrichtung ist etwas komplexer als bei den anderen Erweiterungen. Sie müssen eine **Sprache** und die **Währung** für die Erweiterung festlegen. Hierbei sollten Sie sich an der geografischen Ausrichtung und Ihrer Zielgruppe orientieren. Danach legen Sie den Typ der Preiserweiterung fest. Dies kann z. B. eine Marke, ein Standort (Reiseanbieter), eine Produktkategorie (klassischer Onlineshop) oder eine Dienstleistung (Handwerk) sein. In Abhängigkeit von Ihrer Preisgestaltung legen Sie noch eine Preiskennzeichnung (keine Kennzeichnung, Ab, Bis oder Durchschnitt) fest.

Nach den allgemeinen Grundeinstellungen folgen die einzelnen Preiselemente, bestehend aus Titel, Preis, Einheit, Beschreibung und finaler URL (mobiler finaler URL). Die bekannte zeitliche Planung steht Ihnen auch in der Preiserweiterung zur Verfügung.

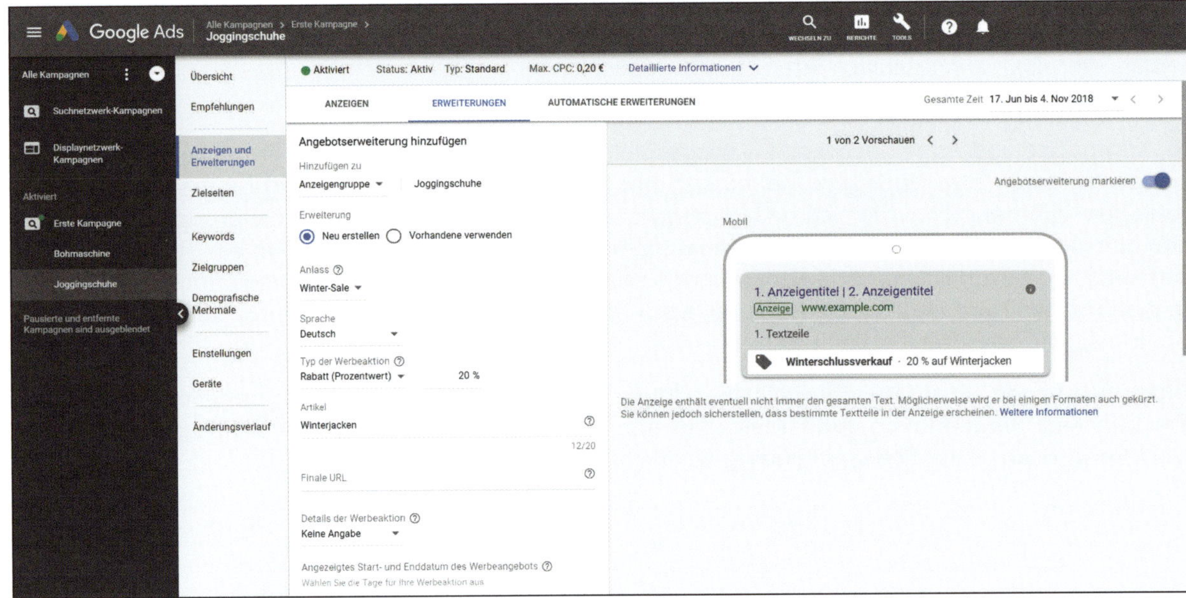
Google Ads
Alle Kampagnen > Erste Kampagne >
Joggingschuhe
Alle Kampagnen
Suchnetzwerk-Kampagnen
Displaynetzwerk-Kampagnen
Aktiviert
Erste Kampagne
Bohrmaschine
Joggingschuhe
Pausierte und entfernte Kampagnen sind ausgeblendet
Übersicht
Empfehlungen
Anzeigen und Erweiterungen
Zielseiten
Keywords
Zielgruppen
Demografische Merkmale
Einstellungen
Geräte
Änderungsverlauf
Aktiviert Status: Aktiv Typ: Standard Max. CPC: 0,20 € Detaillierte Informationen
ANZEIGEN
ERWEITERUNGEN
AUTOMATISCHE ERWEITERUNGEN
Gesamte Zeit 17. Jun bis 4. Nov 2018
Angebotserweiterung hinzufügen
Hinzufügen zu
Anzeigengruppe Joggingschuhe
Erweiterung
Neu erstellen Vorhandene verwenden
Anlass
Winter-Sale
Sprache
Deutsch
Typ der Werbeaktion
Rabatt (Prozentwert) 20 %
Artikel
Winterjacken
12/20
Finale URL
Details der Werbeaktion
Keine Angabe
Angezeigtes Start- und Enddatum des Werbeangebots
Wählen Sie die Tage für Ihre Werbeaktion aus
1 von 2 Vorschauen
Angebotserweiterung markieren
Mobil
1. Anzeigentitel | 2. Anzeigentitel
Anzeige www.example.com
1. Textzeile
Winterschlussverkauf · 20 % auf Winterjacken
Die Anzeige enthält eventuell nicht immer den gesamten Text. Möglicherweise wird er bei einigen Formaten auch gekürzt. Sie können jedoch sicherstellen, dass bestimmte Textteile in der Anzeige erscheinen. Weitere Informationen

Angebotserweiterung

Das Ziel der soeben beschriebenen Preiserweiterung ist es, Ihr permanentes Angebot für die Nutzer in den Vordergrund zu stellen. Dies könnten neben Produkten z. B. auch Dienstleistungen oder Standorte sein. Die **Angebotserweiterung ist anlass- und produktbezogen** und unterstützt Sie bei besonderen **Produktangeboten** zu verschiedenen Gelegenheiten.

Wenn Sie mit der Einrichtung starten, stehen Ihnen verschiedenste Anlässe zur Verfügung, z. B. Valentinstag, Muttertag, Schulbeginn, Cyber Monday oder Weihnachten. Sollte keiner der vorgegebenen Anlässe passen, können Sie auch Keine Angabe auswählen. Als Nächstes legen Sie die Sprache und die gewünschte Währung für Ihr Angebot fest. Bei einem Angebot handelt es sich in der Regel um die Reduzierung eines Preises um einen Prozentbetrag oder einen absoluten Betrag. Die Art der Preisreduzierung legen Sie im Feld Typ der Werbeaktion fest. Sie können einen konkreten Geldbetrag, einen bestimmten Prozentwert oder einen Bis zu Wert festlegen. Für den Artikel Ihres Angebots stehen Ihnen 20 Textzeichen zur Verfügung. Dann hinterlegen Sie noch die finale URL und bestimmen Details der Werbeaktion. Die Details erlauben Ihnen, einen Mindestbestellwert aufzuführen oder einen Gutscheincode zu hinterlegen, der für die Aktion erforderlich ist. Somit können Sie die Angebotserweiterung so gestalten, dass sie auch zu den technischen Möglichkeiten Ihres Onlineshops passt.

Kapitel 11 | Conversion-Tracking

Um zu erfahren, **was der Nutzer auf Ihrer Website macht**, nachdem er auf eine Ihrer Anzeigen geklickt hat, empfiehlt sich der Einsatz des **Conversion-Trackings**. Damit können Sie z. B. messen, ob der Nutzer sich für einen Newsletter angemeldet oder ein Kontaktformular ausgefüllt hat. Wenn Sie einen Onlineshop betreiben, können Sie nicht nur messen, ob der Nutzer etwas gekauft hat, sondern auch, wie hoch der Wert des Warenkorbs war.

Technisch gesehen funktioniert Conversion-Tracking wie folgt: Ein Nutzer klickt auf Ihre Anzeige und ruft somit Ihre Zielseite auf. Auf dieser Seite werben Sie beispielsweise für eine kostenlose und unverbindliche Erstberatung zu Ihren Dienstleistungen. Der Nutzer muss hierzu ein Formular mit seinem Namen und einer Telefonnummer ausfüllen. Nachdem er das getan hat, wird er auf eine neue Seite mit dem Hinweis weitergeleitet, dass er in Kürze von Ihnen kontaktiert wird. Auf dieser Seite **erfolgt die Messung der Conversion** mithilfe eines Codes, den Sie dort einbauen müssen. In den **Leistungsdaten** taucht diese Conversion dann später auf, und Sie können sehen, welches Keyword und welche Anzeige die Conversion ausgelöst hat und welche Kosten dafür entstanden sind. Conversions werden in der Regel auch dann noch gemessen, wenn der Nutzer Ihre Website verlässt und innerhalb der **nächsten 30 Tage** auf diese zurückkehrt, um dann die Handlung auszuführen, die als Conversion gemessen wird.

Wie Sie das Conversion-Tracking einrichten und welche Daten Ihnen dann zur Verfügung stehen, erfahren Sie auf den nächsten Seiten.

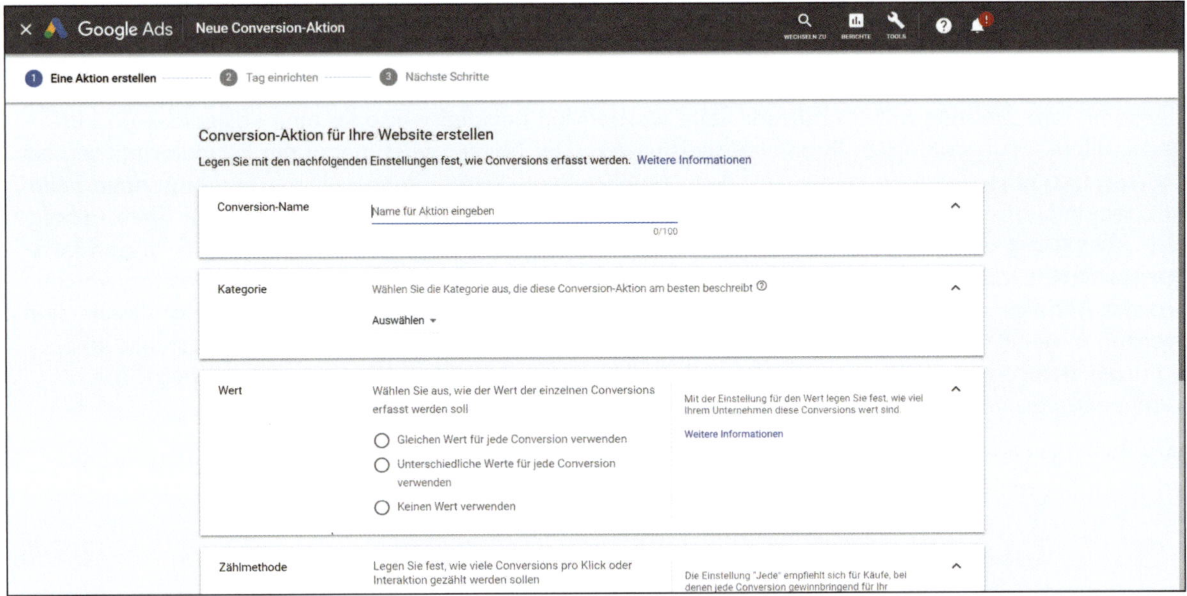
Google Ads
Neue Conversion-Aktion
1 Eine Aktion erstellen
2 Tag einrichten
3 Nächste Schritte
Conversion-Aktion für Ihre Website erstellen
Legen Sie mit den nachfolgenden Einstellungen fest, wie Conversions erfasst werden. Weitere Informationen
Conversion-Name
Name für Aktion eingeben
0/100
Kategorie
Wählen Sie die Kategorie aus, die diese Conversion-Aktion am besten beschreibt
Auswählen
Wert
Wählen Sie aus, wie der Wert der einzelnen Conversions erfasst werden soll
Gleichen Wert für jede Conversion verwenden
Unterschiedliche Werte für jede Conversion verwenden
Keinen Wert verwenden
Mit der Einstellung für den Wert legen Sie fest, wie viel Ihrem Unternehmen diese Conversions wert sind.
Weitere Informationen
Zählmethode
Legen Sie fest, wie viele Conversions pro Klick oder Interaktion gezählt werden sollen

Conversion-Tracking einrichten 1

Starten Sie mit der **Einrichtung des Conversion-Trackings**, indem Sie oben rechts auf Tools klicken und dort Conversions auswählen. Auf der folgenden Seite können Sie eine **neue Conversion** anlegen, indem Sie auf den blauen Button klicken. Zuerst legen Sie die Art der Conversion fest. Hierbei können Sie zwischen Website, App, Anrufe und Import wählen. In den meisten Fällen werden Sie wahrscheinlich mit der Website-Conversion arbeiten. Sie können aber auch **Anrufe messen**, wenn die Nutzer die Zielseite mit einem mobilen Endgerät aufrufen und dort die Telefonnummer Ihres Unternehmens antippen, um Sie anzurufen. In einem solchen Fall würden Sie hier Anruf auf Website auswählen. Wenn Sie die Art der Conversion gewählt haben, legen Sie im nächsten Schritt einen **Namen** für die Conversion fest. Wählen Sie am besten einen Namen, der dem Ziel entspricht, das Sie messen wollen, z. B. Anmeldung Newsletter oder Kontaktformular Erstberatung.

Im nächsten Schritt legen Sie eine **Kategorie** fest, die Ihrer geplanten Conversion entspricht. Zur Auswahl stehen Kauf/Verkauf, Anmeldung, Anfrage, Aufruf einer wichtigen Seite und Sonstiges.

Die nächste Einstellung betrifft den **Wert Ihrer Conversion**. Wie viel ist ein Kundenkontakt oder die Bestellung eines Newsletters wert? Wenn Sie einen Onlineshop betreiben, kann durch die Anpassung des Trackingcodes der **Wert Ihres Warenkorbs** gemessen werden, sodass Sie wissen, wie viel Umsatz ein Nutzer generiert hat, nachdem er auf Ihre Anzeige geklickt hat. Die gängigen Onlineshops sind auf dieses Tracking in der Regel vorbereitet, oder es gibt Zusatzmodule, die Sie bei der Integration unterstützen.

Für einen Kundenkontakt müssen Sie selbst einen Wert festlegen. Angenommen, bei zehn Anfragen über Ihre Website können Sie einen Kunden mit einem Umsatz von 5.000 Euro gewinnen. Dann liegt der Wert für eine Conversion bei 500 Euro. Je nach **Branche, Produkt oder Dienstleistung** kann dieser Wert natürlich sehr unterschiedlich ausfallen. Der Wert der Conversion taucht später in den **Leistungsdaten** auf und hilft Ihnen dabei, festzustellen, ob Ihre Werbung mit Ads **profitabel** ist oder ob Sie **Verluste** machen.

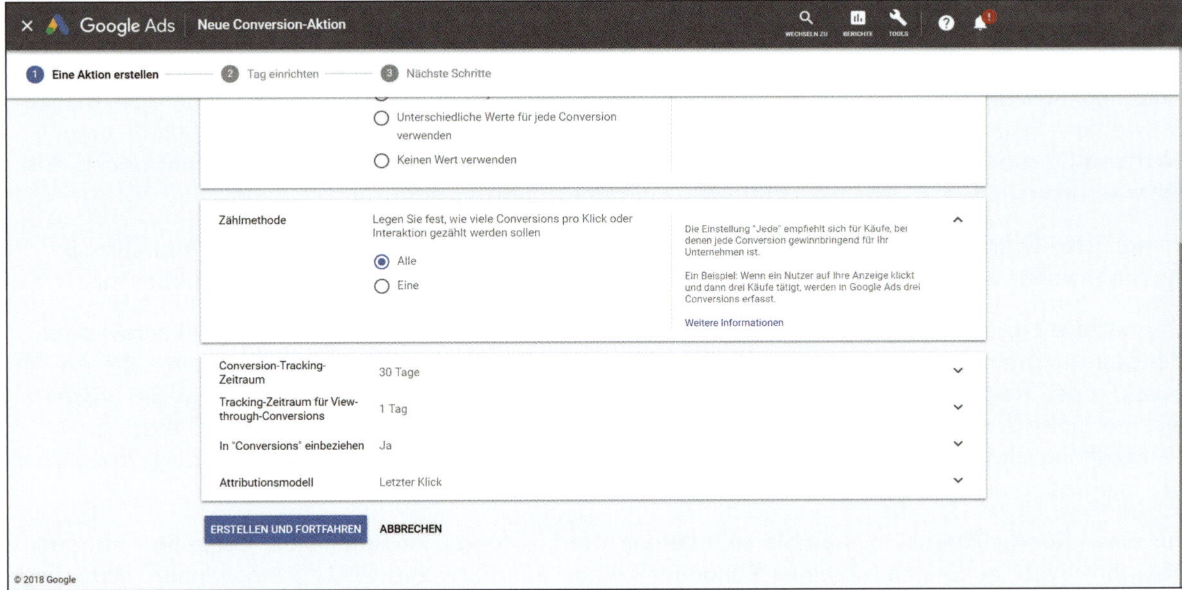

Google Ads
Neue Conversion-Aktion
WECHSELN ZU
BERICHTE
TOOLS
1 Eine Aktion erstellen
2 Tag einrichten
3 Nächste Schritte
Unterschiedliche Werte für jede Conversion verwenden
Keinen Wert verwenden
Zählmethode
Legen Sie fest, wie viele Conversions pro Klick oder Interaktion gezählt werden sollen
Alle
Eine
Die Einstellung "Jede" empfiehlt sich für Käufe, bei denen jede Conversion gewinnbringend für Ihr Unternehmen ist.
Ein Beispiel: Wenn ein Nutzer auf Ihre Anzeige klickt und dann drei Käufe tätigt, werden in Google Ads drei Conversions erfasst.
Weitere Informationen
Conversion-Tracking-Zeitraum
30 Tage
Tracking-Zeitraum für View-through-Conversions
1 Tag
In "Conversions" einbeziehen
Ja
Attributionsmodell
Letzter Klick
ERSTELLEN UND FORTFAHREN
ABBRECHEN
© 2018 Google

Conversion-Tracking einrichten 2

Als Nächstes folgt die **Zählmethode**. Die Zählmethode unterscheidet zwischen **einzelnen Conversions** und **allen Conversions**. Alle Conversions bietet sich für **Verkäufe** an. Angenommen, ein Nutzer klickt auf Ihre Anzeige und kauft ein Produkt. Dies zählt dann als Conversion. Wenn er innerhalb von 30 Tagen noch einmal in Ihrem Onlineshop kauft, zählt das ebenfalls als Conversion, auch wenn der Nutzer nicht noch einmal auf Ihre Anzeige geklickt hat.

Die **Zählmethode** Einzelne Conversion ist dann sinnvoll, wenn Sie z. B. **Kontaktanfragen** messen wollen. Angenommen, ein Nutzer füllt Ihr Kontaktformular aus. In diesem Fall wird eine Conversion gezählt. Sollte derselbe Nutzer aus irgendeinem Grund das Formular noch einmal ausfüllen, wird trotzdem nur eine Conversion gezählt. Dies ergibt Sinn, da Sie durch das doppelte Ausfüllen des Formulars keinen zusätzlichen Kundenkontakt generiert haben.

Mit dem **Conversion-Tracking-Zeitraum** wird festgelegt, wie lang eine Conversion nach dem Klick auf eine Anzeige noch gezählt wird. Der Standardwert beträgt hierbei 30 Tage. Ebenso können Sie einen Zeitraum für **View-through-Conversions** festlegen. Hierbei handelt es sich um Conversions, die nach einer Einblendung Ihrer Anzeige stattgefunden haben, ohne dass der Nutzer auf die Anzeige geklickt hat.

Als Letztes können Sie noch ein **Attributionsmodell** festlegen. Hierbei geht es darum, welchem Klick Sie welchen Anteil der Conversion zurechnen. Bei umfangreichen Kampagnen klicken Nutzer eventuell auf unterschiedliche Anzeigen, und Sie können mit einem passenden Attributionsmodell die Leistungsdaten besser auswerten. Für den Anfang ist das Modell **Letzter Klick** vollkommen ausreichend.

Conversion-Tracking einrichten

Detaillierte Informationen zum Einrichten des Conversion-Tracking-Codes finden Sie unter folgendem Link: https://support.google.com/google-ads/answer/1722054?hl=de.

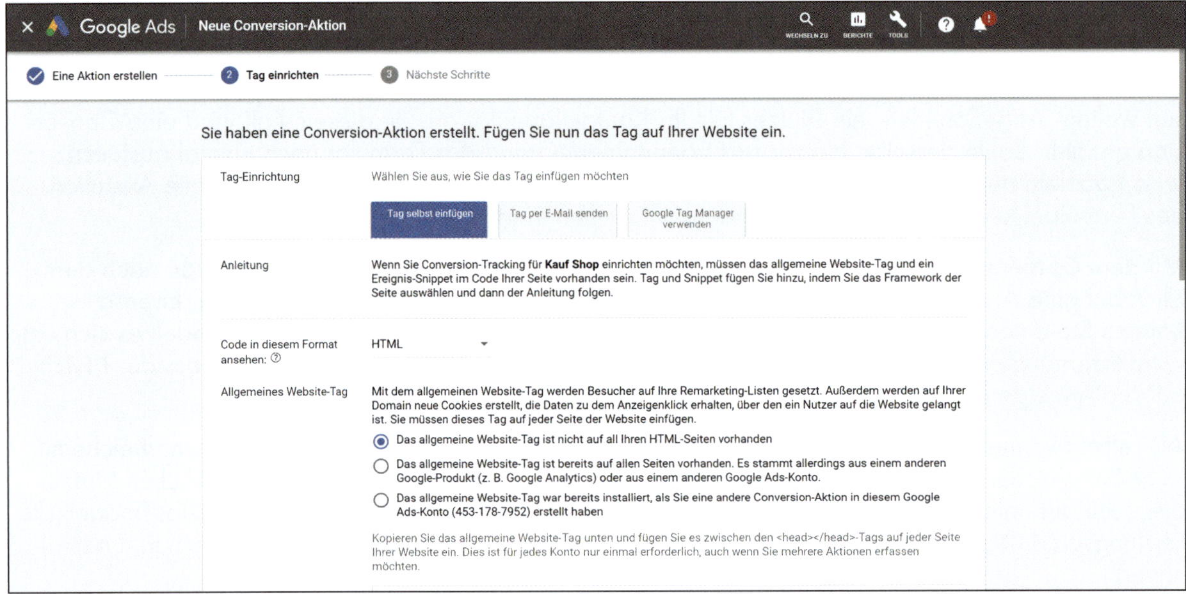

Google Ads
Neue Conversion-Aktion
WECHSELN ZU
BERICHTE
TOOLS
Eine Aktion erstellen
2 Tag einrichten
3 Nächste Schritte
Sie haben eine Conversion-Aktion erstellt. Fügen Sie nun das Tag auf Ihrer Website ein.
Tag-Einrichtung
Wählen Sie aus, wie Sie das Tag einfügen möchten
Tag selbst einfügen
Tag per E-Mail senden
Google Tag Manager verwenden
Anleitung
Wenn Sie Conversion-Tracking für Kauf Shop einrichten möchten, müssen das allgemeine Website-Tag und ein Ereignis-Snippet im Code Ihrer Seite vorhanden sein. Tag und Snippet fügen Sie hinzu, indem Sie das Framework der Seite auswählen und dann der Anleitung folgen.
Code in diesem Format ansehen:
HTML
Allgemeines Website-Tag
Mit dem allgemeinen Website-Tag werden Besucher auf Ihre Remarketing-Listen gesetzt. Außerdem werden auf Ihrer Domain neue Cookies erstellt, die Daten zu dem Anzeigenklick erhalten, über den ein Nutzer auf die Website gelangt ist. Sie müssen dieses Tag auf jeder Seite der Website einfügen.
Das allgemeine Website-Tag ist nicht auf all Ihren HTML-Seiten vorhanden
Das allgemeine Website-Tag ist bereits auf allen Seiten vorhanden. Es stammt allerdings aus einem anderen Google-Produkt (z. B. Google Analytics) oder aus einem anderen Google Ads-Konto.
Das allgemeine Website-Tag war bereits installiert, als Sie eine andere Conversion-Aktion in diesem Google Ads-Konto (453-178-7952) erstellt haben
Kopieren Sie das allgemeine Website-Tag unten und fügen Sie es zwischen den <head></head>-Tags auf jeder Seite Ihrer Website ein. Dies ist für jedes Konto nur einmal erforderlich, auch wenn Sie mehrere Aktionen erfassen möchten.

Conversion-Tracking und DSGVO

Nach der Einrichtung des Conversion-Trackings erhalten Sie zwei Codes: das allgemeine Website-Tag und das Ereignis-Snippet zum Einbau in Ihre Website. Bevor Sie den Code verwenden, sollten Sie prüfen, ob alle Voraussetzungen entsprechend der Datenschutzgrundverordnung erfüllt sind, und sich gegebenenfalls juristisch beraten lassen.

Zum einen gibt es von Google eine Richtlinie zur Einwilligung der Nutzer in der EU, die Sie einhalten sollten (https://www.google.com/about/company/user-consent-policy.html). Die Richtlinie besagt z. B., dass man beim Einsatz von Cookies verpflichtet ist, eine rechtswirksame Einwilligung der Endnutzer dafür einzuholen. Dies wird in der Regel über sogenannte Cookie-Banner, die der Nutzer als Zeichen seiner Zustimmung anklicken muss, realisiert.

Zum anderen verlangt die DSGVO, dass die Nutzer darüber informiert werden, wenn personenbezogene Daten verarbeitet werden. Darüber hinaus muss das begründet werden. Dieser Hinweis findet sich in der Regel in der Datenschutzerklärung. Lassen Sie sich hierzu juristisch beraten.

Sie können durch Anpassung des Tracking-Codes auch verhindern, dass personenbezogene Daten für das Remarketing erfasst werden oder dass mit dem Website-Tag eigene Cookies in der Domain gespeichert werden. In dieser Anleitung wird erläutert, welche Anpassungen im Code hierfür erforderlich sind (https://support.google.com/google-ads/answer/6095821).

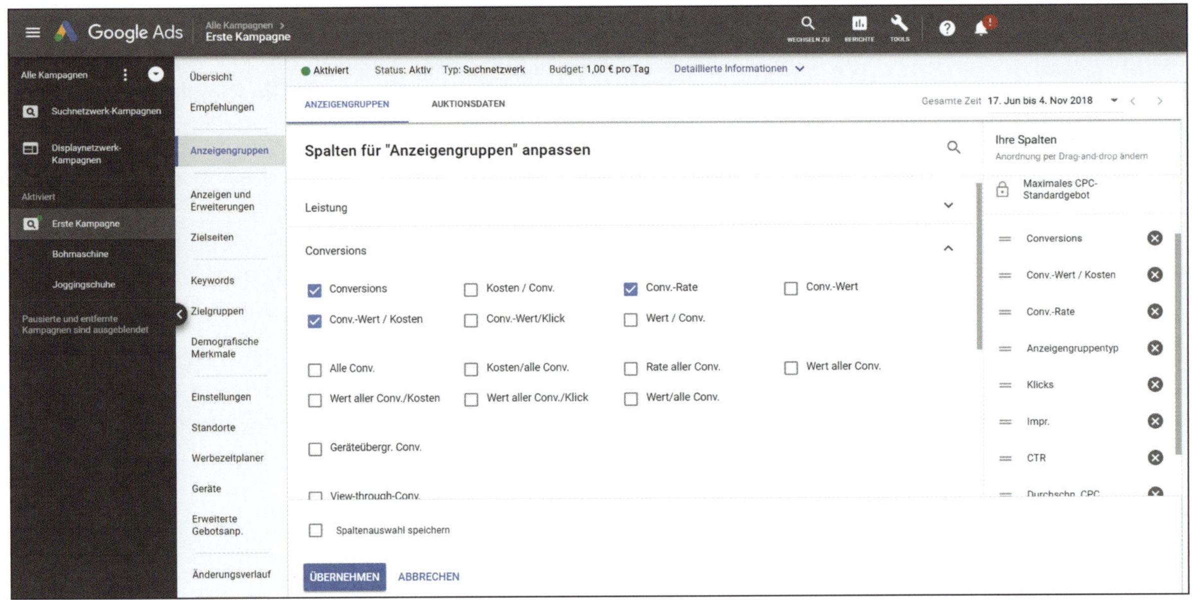
Google Ads
Alle Kampagnen
Erste Kampagne
Alle Kampagnen
Suchnetzwerk-Kampagnen
Displaynetzwerk-Kampagnen
Aktiviert
Erste Kampagne
Bohrmaschine
Joggingschuhe
Pausierte und entfernte Kampagnen sind ausgeblendet
Übersicht
Empfehlungen
Anzeigengruppen
Anzeigen und Erweiterungen
Zielseiten
Keywords
Zielgruppen
Demografische Merkmale
Einstellungen
Standorte
Werbezeitplaner
Geräte
Erweiterte Gebotsanp.
Änderungsverlauf
Aktiviert
Status: Aktiv
Typ: Suchnetzwerk
Budget: 1,00 € pro Tag
Detaillierte Informationen
ANZEIGENGRUPPEN
AUKTIONSDATEN
Gesamte Zeit
17. Jun bis 4. Nov 2018
Spalten für "Anzeigengruppen" anpassen
Leistung
Conversions
Conversions
Kosten / Conv.
Conv.-Rate
Conv.-Wert
Conv.-Wert / Kosten
Conv.-Wert/Klick
Wert / Conv.
Alle Conv.
Kosten/alle Conv.
Rate aller Conv.
Wert aller Conv.
Wert aller Conv./Kosten
Wert aller Conv./Klick
Wert/alle Conv.
Geräteübergr. Conv.
View-through-Conv.
Spaltenauswahl speichern
ÜBERNEHMEN
ABBRECHEN
Ihre Spalten
Anordnung per Drag-and-drop ändern
Maximales CPC-Standardgebot
Conversions
Conv.-Wert / Kosten
Conv.-Rate
Anzeigengruppentyp
Klicks
Impr.
CTR

Conversions messen

Wenn Sie das Conversion-Tracking **erfolgreich installiert** haben, können Sie auf den verschiedenen Seiten Conversions über den Button Spalten einblenden. Damit lässt sich z. B. feststellen, welche Keywords oder Anzeigen zu einer Conversion geführt haben und wie hoch die **Kosten für Conversions** sind.

In der Spalte Conversions werden alle Conversions gezählt, wenn Sie das bei der Einrichtung des Conversion-Trackings so hinterlegt haben. Tätigt ein Nutzer also zwei Käufe, werden dort zwei Conversions verzeichnet. Weitere wichtige Leistungsdaten sind Conversion-Wert, Kosten/Conversion und Conversion-Wert/Kosten. Mit diesen Werten können Sie ermitteln, ob Ihre **Anzeigen profitabel** sind bzw. mit welchen Keywords Sie Geld verdienen und wo es Optimierungsbedarf gibt.

Mit der Berechnung des **Return on Investment** (ROI) können Sie ermitteln, wie gut Ihre Werbung funktioniert. Grundsätzlich gilt, dass der **Wert einer Conversion über den Kosten** liegen muss. Allerdings müssen Sie hierbei noch die **Kosten für die Herstellung** berücksichtigen.

Folgende Formel können Sie zur Berechnung heranziehen:

ROI = (Umsatz – Herstellungskosten) / Herstellungskosten

Den Umsatz können Sie aus der Spalte Conversion-Wert gesamt übernehmen, wenn der Conversion-Wert entsprechend hinterlegt wurde. Zu den Herstellungskosten zählen Ihre Kosten für das Produkt zuzüglich der Kosten für Ads. Je nachdem, wie Sie den Conversion-Wert hinterlegt haben, entspricht Ihr **ROI** der Spalte Conversion-Wert/Kosten.

Welche Optimierungsmöglichkeiten es gibt, erfahren Sie im nächsten Kapitel.

Kapitel 12 Auswertung, Optimierung und Remarketing

Ihre Kampagnen sind erstellt, und Sie können die ersten Impressions und Klicks verzeichnen. Ads liefert Ihnen eine **Vielzahl von Leistungsdaten**, die es Ihnen erlauben, Ihre Werbung zu analysieren und zu optimieren. Dieser Schritt ist besonders wichtig. Auch wenn Sie im Vorfeld alles gut durchdacht und geplant haben, kann man nie wissen, ob die Nutzer so reagieren, wie Sie es erwartet haben. Wurden die **richtigen Keywords** und **Keyword-Kombinationen** ausgewählt, sind die Anzeigen für die Nutzer ansprechend, werden sie angeklickt, und werden die Ziele, die Sie mit Ihrer Werbung verfolgen, erfüllt? Diese Fragen gilt es zu beantworten.

In diesem Kapitel erfahren Sie, welche **Leistungsdaten** Ihnen zur Verfügung stehen und wie Sie diese für die **Optimierung Ihrer Werbung** nutzen können. Ich stelle Ihnen hierzu verschiedene Optimierungsmöglichkeiten vor, die Sie **regelmäßig anwenden** sollten. Bei Ads reicht es nicht aus, eine Kampagne zu erstellen und dann nur zuzuschauen. Vielmehr ist es nötig, die Kampagne **genau zu überwachen**, um sicherzugehen, dass Sie kein Geld zum Fenster hinauswerfen. Vor allem am Anfang, wenn Sie beginnen, mit Ads zu arbeiten, sollten Sie **täglich** in Ihr Konto schauen, um sich mit den Daten vertraut zu machen. Sie lernen dann sehr schnell, worauf Sie achten müssen, und können eine gut funktionierende Routine für die Arbeit mit Ads entwickeln.

Stellen Sie sich die Arbeit mit Ads wie einen **Kreislauf** vor, der immer **wiederholt** werden muss. Das beginnt bei der **Planung der Kampagnen** und setzt sich mit deren **Umsetzung** in Ads fort. Im nächsten Schritt müssen Sie überprüfen, ob Ihre Werbung funktioniert, und schließlich **Optimierungen vornehmen**. Nach den Erfahrungen Ihrer ersten Runde starten Sie dann wieder mit der Planung neuer Kampagnen, bis Sie alle gewünschten Produkte und Dienstleistungen mit Ihrer Werbung abdecken. Später reicht es dann aus, sich regelmäßig um die Optimierung zu kümmern.

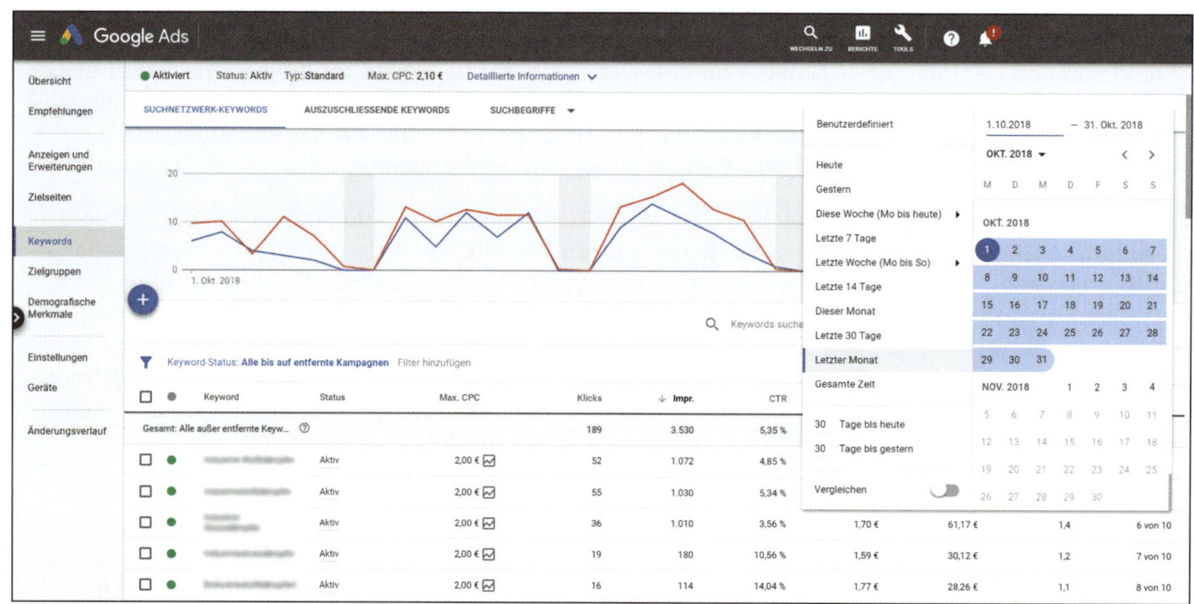
Google Ads
WECHSELN ZU
BERICHTE
TOOLS
Übersicht
Empfehlungen
Anzeigen und Erweiterungen
Zielseiten
Keywords
Zielgruppen
Demografische Merkmale
Einstellungen
Geräte
Änderungsverlauf
Aktiviert
Status: Aktiv
Typ: Standard
Max. CPC: 2,10 €
Detaillierte Informationen
SUCHNETZWERK-KEYWORDS
AUSZUSCHLIESSENDE KEYWORDS
SUCHBEGRIFFE
20
10
0
1. Okt. 2018
Keywords suche
Keyword-Status: Alle bis auf entfernte Kampagnen
Filter hinzufügen
Keyword
Status
Max. CPC
Klicks
Impr.
CTR
Gesamt: Alle außer entfernte Keyw...
189
3.530
5,35 %
Aktiv
2,00 €
52
1.072
4,85 %
Aktiv
2,00 €
55
1.030
5,34 %
Aktiv
2,00 €
36
1.010
3,56 %
1,70 €
61,17 €
1,4
6 von 10
Aktiv
2,00 €
19
180
10,56 %
1,59 €
30,12 €
1,2
7 von 10
Aktiv
2,00 €
16
114
14,04 %
1,77 €
28,26 €
1,1
8 von 10
Benutzerdefiniert
Heute
Gestern
Diese Woche (Mo bis heute)
Letzte 7 Tage
Letzte Woche (Mo bis So)
Letzte 14 Tage
Dieser Monat
Letzte 30 Tage
Letzter Monat
Gesamte Zeit
30 Tage bis heute
30 Tage bis gestern
Vergleichen
1.10.2018
– 31. Okt. 2018
OKT. 2018
M D M D F S S
OKT. 2018
1 2 3 4 5 6 7
8 9 10 11 12 13 14
15 16 17 18 19 20 21
22 23 24 25 26 27 28
29 30 31
NOV. 2018
1 2 3 4
5 6 7 8 9 10 11
12 13 14 15 16 17 18
19 20 21 22 23 24 25
26 27 28 29 30

Leistungsdaten abrufen

Bevor Sie mit der Optimierung Ihrer Anzeigen und Keywords beginnen können, müssen Sie die Leistungsdaten analysieren. Für die Analyse sind vor allem die Leistungsdaten auf Keyword- und auf Anzeigenebene zu beachten. Wählen Sie hierzu in der linken Spalte die **Kampagne** und dann die **Anzeigengruppe** aus, die Sie analysieren wollen, und klicken auf den Punkt Keywords. Achten Sie darauf, dass Sie einen **relevanten Zeitraum** für die Analyse eingestellt haben. Sie können den gewünschten Zeitraum oben rechts auf der Ads-Oberfläche festlegen. Ads bietet Ihnen verschiedene voreingestellte Zeiträume. Über die Auswahl Benutzerdefiniert können Sie aber auch einen individuellen Zeitraum für die Analyse festlegen. Wählen Sie einen Bereich, der Ihnen ausreichend Daten zeigt. Je nachdem, wie viele Anpassungen Sie vornehmen und wie Sie diese Änderungen auswerten wollen, sollte Ihr Zeitraum zwischen einer und vier Wochen liegen. Abhängig vom Produkt oder der Dienstleistung, die Sie anbieten, kann es außerdem zu **saisonalen Schwankungen** kommen, die berücksichtigt werden sollten. Sie können auch unterschiedliche **Zeiträume miteinander vergleichen**. Diese Funktion befindet sich ebenfalls in der Zeiteinstellung und ist dort unten in Form eines Schalters zu finden.

Der ausgewählte Zeitraum wird über den Leistungsdaten grafisch dargestellt. Standardmäßig werden dort die erzielten Klicks abgebildet. Sie können aber auch über das Menü **andere Werte** einblenden und einen zweiten Wert zu Vergleichszwecken auf der rechten Seite des Diagramms einblenden.

Die Werte, die Sie sich genau ansehen sollten, sind: Klicks, Impressions, Klickrate (CTR), Qualitätsfaktor, Durchschnittliche Kosten pro Klick (CPC), Durchschnittliche Position Ihrer Anzeigen, Impressionen an oberste Position und Conversions.

Schnelle Analyse

Für eine schnelle Analyse Ihrer Keywords können Sie auf der Seite Keywords die Funktion Keywords diagnostizieren nutzen, um zu erfahren, ob Ihre Anzeigen geschaltet werden oder, falls nicht, warum nicht. Sie finden die Funktion oberhalb der Keywordtabelle unter dem Icon Mehr.

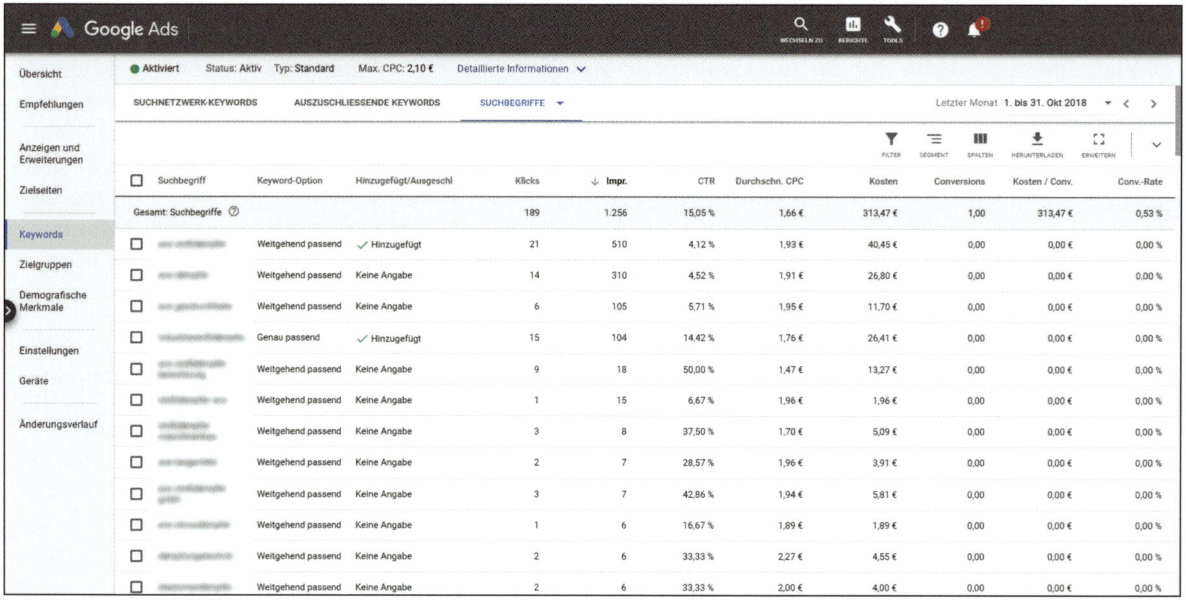

Google Ads

WECHSELN ZU · BERICHTE · TOOLS

Übersicht
Empfehlungen
Anzeigen und Erweiterungen
Zielseiten
Keywords
Zielgruppen
Demografische Merkmale
Einstellungen
Geräte
Änderungsverlauf

Aktiviert Status: Aktiv Typ: Standard Max. CPC: 2,10 € Detaillierte Informationen

SUCHNETZWERK-KEYWORDS AUSZUSCHLIESSENDE KEYWORDS SUCHBEGRIFFE

Letzter Monat 1. bis 31. Okt 2018

FILTER SEGMENT SPALTEN HERUNTERLADEN ERWEITERN

Suchbegriff	Keyword-Option	Hinzugefügt/Ausgeschl	Klicks	Impr.	CTR	Durchschn. CPC	Kosten	Conversions	Kosten / Conv.	Conv.-Rate
Gesamt: Suchbegriffe			189	1.256	15,05 %	1,66 €	313,47 €	1,00	313,47 €	0,53 %
[illegible]	Weitgehend passend	Hinzugefügt	21	510	4,12 %	1,93 €	40,45 €	0,00	0,00 €	0,00 %
[illegible]	Weitgehend passend	Keine Angabe	14	310	4,52 %	1,91 €	26,80 €	0,00	0,00 €	0,00 %
[illegible]	Weitgehend passend	Keine Angabe	6	105	5,71 %	1,95 €	11,70 €	0,00	0,00 €	0,00 %
[illegible]	Genau passend	Hinzugefügt	15	104	14,42 %	1,76 €	26,41 €	0,00	0,00 €	0,00 %
[illegible]	Weitgehend passend	Keine Angabe	9	18	50,00 %	1,47 €	13,27 €	0,00	0,00 €	0,00 %
[illegible]	Weitgehend passend	Keine Angabe	1	15	6,67 %	1,96 €	1,96 €	0,00	0,00 €	0,00 %
[illegible]	Weitgehend passend	Keine Angabe	3	8	37,50 %	1,70 €	5,09 €	0,00	0,00 €	0,00 %
[illegible]	Weitgehend passend	Keine Angabe	2	7	28,57 %	1,96 €	3,91 €	0,00	0,00 €	0,00 %
[illegible]	Weitgehend passend	Keine Angabe	3	7	42,86 %	1,94 €	5,81 €	0,00	0,00 €	0,00 %
[illegible]	Weitgehend passend	Keine Angabe	1	6	16,67 %	1,89 €	1,89 €	0,00	0,00 €	0,00 %
[illegible]	Weitgehend passend	Keine Angabe	2	6	33,33 %	2,27 €	4,55 €	0,00	0,00 €	0,00 %
[illegible]	Weitgehend passend	Keine Angabe	2	6	33,33 %	2,00 €	4,00 €	0,00	0,00 €	0,00 %

Keywords – Suchbegriffe

Ein erster wichtiger Wert ist die **Klickrate**. Wie Sie bereits wissen, ist dieser Wert von großer Bedeutung für den Qualitätsfaktor (siehe Kapitel 9). Da die **Klickrate das Verhältnis von Impressions und Klicks darstellt**, können Sie die Klickrate verbessern, indem Sie die **nicht relevanten Impressions reduzieren** oder Ihre **Klicks erhöhen**.

Um festzustellen, welche Suchanfragen den Nutzer zu Impressions und Klicks geführt haben, wählen Sie auf der Seite Keywords den Tab Suchbegriffe aus. Sie erhalten jetzt eine Liste mit **allen Suchanfragen**, die zu einer Impression bzw. einem Klick geführt haben. Wenn Sie diese Liste durchsehen, werden Sie feststellen, dass wahrscheinlich einige Suchanfragen nicht zu Ihrem Angebot passen. Dies kann z. B. dann der Fall sein, wenn Sie Keywords ohne bestimmte Keyword-Optionen eingesetzt haben. Über den Button Spalten können Sie sich per Attribute die Spalte Keywords einblenden lassen. Dort wird Ihnen das Keyword angezeigt, das die **Anzeigenschaltung ausgelöst** hat.

Nutzen Sie diese Liste, um **ausschließende Keywords** festzulegen oder **Ideen für neue Keywords** zu finden. Um Ihrer Keywordliste Keywords hinzuzufügen, markieren Sie diese mit einem Haken in der ersten Spalte. Wenn Sie alle **gewünschten Keywords** ausgewählt haben, klicken Sie auf den Button Als Keywords hinzufügen oberhalb der Liste. Auf die gleiche Weise verfahren Sie für **ausschließende Keywords**. Achten Sie bei ausschließenden Keywords auf die Keyword-Optionen. Ads gibt für ausschließende Keywords die Option Genau passend vor. Dies bewirkt, dass Ihre Anzeige für genau diese Suchanfrage nicht geschaltet wird. Auch wenn ein gut funktionierendes Keyword Bestandteil dieser Suchanfrage ist, ist es sinnvoll, die gesamte Suchanfrage als ausschließendes Keyword festzulegen und **ungewünschte Anzeigenschaltungen** zu verhindern – das einzelne, gut funktionierende Keyword ist davon nicht betroffen.

Auf diese Weise können Sie Ihre **Keywordliste verfeinern und erweitern**. Wiederholen Sie diese Schritte in regelmäßigen Abständen, um sicherzugehen, dass Sie Ihr Geld nur für **sinnvolle Suchanfragen** und daraus resultierende Klicks ausgeben.

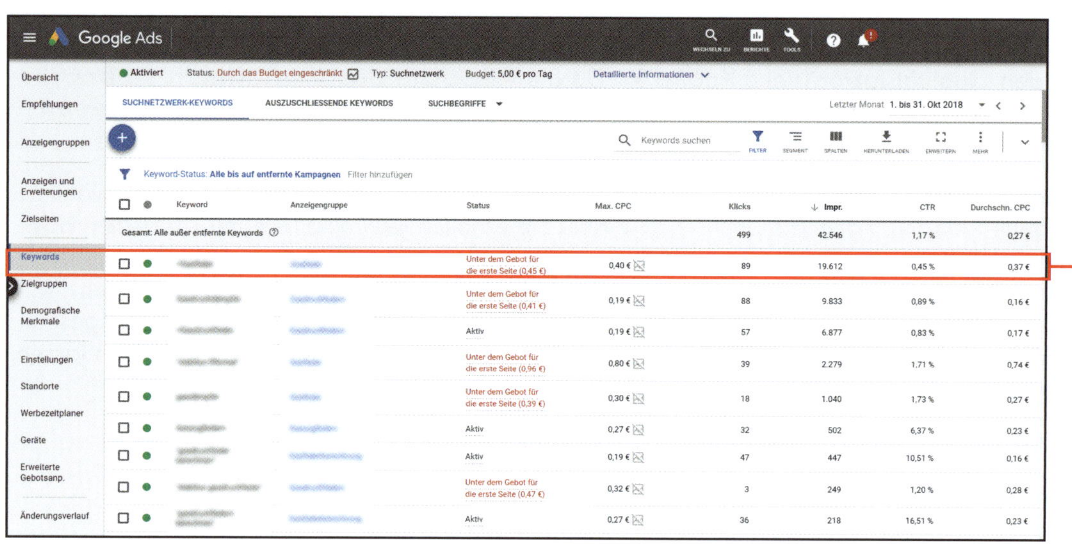
Google Ads
WECHSELN ZU
BERICHTE
TOOLS
Übersicht
Empfehlungen
Anzeigengruppen
Anzeigen und Erweiterungen
Zielseiten
Keywords
Zielgruppen
Demografische Merkmale
Einstellungen
Standorte
Werbezeitplaner
Geräte
Erweiterte Gebotsanp.
Änderungsverlauf
Aktiviert
Status: Durch das Budget eingeschränkt
Typ: Suchnetzwerk
Budget: 5,00 € pro Tag
Detaillierte Informationen
SUCHNETZWERK-KEYWORDS
AUSZUSCHLIESSENDE KEYWORDS
SUCHBEGRIFFE
Letzter Monat 1. bis 31. Okt 2018
Keywords suchen
FILTER
SEGMENT
SPALTEN
HERUNTERLADEN
ERWEITERN
MEHR
Keyword-Status: Alle bis auf entfernte Kampagnen
Filter hinzufügen
Keyword
Anzeigengruppe
Status
Max. CPC
Klicks
Impr.
CTR
Durchschn. CPC
Gesamt: Alle außer entfernte Keywords
499
42.546
1,17 %
0,27 €
Unter dem Gebot für die erste Seite (0,45 €)
0,40 €
89
19.612
0,45 %
0,37 €
Unter dem Gebot für die erste Seite (0,41 €)
0,19 €
88
9.833
0,89 %
0,16 €
Aktiv
0,19 €
57
6.877
0,83 %
0,17 €
Unter dem Gebot für die erste Seite (0,96 €)
0,80 €
39
2.279
1,71 %
0,74 €
Unter dem Gebot für die erste Seite (0,39 €)
0,30 €
18
1.040
1,73 %
0,27 €
Aktiv
0,27 €
32
502
6,37 %
0,23 €
Aktiv
0,19 €
47
447
10,51 %
0,16 €
Unter dem Gebot für die erste Seite (0,47 €)
0,32 €
3
249
1,20 %
0,28 €
Aktiv
0,27 €
36
218
16,51 %
0,23 €

Keywords strukturieren, Anzeigen verbessern

Wenn Sie mithilfe der Suchbegriffe Ihre Keywordliste verbessern konnten, wird es Zeit, die Impressions der Keywords zu analysieren. Wählen Sie eine Anzeigengruppe und **sortieren** Sie Ihre Keywords nach **Impressions**, indem Sie auf den Begriff in der **Spaltenüberschrift** klicken. Die Keywords mit den meisten Impressions sollten jetzt in der Tabelle ganz oben stehen. Mit diesen Keywords erreichen Sie die **meisten Nutzer**. Je nachdem, wie viele Keywords die Anzeigengruppe beinhaltet, ist es möglich, dass diese Keywords nicht optimal zu den Anzeigen passen. Das ist dann der Fall, wenn die Keywords z. B. nicht direkt in der Überschrift auftauchen. Da diese Keywords aber die meisten Nutzer erreichen, sollten Sie für sie eine **eigene Anzeigengruppe** erstellen und **Anzeigen optimal darauf ausrichten**.

Erstellen Sie hierzu eine neue Anzeigengruppe. Markieren Sie die Keywords, die Sie dorthin verschieben wollen, mit einem Haken und wählen Sie unter Bearbeiten den Punkt Kopieren aus. Wechseln Sie dann in die neue Anzeigengruppe und fügen Sie die Keywords über Bearbeiten > Einfügen dort ein. Denken Sie daran, die Keywords in der **alten Anzeigengruppe zu pausieren**. Texten Sie jetzt zwei bis drei Anzeigen passend für diese Keywords und wählen Sie eine optimale Zielseite aus.

Wenn Sie das **Conversion-Tracking** einsetzen, können Sie auch diese Leistungsdaten zur Bewertung hinzuziehen und lukrative Keywords auf diese Weise optimieren.

Diese Methode ist natürlich sehr aufwendig und sollte im ersten Schritt mit Keywords durchgeführt werden, für die es sich lohnt. Auf diese Weise entstehen Anzeigengruppen mit nur sehr wenigen Keywords, die **sehr gut ausgerichtet** sind. Es ergibt keinen Sinn, beim Anlegen der ersten Anzeigengruppen diese Struktur einzurichten, da Ihnen wichtige Daten über die Keywords zunächst noch fehlen. Erst wenn die Anzeigen eine gewisse Zeit geschaltet wurden, haben Sie **ausreichend Informationen**, um die **richtige Unterteilung** vorzunehmen.

Vorher

Anzeigengruppe 1

Keyword 1
Keyword 2
Keyword 3
Keyword 4
Keyword 5
Keyword 6

Nachher

Anzeigengruppe 1

Keyword 1
Keyword 2

Anzeigengruppe 2

Keyword 3
Keyword 4

Anzeigengruppe 3

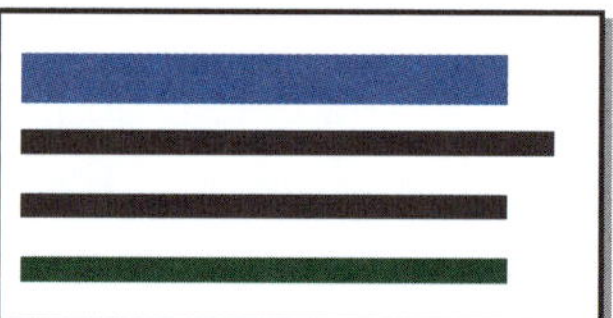

Keyword 5
Keyword 6

Klickrate

Sie sehen, dass es verschiedene Ansätze gibt, die Leistung Ihrer Ads-Werbung zu verbessern. Ihre Aufmerksamkeit sollte aber nicht nur den **Keywords mit hohem Suchvolumen** und **einer guten Klickrate** gelten, sondern auch Keywords, die **nicht die gewünschte Leistung** bringen. Dies kann sich z. B. in einem **niedrigen Qualitätsfaktor** oder einer **niedrigen Klickrate** ausdrücken. Es gibt keine Faustformel dazu, was eine gute Klickrate ist, da dies sehr stark von der jeweiligen Branche abhängt. Wenn Sie allerdings feststellen, dass bestimmte Keywords in einer Anzeigengruppe gegenüber anderen Keywords stark abfallen, besteht Handlungsbedarf, da unter anderem die **Leistung des gesamten Kontos** in den Qualitätsfaktor mit einfließt. Eine Möglichkeit ist, die Keywords mit schlechten Leistungsdaten zu löschen. Sollte es sich aber um wichtige Keywords für Ihre Werbung handeln, überprüfen Sie, ob Sie bereits Keyword-Optionen verwenden, um nicht relevante Suchanfragen zu reduzieren. Vermeiden Sie den Einsatz der Keyword-Option weitgehend passend, um unnötige Impressions auszuschließen.

Genau so, wie Sie gute Keywords in eigene Anzeigengruppen auslagern können, können Sie das natürlich auch mit schlecht funktionierenden tun. Das ist allerdings nur dann sinnvoll, wenn diese Keywords von **hoher Bedeutung** sind und Sie durch diese Umstellung eine **wirkliche Verbesserung** herbeiführen können. An dieser Stelle müssen Sie selbst einschätzen, ob sich der Aufwand lohnen könnte. Wenn es trotz verschiedener Maßnahmen nicht gelingt, mit diesen Keywords einen guten Qualitätsfaktor, eine annehmbare Klickrate oder gute Conversion-Werte zu erzielen, sollten Sie das **Keyword schlussendlich löschen**.

Schritt 1

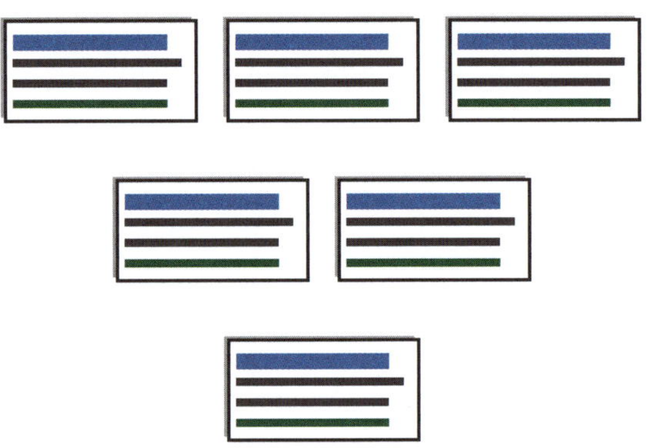

Schritt 2

Anzeigen testen

Das **Testen von Anzeigen** wurde bereits in Kapitel 7 thematisiert, soll an dieser Stelle aber im Detail erläutert werden, da es besonders wichtig für die Optimierung Ihrer Ads-Werbung ist. Es gibt hier verschiedene Ansätze. Sie können Anzeigen mit **komplett verschiedenen Texten** testen, oder aber Sie verändern **nur eine bestimmte Zeile** der Anzeige. Dies kann die Überschrift, eine der beiden Textzeilen oder die angezeigte URL sein. Sie können drei bis vier Anzeigen oder nur zwei Anzeigen zur gleichen Zeit testen. Am Anfang ist es sinnvoll, Anzeigen einzusetzen, die sich **stark voneinander unterscheiden**. Wenn Sie ausreichend viele Klicks erzielt haben, vergleichen Sie die Klickrate bzw. Conversion-Rate (siehe Kapitel 11). Die Klickrate der Anzeigen finden Sie, wenn Sie in der linken Spalte die gewünschte Anzeigengruppe auswählen und dann den Tab Anzeigen auswählen. 30 Klicks können schon ausreichen, um eine Entscheidung zugunsten einer Anzeige zu treffen. Wenn die Werte zu nah beieinanderliegen, können Sie den Test auch weiterlaufen lassen.

Haben Sie durch Testen die Anzeige herausgefiltert, die die besten Werte liefert, können Sie in einem weiteren Schritt **Varianten dieser Anzeige erstellen**, die sich z. B. lediglich in der Überschrift unterscheiden. In diesem Fall sollten Sie nur zwei Varianten miteinander konkurrieren lassen und die Leistungsdaten miteinander vergleichen. Behalten Sie die **erfolgreichere Variante** und erstellen Sie für die nächste Testrunde eine ähnliche Anzeige, die sich nur an einer einzigen Stelle unterscheidet. Die Grundaussage Ihrer Anzeige sollte dabei erhalten bleiben.

Beobachten Sie die Entwicklung **täglich** und treffen Sie eine Entscheidung, sobald klar ist, welche Anzeige besser funktioniert.

Wenn Sie wenig Zeit haben, können Sie auch die Anzeigenrotation in den Kampagneneinstellungen auf **Optimieren: leistungsstärkste Anzeigen bevorzugt bereitstellen** belassen und sich auf das Formulieren unterschiedlicher Textanzeigen konzentrieren. Google übernimmt dann die Auslieferung der Anzeigen. Dennoch sollten Sie die Leistungsdaten immer im Blick behalten.

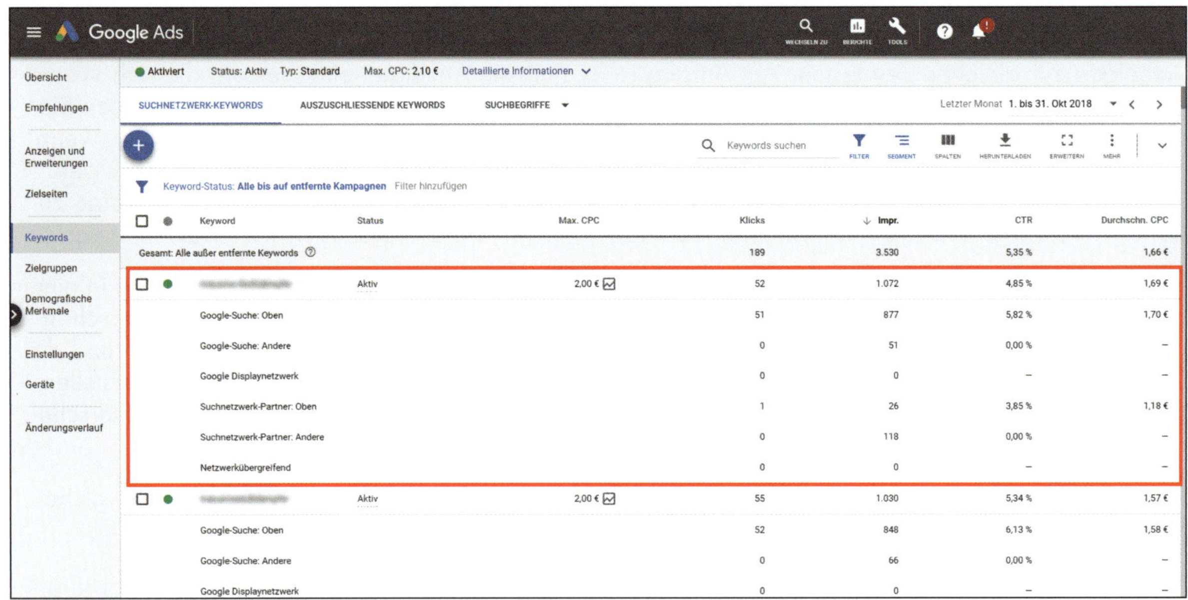
Google Ads
WECHSELN ZU
BERICHTE
TOOLS
Übersicht
Empfehlungen
Anzeigen und Erweiterungen
Zielseiten
Keywords
Zielgruppen
Demografische Merkmale
Einstellungen
Geräte
Änderungsverlauf
Aktiviert
Status: Aktiv
Typ: Standard
Max. CPC: 2,10 €
Detaillierte Informationen
SUCHNETZWERK-KEYWORDS
AUSZUSCHLIESSENDE KEYWORDS
SUCHBEGRIFFE
Letzter Monat 1. bis 31. Okt 2018
Keywords suchen
FILTER
SEGMENT
SPALTEN
HERUNTERLADEN
ERWEITERN
MEHR
Keyword-Status: Alle bis auf entfernte Kampagnen
Filter hinzufügen
Keyword
Status
Max. CPC
Klicks
Impr.
CTR
Durchschn. CPC
Gesamt: Alle außer entfernte Keywords 189 3.530 5,35 % 1,66 €
Aktiv 2,00 € 52 1.072 4,85 % 1,69 €
Google-Suche: Oben 51 877 5,82 % 1,70 €
Google-Suche: Andere 0 51 0,00 % –
Google Displaynetzwerk 0 0 – –
Suchnetzwerk-Partner: Oben 1 26 3,85 % 1,18 €
Suchnetzwerk-Partner: Andere 0 118 0,00 % –
Netzwerkübergreifend 0 0 – –
Aktiv 2,00 € 55 1.030 5,34 % 1,57 €
Google-Suche: Oben 52 848 6,13 % 1,58 €
Google-Suche: Andere 0 66 0,00 % –
Google Displaynetzwerk 0 0 – –

Budget und Gebote

Die bisherigen Maßnahmen haben sich damit beschäftigt, die **Relevanz** und damit vor allem den Qualitätsfaktor zu verbessern. Von der **Berechnung des Anzeigenrangs** wissen Sie, dass der Qualitätsfaktor ein Teil dieser Formel ist. Der andere Teil ist Ihr **maximaler Klickpreis**. Versuchen Sie **langfristig**, immer den **Qualitätsfaktor zu verbessern**, und suchen Sie nicht den schnellen Erfolg mit einem besonders hohen Klickpreis. Es gibt allerdings Situationen, in denen es sinnvoll ist, das Gebot zu erhöhen.

Wenn eines Ihrer Keywords den Status Unter Gebotsschätzung für die erste Seite hat (Ihre Anzeige also nicht für den Nutzer sichtbar ist) und der Qualitätsfaktor in Ordnung ist, sollten Sie überlegen, Ihr Gebot anzupassen, wenn Ihr Tagesbudget dies zulässt. Denn wenn niemand Ihre Anzeige sieht, kann natürlich auch niemand darauf klicken. Über den Button Filter und die Auswahl Keywords unter dem Gebot für die erste Seite lassen sich die entsprechenden Keywords schnell aufrufen. Sie können das Gebot für jedes einzelne Keyword auf dem Tab Keywords in der Spalte Max. CPC. festlegen, indem Sie auf den Betrag klicken und den gewünschten Betrag eingeben. Diese Anpassung ist nicht möglich, wenn Sie Gebote **automatisch durch Ads** festlegen lassen. Beobachten Sie die Entwicklung des Keywords täglich. Wenn sich die Impressions und Klicks nicht verbessern, prüfen Sie die Relevanz Ihrer Keywords und Anzeigen.

Sinnvoll ist eine Gebotserhöhung auch dann, wenn Ihre Anzeigen auf den oberen drei bis vier Positionen eine **sehr gute Klickrate** haben und Sie viele Impressions, aber eine niedrige Klickrate für Ihre Anzeigen auf schlechteren Positionen verzeichnen können. Durch eine leichte Erhöhung des Gebots können Sie erreichen, dass Ihre Anzeigen **häufiger oberhalb der Suchergebnisse** geschaltet werden und dadurch auch häufiger angeklickt werden. Klicken Sie auf der Seite Keywords und auf den Button Segment und wählen Sie dort den Punkt Obere Position im Vergleich zu anderen aus. Sie sehen dann unter anderem für jedes Keyword die Leistungsdaten für Google-Suche: Oben (Positionen 1 bis 4) und Google-Suche: Andere. Schauen Sie sich die Werte für Impressions, Klicks und die Klickrate an und **passen Sie das Gebot** dort an, wo eine Verbesserung der Position eine Erhöhung der Klickrate ermöglicht. Dieses Vorgehen sollten Sie nicht durchführen, wenn Sie auf den oberen Positionen eine schlechte Klickrate vorfinden.

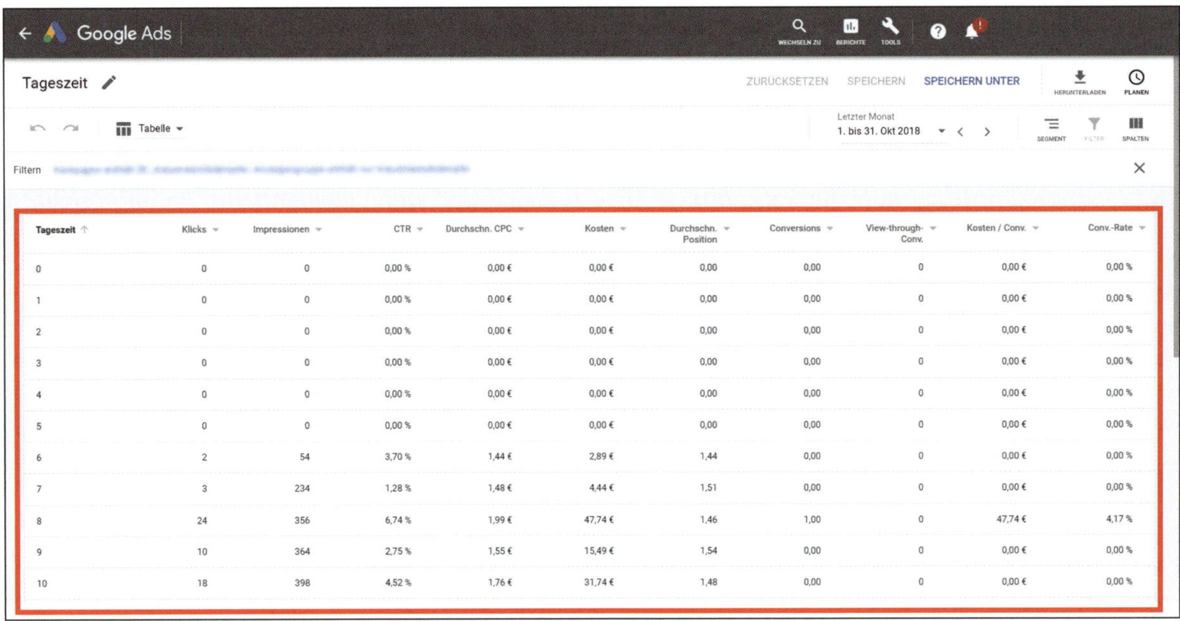

Tageszeit	Klicks	Impressionen	CTR	Durchschn. CPC	Kosten	Durchschn. Position	Conversions	View-through-Conv.	Kosten / Conv.	Conv.-Rate
0	0	0	0,00 %	0,00 €	0,00 €	0,00	0,00	0	0,00 €	0,00 %
1	0	0	0,00 %	0,00 €	0,00 €	0,00	0,00	0	0,00 €	0,00 %
2	0	0	0,00 %	0,00 €	0,00 €	0,00	0,00	0	0,00 €	0,00 %
3	0	0	0,00 %	0,00 €	0,00 €	0,00	0,00	0	0,00 €	0,00 %
4	0	0	0,00 %	0,00 €	0,00 €	0,00	0,00	0	0,00 €	0,00 %
5	0	0	0,00 %	0,00 €	0,00 €	0,00	0,00	0	0,00 €	0,00 %
6	2	54	3,70 %	1,44 €	2,89 €	1,44	0,00	0	0,00 €	0,00 %
7	3	234	1,28 %	1,48 €	4,44 €	1,51	0,00	0	0,00 €	0,00 %
8	24	356	6,74 %	1,99 €	47,74 €	1,46	1,00	0	47,74 €	4,17 %
9	10	364	2,75 %	1,55 €	15,49 €	1,54	0,00	0	0,00 €	0,00 %
10	18	398	4,52 %	1,76 €	31,74 €	1,48	0,00	0	0,00 €	0,00 %

Vordefinierte Berichte

Den Bereich Vordefinierte Berichte haben Sie bereits in der Übersicht kennengelernt. Über den Button Berichte können Sie verschiedene Werte für den ausgewählten Zeitraum aufrufen und diese Informationen für die Optimierung nutzen. Wenn Sie nur über ein **kleines Tagesbudget** verfügen, sollten Sie überlegen, Ihre Anzeigen nur dann zu schalten, wenn Sie die besten Klickraten bzw. die meisten Conversions erzielen. Wählen Sie hierzu den Punkt Zeit > Tageszeit aus und blenden Sie über den Button Spalten die **gewünschten Leistungsdaten** ein. Jetzt sehen Sie, zu welchem Zeitpunkt im Verlauf des Tags Ihre Anzeigen am erfolgreichsten waren. Versuchen Sie, Ihre Werbung anhand dieser Daten **zeitlich einzuschränken**, indem Sie Ihre Anzeigen nur dann schalten, wenn sie besonders erfolgreich sind. Durch diese Einschränkung können Sie Ihr Budget auf **wichtige Zeiträume konzentrieren** und effektiver einsetzen.

Die Einstellung der Werbezeiten erfolgt auf der Seite Werbezeitplaner. Wählen Sie hierzu die zu optimierende Kampagne aus und klicken Sie auf Werbezeitplaner. Durch einen weiteren Klick auf das Stiftsymbol können Sie die Zeiten festlegen, zu denen Ihre Anzeigen geschaltet werden sollen.

An dieser Stelle können Sie auch Ihre Gebote für bestimmte Zeiträume erhöhen oder verringern. Wenn Sie einen Mittagstisch bewerben wollen, sollten Sie z. B. einen Zeitraum von 9 bis 11 Uhr festlegen. Viele Menschen überlegen in dieser Zeit, wo und was sie mittags essen möchten, daher sollten Sie mit Ihren Anzeigen jetzt besonders präsent sein. Richten Sie die gewünschte Zeit ein und passen Sie den Wert in der Spalte Gebotsanp. an. Klicken Sie dazu in der Spalte auf den Prozentwert und erhöhen Sie das Gebot um den gewünschten **Prozentwert**. Genauso können Sie diese Funktion auch nutzen, um Ihr Gebot für einen bestimmten Zeitraum zu verringern.

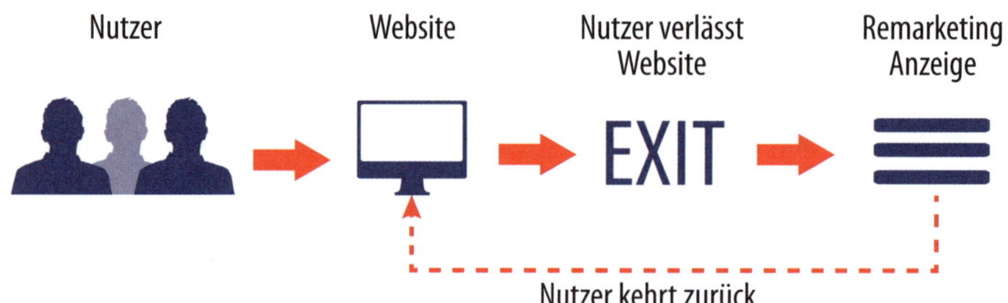

Nutzer
Website
Nutzer verlässt Website
Remarketing Anzeige
EXIT
Nutzer kehrt zurück

Remarketing

Bisher haben Sie mit den grundlegenden Funktionen von Ads gearbeitet, die ohne große Vorarbeiten eingesetzt werden können. Google Ads bietet Ihnen aber noch weitere Funktionen wie z. B. das **Remarketing**, das hier kurz beschrieben werden soll. Sie können dann selbst entscheiden, ob Sie Remarketing im Rahmen Ihres Onlinemarketings einsetzen wollen oder nicht.

Beim Remarketing handelt es sich um die Möglichkeit, Nutzer anzusprechen, die Ihre Website bereits besucht haben. Man könnte auch von **verfolgender Werbung** sprechen. Jeder wird wahrscheinlich schon einmal bemerkt haben, dass er nach dem Besuch einer bestimmten Website zu einem späteren Zeitpunkt Werbung dieser Website auf anderen Websites eingeblendet bekommt. Diese verfolgende Werbung kann von Nutzern als sehr belästigend empfunden werden. Wenn Sie Remarketing einsetzen wollen, sollten Sie immer versuchen, einen **Mehrwert** für diese Nutzer zu bieten.

Da Remarketing mit Cookies arbeitet, sollten Sie vor dem Einsatz dafür sorgen, dass Sie es **datenschutzkonform** einsetzen, und sich gegebenenfalls juristisch beraten lassen.

Technisch gesehen, funktioniert Remarketing wie folgt: Über den Punkt Tools > Zielgruppenverwaltung können Sie eine Remarketing-Liste erstellen und festlegen, wann und für wie lange ein Nutzer dieser Liste hinzugefügt wird. Dies hängt ganz von Ihrer Zielsetzung ab. Ein Nutzer ruft z. B. eine bestimmte Produktseite auf, oder er legt Waren in den Warenkorb, schließt aber die Bestellung nicht ab. Er wird dann der festgelegten Remarketing-Liste hinzugefügt und kann darüber wieder erreicht werden. Wenn Sie Google Ads zusammen mit Google Analytics nutzen, stehen Ihnen noch deutlich mehr Möglichkeiten zur Definition von Remarketing-Listen zur Verfügung. Mit Analytics können Sie z. B. eine Liste anlegen, die Nutzer mit einer bestimmten Aufenthaltsdauer auf Ihrer Website erfasst. Remarketing kann sowohl im Displaynetzwerk als auch im Suchnetzwerk eingesetzt werden. Detaillierte Informationen zur Einrichtung von Remarketing finden Sie unter https://goo.gl/UNvTtR.

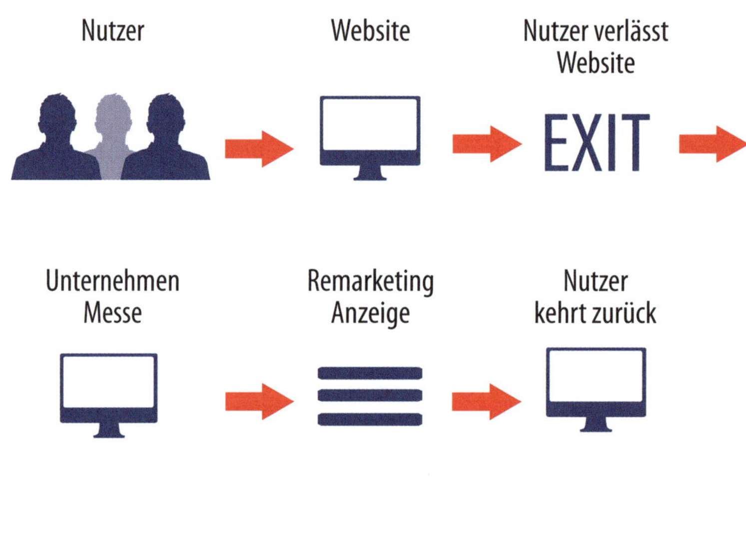
Nutzer
Website
Nutzer verlässt Website
EXIT
Unternehmen Messe
Remarketing Anzeige
Nutzer kehrt zurück

Kontaktdaten des Nutzers

Remarketing im Einsatz

Wie kann man Remarketing sinnvoll und mit **Mehrwert** einsetzen? Hierzu ein paar kurze Beispiele.

Ihr Unternehmen ist Aussteller auf einer Messe, und Sie möchten Nutzer dazu bewegen, Sie auf der Messe zu besuchen. Dazu müssen die Nutzer erfahren, dass Sie auf dieser Messe ausstellen. Ein zusätzlicher Anreiz für den Messebesuch könnte die Entscheidung des Nutzers positiv beeinflussen. Um interessierte Nutzer zu erreichen, richten Sie eine Remarketing-Liste ein, die Nutzer erfasst, die z. B. bestimmte Produkte auf Ihrer Website aufgerufen oder sich sehr lange auf Ihrer Website bewegt haben. Die Nutzer sollten über einen relativ langen Zeitraum auf dieser Liste erfasst werden, sodass Sie vor der Messe ausreichend Nutzer erreichen können. Sobald Sie damit beginnen, Ihren Messeauftritt zu bewerben, können Sie jetzt für diese Nutzer grafische Anzeigen oder Textanzeigen ausspielen, in diesen Anzeigen den Messeauftritt ankündigen und zusätzlich ein kostenloses Messeticket anbieten. Wenn die Nutzer, die Ihr Unternehmen bereits kennen, die Anzeigen anklicken, gelangen sie auf eine Zielseite mit einem Formular für das kostenlose Messeticket. Auf diese Weise erhalten Sie die Daten der Nutzer und können in der Vorbereitung auf die Messe konkrete Termine vereinbaren.

Eine weitere Möglichkeit, Remarketing einzusetzen, ist das Bewerben von neuen Inhalten auf Ihrer Website. Man kann nicht davon ausgehen, dass Nutzer immer wieder Ihre Website besuchen, um nachzuschauen, ob es Neuigkeiten gibt. Wenn Sie Nutzer erfassen, die sich für eine bestimmte Produktkategorie interessieren, können Sie diese über Neuigkeiten in diesen Kategorien informieren. Gestalten Sie grafische oder responsive Anzeigen, die die neuen Produkte präsentieren, und schalten Sie die Anzeigen dann für Nutzer auf der entsprechenden Remarketing-Liste. Da die Nutzer Ihr Unternehmen und Ihre Produkte bereits kennen, besteht eine hohe Wahrscheinlichkeit, dass sie sich auch für die Produktneuheiten interessieren. Diese Grundidee können Sie z. B. auch für besondere Verkaufsaktionen oder spezielle Angebote nutzen, die für die Nutzer auf Ihrer Remarketing-Liste von Interesse sein könnten.

Achten Sie immer darauf, dass Sie Remarketing datenschutzkonform einsetzen, und versuchen Sie, für den Nutzer mit Ihren Anzeigen einen Mehrwert zu schaffen.

Kapitel 13 | Displaynetzwerk

Wie schon im ersten Kapitel beschrieben, gibt es neben dem **Suchnetzwerk** auch das **Displaynetzwerk**. Im Suchnetzwerk werden Ihre Anzeigen in den **Google-Suchergebnissen** geschaltet, wenn ein Nutzer in der Suchanfrage ein von Ihnen festgelegtes Keyword verwendet. Beim Displaynetzwerk werden Ihre Anzeigen auf **unterschiedlichen Websites** geschaltet, während der Anwender diese ganz normal nutzt. Er hat also keine konkrete Suchanfrage formuliert. Das Displaynetzwerk umfasst laut Google Millionen von Websites, die 90 % der Nutzer im Internet erreichen.

Sie können das Displaynetzwerk z. B. nutzen, um die **Bekanntheit Ihres Unternehmens** zu erhöhen oder um **Produkte zu bewerben, die noch niemand kennt** und folglich auch nicht bei Google sucht. Um Ihre Anzeigen auf die **richtigen Nutzer auszurichten**, gibt es im Displaynetzwerk **verschiedene Optionen**, die Sie in diesem Kapitel kennenlernen werden.

Als Anzeigenformat stehen Ihnen im Displaynetzwerk responsive Anzeigen, Bildanzeigen und AMP-HTML-Anzeigen zur Verfügung. Responsive Anzeigen sind eine Kombination aus Text und Bildern, passen sich den Werbeplätzen auf den Websites an und können von Ihnen direkt in Ads erstellt werden. Bildanzeigen und AMP-HTML-Anzeigen können von Ihnen mit externen Programmen erstellt und dann in Ads hochgeladen werden. Für AMP-HTML-Anzeigen empfiehlt sich der Einsatz des Programms **Google Web Designer**.

Sie können im Displaynetzwerk Nutzer erreichen, die vielleicht noch nicht vorhaben, ein bestimmtes Produkt zu kaufen, sondern sich informieren und während dieser Phase auf einer thematisch passenden Website auf Ihre Anzeige aufmerksam werden.

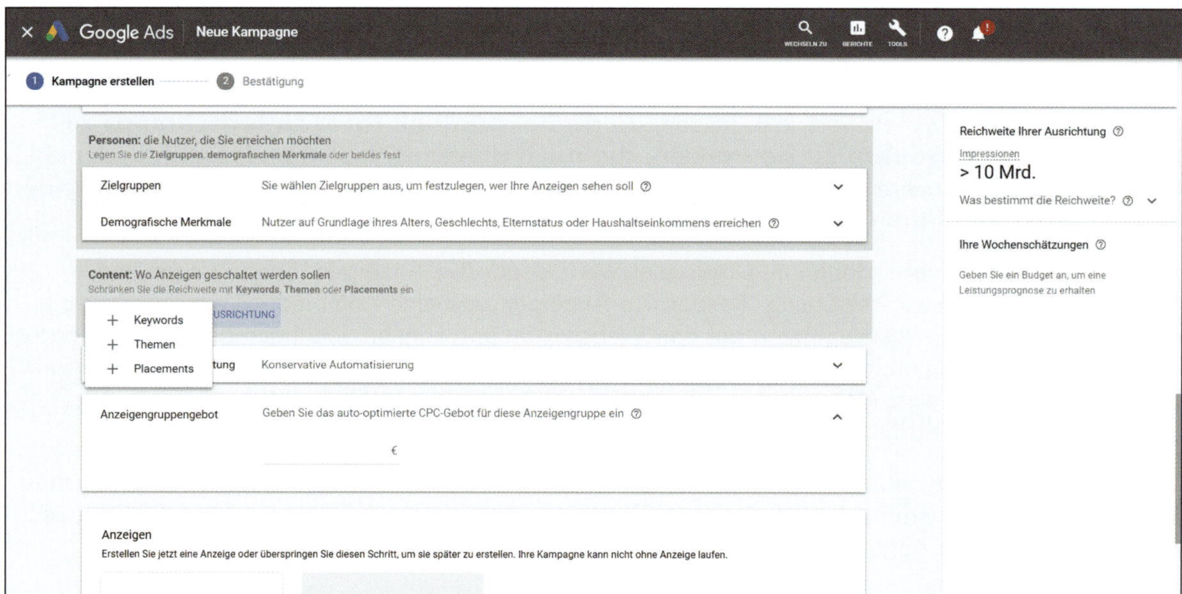

Google Ads
Neue Kampagne
Kampagne erstellen
Bestätigung
Personen: die Nutzer, die Sie erreichen möchten
Legen Sie die Zielgruppen, demografischen Merkmale oder beides fest
Zielgruppen
Sie wählen Zielgruppen aus, um festzulegen, wer Ihre Anzeigen sehen soll
Demografische Merkmale
Nutzer auf Grundlage ihres Alters, Geschlechts, Elternstatus oder Haushaltseinkommens erreichen
Content: Wo Anzeigen geschaltet werden sollen
Schränken Sie die Reichweite mit Keywords, Themen oder Placements ein
Keywords
Themen
Placements
Konservative Automatisierung
Anzeigengruppengebot
Geben Sie das auto-optimierte CPC-Gebot für diese Anzeigengruppe ein
€
Anzeigen
Erstellen Sie jetzt eine Anzeige oder überspringen Sie diesen Schritt, um sie später zu erstellen. Ihre Kampagne kann nicht ohne Anzeige laufen.
Reichweite Ihrer Ausrichtung
Impressionen
> 10 Mrd.
Was bestimmt die Reichweite?
Ihre Wochenschätzungen
Geben Sie ein Budget an, um eine Leistungsprognose zu erhalten

Die richtige Ausrichtung für Ihre Werbung

Grundsätzlich kann man die Ausrichtungsmöglichkeiten in zwei Gruppen unterteilen – Personen und Content. Diese Unterteilung finden Sie auch wieder, wenn Sie eine Kampagne für das Displaynetzwerk erstellen. Wenn Sie die Kampagnen auf Personen ausrichten wollen, stehen Ihnen **Zielgruppen nach gemeinsamen Interessen, kaufbereite Zielgruppen, Remarketing-Listen** und **demografische Merkmale** zur Verfügung.

Mit diesen Ausrichtungen können Sie Personen erreichen, die aufgrund ihres Interesses für Ihre Produkte als Zielgruppe infrage kommen. Google verfügt über Informationen zum Verhalten der Nutzer, die an dieser Stelle zum Einsatz kommen. Beim **Remarketing** wird eine Liste von Nutzern erstellt, die bereits Ihre Website besucht haben und die Sie jetzt mit speziellen Anzeigen nochmals ansprechen können. Mit den demografischen Merkmalen können Sie die gewünschte Zielgruppe noch genauer erreichen.

Wenn Sie Ihre Kampagne nach Content, also Inhalten von bestimmten Websites, ausrichten wollen, stehen Ihnen **Keywords, Themen** und **Placements** zur Verfügung. Hierbei legen Sie **Keywords** oder **Themen** fest, die zu Ihren Anzeigen bzw. Ihrem Produkt oder Ihrer Dienstleistung passen. Die Inhalte von Websites, die Werbung von Google schalten, werden analysiert und **Themen zugeordnet**. Die Keywords sollten deshalb Ihr **Produkt sehr gut beschreiben**, damit Ihre Anzeigen auch wirklich auf den passenden Websites geschaltet werden. Wenn Sie Ihre Anzeigen auf **Themen** ausrichten, hilft eine Suchfunktion, die richtigen Themen zu finden. Ihre Anzeigen können dann automatisch auf Websites erscheinen, die Ihren Keywords oder Themen entsprechen. Man spricht an dieser Stelle von **automatischen Placements**.

Sie können **Placements** allerdings auch selbst festlegen. Dies ist eine weitere Möglichkeit der Ausrichtung. Mit der Suchfunktion können Sie nach Placements, also Websites suchen, die für Ihre Anzeigen infrage kommen. Geben Sie einen Begriff in das Suchformular ein und überprüfen Sie, welche **vorgeschlagenen Placements** für Sie relevant sind.

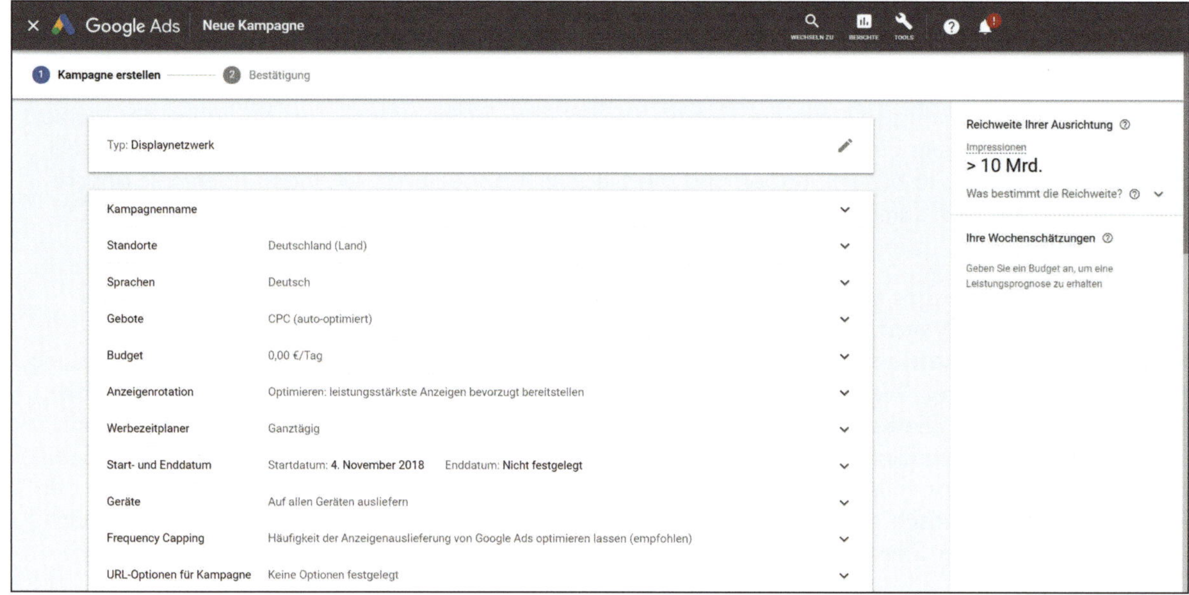
Google Ads
Neue Kampagne
Kampagne erstellen
Bestätigung
Typ: Displaynetzwerk
Kampagnenname
Standorte
Deutschland (Land)
Sprachen
Deutsch
Gebote
CPC (auto-optimiert)
Budget
0,00 €/Tag
Anzeigenrotation
Optimieren: leistungsstärkste Anzeigen bevorzugt bereitstellen
Werbezeitplaner
Ganztägig
Start- und Enddatum
Startdatum: 4. November 2018
Enddatum: Nicht festgelegt
Geräte
Auf allen Geräten ausliefern
Frequency Capping
Häufigkeit der Anzeigenauslieferung von Google Ads optimieren lassen (empfohlen)
URL-Optionen für Kampagne
Keine Optionen festgelegt
Reichweite Ihrer Ausrichtung
Impressionen
> 10 Mrd.
Was bestimmt die Reichweite?
Ihre Wochenschätzungen
Geben Sie ein Budget an, um eine Leistungsprognose zu erhalten

Erstellen einer Kampagne im Displaynetzwerk

Planen Sie zu Beginn, welche Ziele Sie mit der Displaykampagne erreichen und was Sie bewerben wollen. Möchten Sie eine **Markenkampagne** starten oder konkret ein **bestimmtes Produkt** bewerben? Überlegen Sie, mit welchen **Ausrichtungen** Sie Ihre **Zielgruppe** am besten erreichen und Ihre Produkte optimal einordnen können. Da Sie bereits mit Keywords gearbeitet haben, bietet es sich an, im Displaynetzwerk mit der **Ausrichtung auf Keywords** zu beginnen, um erste Erfahrungen zu sammeln. Erstellen Sie Listen mit Keywords, die Ihr Produkt oder Ihre Dienstleistung möglichst gut beschreiben.

Um eine Kampagne für das Displaynetzwerk anzulegen, beginnen Sie auf der Seite Kampagne. Klicken Sie auf den blauen Button und starten Sie mit der Auswahl von Kampagne ohne Zielvorhaben erstellen. Wählen Sie bei Kampagnentyp anschließend Displaynetzwerk und direkt darunter Standardmäßige Displaynetzwerk-Kampagne aus. Die Einstellungen für die Kampagne sind denen im Suchnetzwerk sehr ähnlich. Vergeben Sie wieder einen **eindeutigen Namen**, mit dem Sie die Kampagne später gut wiederfinden können. Danach folgen die Einstellungen für Standort, Sprache, Gebote und Budget. Die Besonderheiten bei Gebote werden auf der nächsten Seite erläutert.

Bei den weiteren Einstellungen gibt es zwei Besonderheiten für Displaykampagnen. Über Geräte legen Sie die Geräte fest, auf denen Ihre Anzeigen ausgespielt werden sollen. Die Auswahl richtet sich dabei sehr stark nach den Zielen, die Sie erreichen wollen.

Die zweite Einstellung ist das Frequency Capping. Hiermit legen Sie fest, wie **häufig ein einzelner Nutzer** Ihre Anzeige maximal zu sehen bekommen soll. Sie können einen **Zeitraum** festlegen (Tag, Woche oder Monat) sowie die **Häufigkeit** und ob sich die **Beschränkung** der Impressions auf jede Anzeige, jede Anzeigengruppe oder jede Kampagne beziehen soll. Der Sinn dieser Funktion ist es, zu verhindern, dass sich die Nutzer von Ihren Anzeigen verfolgt fühlen und sich ein **negativer Effekt** einstellt.

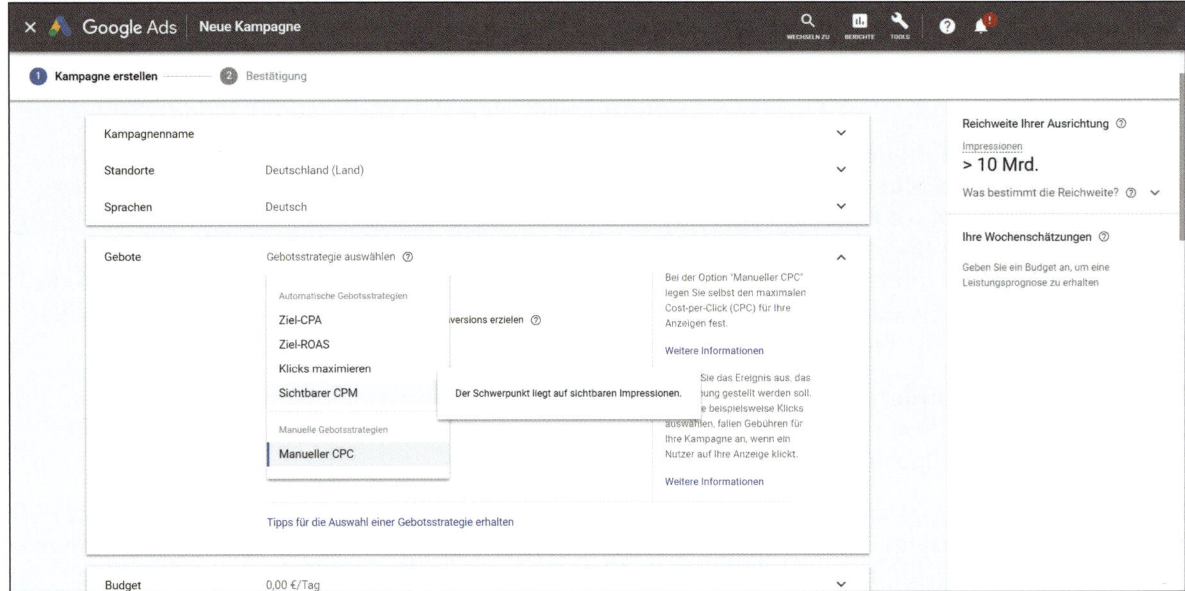

Google Ads
Neue Kampagne
WECHSELN ZU
BERICHTE
TOOLS
1 Kampagne erstellen
2 Bestätigung
Kampagnenname
Standorte
Deutschland (Land)
Sprachen
Deutsch
Gebote
Gebotsstrategie auswählen
Automatische Gebotsstrategien
Ziel-CPA
Ziel-ROAS
Klicks maximieren
Sichtbarer CPM
Manuelle Gebotsstrategien
Manueller CPC
versions erzielen
Der Schwerpunkt liegt auf sichtbaren Impressionen.
Bei der Option "Manueller CPC" legen Sie selbst den maximalen Cost-per-Click (CPC) für Ihre Anzeigen fest.
Weitere Informationen
Sie das Ereignis aus, das
ung gestellt werden soll.
e beispielsweise Klicks
auswählen, fallen Gebühren für Ihre Kampagne an, wenn ein Nutzer auf Ihre Anzeige klickt.
Weitere Informationen
Tipps für die Auswahl einer Gebotsstrategie erhalten
Budget
0,00 €/Tag
Reichweite Ihrer Ausrichtung
Impressionen
> 10 Mrd.
Was bestimmt die Reichweite?
Ihre Wochenschätzungen
Geben Sie ein Budget an, um eine Leistungsprognose zu erhalten

Gebote

Grundsätzlich kann man drei Arten von Geboten im Displaynetzwerk unterscheiden – **Conversions**, **Klicks** und **sichtbare Impressionen**. Wenn Sie Conversion-Tracking nutzen, stehen Ihnen die Gebotsstrategien Ziel-CPA (Cost-per-Acquisition) und Ziel-ROAS (Return on Advertising Spend) zur Verfügung. Mit diesen beiden Strategien legen Sie fest, wie viel Ihnen eine Conversion wert ist bzw. wie viel Prozent in Abhängigkeit von den Kosten eine Conversion wert ist.

Zum Einstieg empfehle ich Ihnen allerdings die beiden anderen Strategien. Wenn Sie die **Bekanntheit Ihres Unternehmens** oder **einer Marke** mittels Anzeigen erhöhen wollen, sollten Sie Sichtbarer CPM verwenden. Die Anzeigen übermitteln dabei Ihre **Werbebotschaft**, und der Nutzer muss nicht zwangsläufig Ihre Website aufrufen. Mit der Strategie bieten Sie auf sichtbare Impressionen (Cost-per-1000-Impressions). Sie zahlen nicht für Klicks, sondern für **1.000 Impressions** – also dafür, dass Ihre Anzeigen 1.000 Mal angezeigt wurden. Das eigentliche Gebot legen Sie bei der Anzeigengruppe fest. Damit legen Sie fest, dass Impressions nur dann gezählt werden, wenn die Anzeige für **mindestens eine Sekunde** für den Nutzer sichtbar war. Zusätzlich muss die Anzeige zu **mindestens 50 %** auf dem Bildschirm dargestellt worden sein.

Wenn Sie Ihre Kampagne auf Interaktionen/Klicks mit dem Nutzer ausgelegt haben, sollten Sie die bereits aus dem Suchnetzwerk bekannten Strategien Klicks maximieren bzw. Manueller CPC einsetzen. Hier legen Sie entweder ein maximales Gebot fest, und Google Ads bietet automatisch innerhalb Ihrer Vorgaben, oder Sie legen jedes Gebot per Hand fest und können als Option den **Auto-optimierten CPC** verwenden. Dies setzt allerdings wieder ein eingerichtetes Conversion-Tracking voraus.

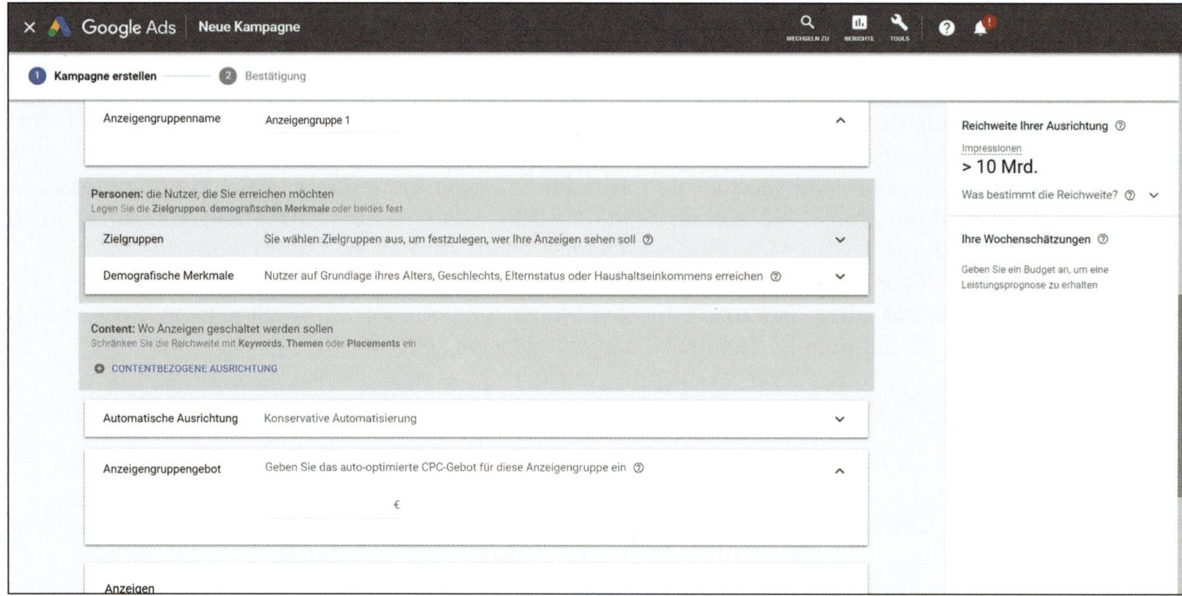

Google Ads
Neue Kampagne
Kampagne erstellen
Bestätigung
Anzeigengruppenname
Anzeigengruppe 1
Reichweite Ihrer Ausrichtung
Impressionen
> 10 Mrd.
Was bestimmt die Reichweite?
Personen: die Nutzer, die Sie erreichen möchten
Legen Sie die Zielgruppen, demografischen Merkmale oder beides fest
Zielgruppen
Sie wählen Zielgruppen aus, um festzulegen, wer Ihre Anzeigen sehen soll
Demografische Merkmale
Nutzer auf Grundlage ihres Alters, Geschlechts, Elternstatus oder Haushaltseinkommens erreichen
Ihre Wochenschätzungen
Geben Sie ein Budget an, um eine Leistungsprognose zu erhalten
Content: Wo Anzeigen geschaltet werden sollen
Schränken Sie die Reichweite mit Keywords, Themen oder Placements ein
CONTENTBEZOGENE AUSRICHTUNG
Automatische Ausrichtung
Konservative Automatisierung
Anzeigengruppengebot
Geben Sie das auto-optimierte CPC-Gebot für diese Anzeigengruppe ein
€
Anzeigen

Anzeigengruppe Personen und Content

Im nächsten Schritt bei der Kampagnenerstellung folgt im selben Formular die Erstellung der Anzeigengruppe. In diesem Bereich legen Sie die Ausrichtung Ihrer Anzeigengruppe auf **Personen** und **Content** fest. Dies sind, neben Standort und Sprache, die hauptsächlichen Zielausrichtungen Ihrer Anzeigen. Wenn man die ersten Kampagnen für das Displaynetzwerk anlegt, ist man noch nicht mit den möglichen Interessen, Zielgruppen, Themen und Placements vertraut. Für alle Bereiche gibt es eine Suchfunktion, die es Ihnen erlaubt, die richtigen Ausrichtungen zu finden. Wenn Sie beispielsweise Gartenmöbel verkaufen und eine kaufbereite Zielgruppe erreichen wollen, geben Sie den Begriff Gartenmöbel in der Suche von Aktives Suchverhalten bzw. Absichten der Zielgruppe ein. Sie werden dann die Zielgruppe Heim und Garten > Produkte für den Außenbereich > Garten- und Außenmöbel finden, die ideal zu Ihrem Produkt passt. Nutzen Sie die Checkbox, um die Zielgruppe Ihrer Ausrichtung hinzuzufügen. Wenn Sie die erste Ausrichtung hinzugefügt haben, wird Ihnen in der rechten Spalte die Reichweite Ihrer Ausrichtung angezeigt. Der oberste Wert zeigt die möglichen Impressionen. Wenn Sie ein Gebot und ein Tagesbudget festgelegt haben, erhalten Sie auf Basis Ihrer gewählten Ausrichtung eine Wochenschätzung, bestehend aus Klicks, durchschnittlichem CPC, Impressionen und CTR.

Probieren Sie verschiedene Kombinationen von Ausrichtungen aus. Je mehr Ausrichtungen Sie miteinander kombinieren, umso kleiner wird Ihre Zielgruppe. Achten Sie darauf, dass die Ausrichtung nicht zu eng gefasst wird, da ansonsten keine Anzeigen mehr geschaltet werden können. Die Informationen in der rechten Spalte helfen Ihnen dabei, eine für Sie passende Ausrichtungskombination zu finden.

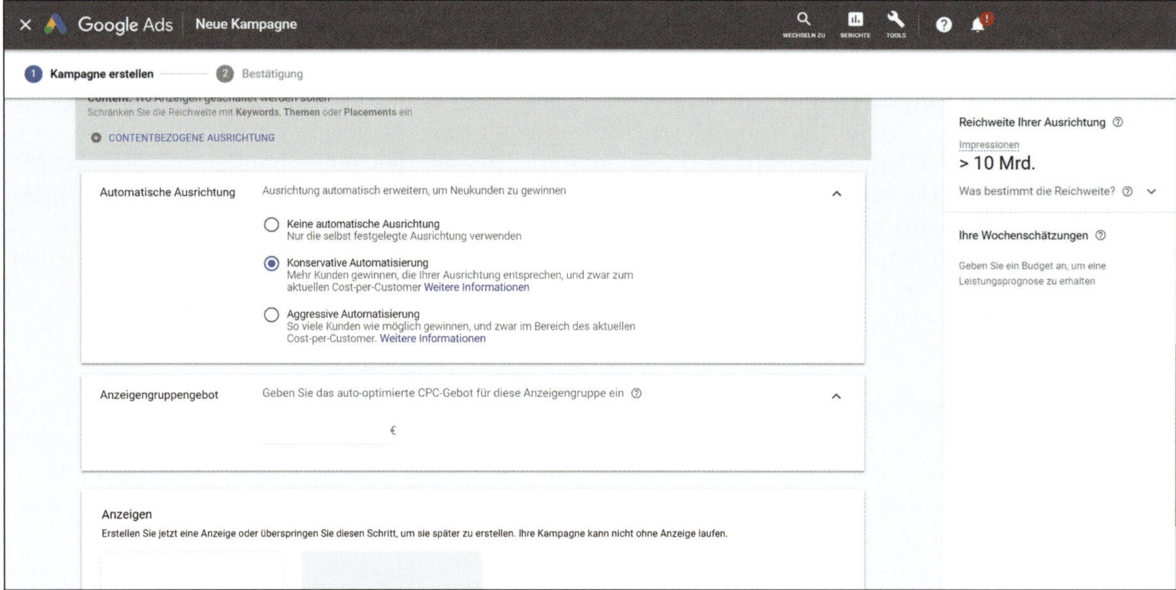

Google Ads
Neue Kampagne
Kampagne erstellen
Bestätigung
Schränken Sie die Reichweite mit Keywords, Themen oder Placements ein
CONTENTBEZOGENE AUSRICHTUNG
Automatische Ausrichtung
Ausrichtung automatisch erweitern, um Neukunden zu gewinnen
Keine automatische Ausrichtung
Nur die selbst festgelegte Ausrichtung verwenden
Konservative Automatisierung
Mehr Kunden gewinnen, die Ihrer Ausrichtung entsprechen, und zwar zum aktuellen Cost-per-Customer Weitere Informationen
Aggressive Automatisierung
So viele Kunden wie möglich gewinnen, und zwar im Bereich des aktuellen Cost-per-Customer. Weitere Informationen
Anzeigengruppengebot
Geben Sie das auto-optimierte CPC-Gebot für diese Anzeigengruppe ein
€
Anzeigen
Erstellen Sie jetzt eine Anzeige oder überspringen Sie diesen Schritt, um sie später zu erstellen. Ihre Kampagne kann nicht ohne Anzeige laufen.
Reichweite Ihrer Ausrichtung
Impressionen
> 10 Mrd.
Was bestimmt die Reichweite?
Ihre Wochenschätzungen
Geben Sie ein Budget an, um eine Leistungsprognose zu erhalten

Anzeigengruppe weitere Einstellungen

Den wichtigsten Bereich der Einstellungen in den Anzeigengruppen haben Sie soeben kennengelernt. Zusätzlich müssen Sie noch einen Namen für die Anzeigengruppe festlegen, die automatische Ausrichtung anpassen und ein Anzeigengruppengebot hinterlegen.

Für den Namen gilt weiterhin, dass dieser möglichst aussagekräftig sein und Ihnen erlauben sollte, sich schnell und einfach in Ihrem Konto und der angelegten Struktur zurechtzufinden. Der Name ist dann gut gewählt, wenn auch andere Mitarbeiter, die sich mit Google Ads beschäftigen, sofort wissen, was mit den Anzeigengruppen beworben wird.

Die **automatische Ausrichtung** sollten Sie sich genauer ansehen, da Sie Google je nach Einstellung mehr oder weniger freie Hand bei der Ausrichtung Ihrer Werbung geben. Die Funktion zielt darauf ab, Neukunden zu gewinnen. Sie erlauben Google, Ihre Anzeigen auch außerhalb Ihrer festgelegten Ausrichtung zu schalten. Dadurch können Sie beispielsweise neue **Placements** entdecken, die für Ihre **Zielgruppe** relevant sind. Auf der anderen Seite können Ihre Anzeigen auf Seiten erscheinen, die nicht mit Ihren Richtlinien übereinstimmen. Die Grundeinstellung ist Konservative Ausrichtung. Zu Beginn empfehle ich Ihnen, die Einstellung auf Keine automatische Ausrichtung zu setzen und die Leistungsdaten Ihrer Kampagnen auszuwerten. Sollten Sie mit den erreichten Ergebnissen nicht zufrieden sein, können Sie die automatische Ausrichtung später immer noch anpassen. Dabei rate ich Ihnen von der Aggressiven Automatisierung ab und würde maximal die Konservative Ausrichtung verwenden.

Bevor Sie die erste Anzeige erstellen, benötigen Sie noch das **Anzeigengruppengebot**. Je nach gewählter Gebotsstrategie legen Sie hier das Gebot für den Klick bzw. 1.000 Impressionen für die Anzeigengruppe fest.

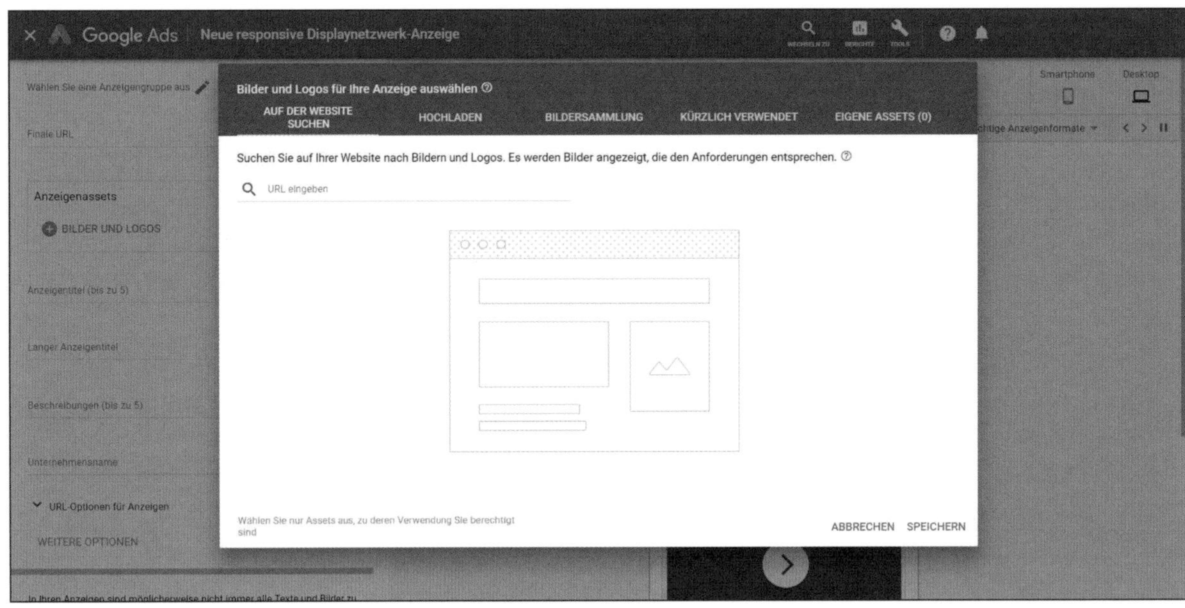

Google Ads
Neue responsive Displaynetzwerk-Anzeige
Wählen Sie eine Anzeigengruppe aus
Finale URL
Anzeigenassets
BILDER UND LOGOS
Anzeigentitel (bis zu 5)
Langer Anzeigentitel
Beschreibungen (bis zu 5)
Unternehmensname
URL-Optionen für Anzeigen
WEITERE OPTIONEN
Smartphone
Desktop
Bilder und Logos für Ihre Anzeige auswählen
AUF DER WEBSITE SUCHEN
HOCHLADEN
BILDERSAMMLUNG
KÜRZLICH VERWENDET
EIGENE ASSETS (0)
Suchen Sie auf Ihrer Website nach Bildern und Logos. Es werden Bilder angezeigt, die den Anforderungen entsprechen.
URL eingeben
Wählen Sie nur Assets aus, zu deren Verwendung Sie berechtigt sind
ABBRECHEN
SPEICHERN

Responsive Anzeige erstellen

Nachdem Sie die Anzeigengruppe erstellt haben, können Sie direkt darunter die **erste Anzeige** einrichten. Sie können die Anzeigenerstellung auch überspringen und die Anzeigen später über die Seite Anzeigen und Erweiterungen und den blauen Plusbutton erstellen.

Die responsiven Textanzeigen bestehen aus einer Kombination aus Texten und Bildern. Die Anzeigen werden von Google den Werbeplätzen entsprechend auf den Websites angepasst und ausgeliefert. Damit Sie eine Vorstellung von den Anzeigen bekommen, werden Ihnen bei der Erstellung der Anzeigen Beispiele für die Darstellung Ihrer Anzeige auf Smartphones und Desktops angezeigt. Der Text besteht aus verschieden langen Blöcken, die Ihnen bei den normalen Textanzeigen im Suchnetzwerk schon einmal begegnet sind.

- bis zu 5 Anzeigentitel (30 Zeichen)
- ein langer Anzeigentitel (90 Zeichen)
- bis zu 5 Beschreibungen (90 Zeichen)
- Unternehmensnamen (25 Zeichen)
- finale URL

Die Bilder sind ein neues Element und werden über den Button +Bilder hinzugefügt. Sie können eigene Bilder hochladen oder auf Ihrer Website danach suchen. In den Anzeigen wird zwischen Bildern und Logos unterschieden, und beide Elemente sollten sowohl im Querformat als auch im Quadrat zur Verfügung gestellt werden.

Anforderungen Bilder

Bild

Querformat (1,91 : 1): 1.200 × 628 (min. Abmessungen: 600×314)
Quadrat: 1.200×1.200 (min. Abmessungen: 300×300)

Logo

Querformat (4 : 1): 1.200×300 (min. Abmessungen: 512×128)
Quadrat: 1.200×1.200 (min. Abmessungen: 128×128)

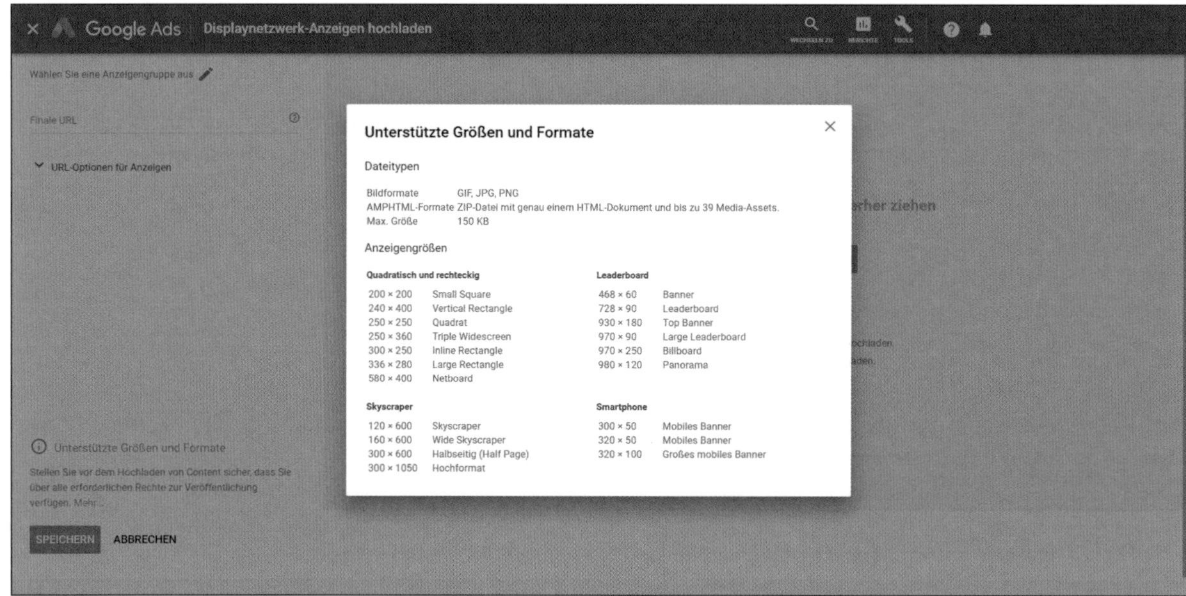
Google Ads
Displaynetzwerk-Anzeigen hochladen
Wählen Sie eine Anzeigengruppe aus
Finale URL
URL-Optionen für Anzeigen
Unterstützte Größen und Formate
Stellen Sie vor dem Hochladen von Content sicher, dass Sie über alle erforderlichen Rechte zur Veröffentlichung verfügen. Mehr...
SPEICHERN
ABBRECHEN
Unterstützte Größen und Formate
Dateitypen
Bildformate GIF, JPG, PNG
AMPHTML-Formate ZIP-Datei mit genau einem HTML-Dokument und bis zu 39 Media-Assets.
Max. Größe 150 KB
Anzeigengrößen
Quadratisch und rechteckig
200 × 200 Small Square
240 × 400 Vertical Rectangle
250 × 250 Quadrat
250 × 360 Triple Widescreen
300 × 250 Inline Rectangle
336 × 280 Large Rectangle
580 × 400 Netboard
Leaderboard
468 × 60 Banner
728 × 90 Leaderboard
930 × 180 Top Banner
970 × 90 Large Leaderboard
970 × 250 Billboard
980 × 120 Panorama
Skyscraper
120 × 600 Skyscraper
160 × 600 Wide Skyscraper
300 × 600 Halbseitig (Half Page)
300 × 1050 Hochformat
Smartphone
300 × 50 Mobiles Banner
320 × 50 Mobiles Banner
320 × 100 Großes mobiles Banner

Weitere Anzeigen erstellen

Neben den responsiven Anzeigen können Sie auch **eigene Bilder** oder **AMP-HTML-Formate** als Anzeigen einrichten. Hierzu klicken Sie auf den blauen Plusbutton und wählen Displaynetzwerk-Anzeigen hochladen aus.

Bei den Anzeigen stehen Ihnen die **unterschiedlichsten Formate** zur Verfügung. Klicken Sie auf Unterstützte Größen und Formate, und Sie erhalten eine Liste mit **Abmessungen der Anzeigen** und **der jeweiligen Typbezeichnung**, z. B. Skyscraper. Wenn Sie bereits Anzeigen vorbereitet haben, können Sie diese über DATEIEN ZUM HOCHLADEN AUSWÄHLEN einfügen. Vergeben Sie für die Anzeigen dann noch einen eindeutigen Namen und hinterlegen Sie die finale URL.

Sobald Ihre Anzeigen hochgeladen und eingerichtet sind, werden sie von Google noch geprüft. Dies dauert in der Regel einen Werktag. Sollte die Freigabe länger dauern, können Sie telefonisch mit dem **Ads-Support** Kontakt aufnehmen. In der Sprachmenüführung des telefonischen Supports gibt es einen eigenen Punkt für die Freigabe von Anzeigen. Beachten Sie diese Verzögerung bei der Freischaltung der Anzeigen, wenn Sie Ihre Werbung z. B. für ein Event oder parallel zu einer Presseveröffentlichung schalten wollen.

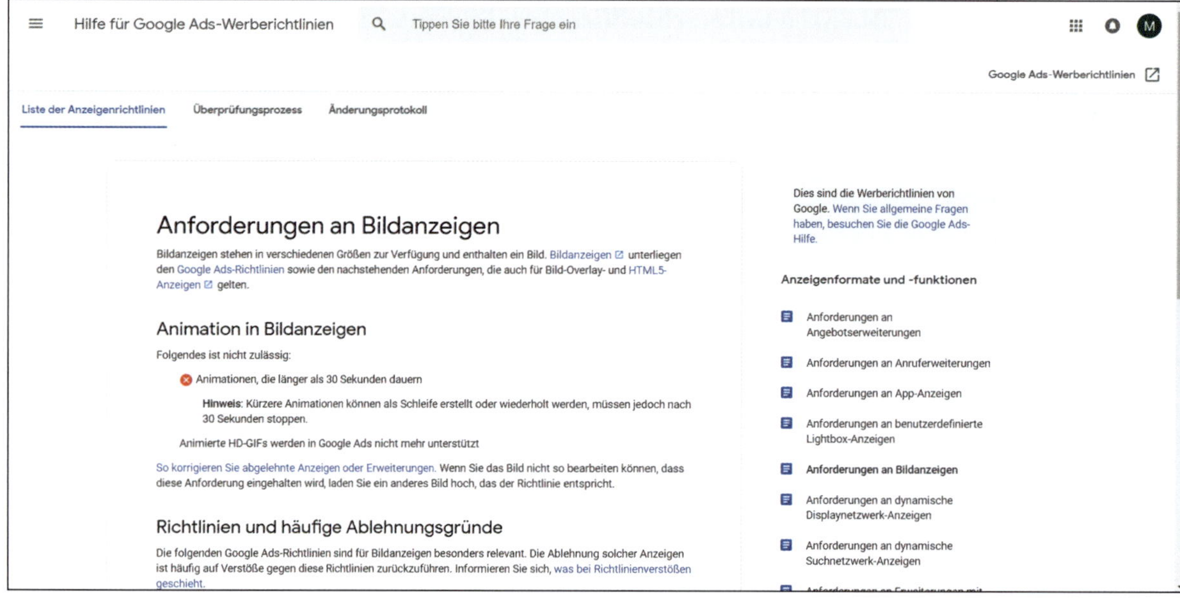
Hilfe für Google Ads-Werberichtlinien
Tippen Sie bitte Ihre Frage ein
M
Google Ads-Werberichtlinien
Liste der Anzeigenrichtlinien
Überprüfungsprozess
Änderungsprotokoll
Anforderungen an Bildanzeigen
Bildanzeigen stehen in verschiedenen Größen zur Verfügung und enthalten ein Bild. Bildanzeigen unterliegen den Google Ads-Richtlinien sowie den nachstehenden Anforderungen, die auch für Bild-Overlay- und HTML5-Anzeigen gelten.
Animation in Bildanzeigen
Folgendes ist nicht zulässig:
Animationen, die länger als 30 Sekunden dauern
Hinweis: Kürzere Animationen können als Schleife erstellt oder wiederholt werden, müssen jedoch nach 30 Sekunden stoppen.
Animierte HD-GIFs werden in Google Ads nicht mehr unterstützt
So korrigieren Sie abgelehnte Anzeigen oder Erweiterungen. Wenn Sie das Bild nicht so bearbeiten können, dass diese Anforderung eingehalten wird, laden Sie ein anderes Bild hoch, das der Richtlinie entspricht.
Richtlinien und häufige Ablehnungsgründe
Die folgenden Google Ads-Richtlinien sind für Bildanzeigen besonders relevant. Die Ablehnung solcher Anzeigen ist häufig auf Verstöße gegen diese Richtlinien zurückzuführen. Informieren Sie sich, was bei Richtlinienverstößen geschieht.
Dies sind die Werberichtlinien von Google. Wenn Sie allgemeine Fragen haben, besuchen Sie die Google Ads-Hilfe.
Anzeigenformate und -funktionen
Anforderungen an Angebotserweiterungen
Anforderungen an Anruferweiterungen
Anforderungen an App-Anzeigen
Anforderungen an benutzerdefinierte Lightbox-Anzeigen
Anforderungen an Bildanzeigen
Anforderungen an dynamische Displaynetzwerk-Anzeigen
Anforderungen an dynamische Suchnetzwerk-Anzeigen

Richtlinien für Bildanzeigen

Richtlinien für Textanzeigen haben Sie bereits kennengelernt (siehe Kapitel 7). Auch für Displayanzeigen gibt es eine Reihe von **Vorgaben**, die Sie beachten müssen. Bei **nicht animierten Image-Anzeigen** sind die Dateiformate **JPG, PNG und GIF** zulässig, und die Dateigröße ist auf **maximal 150 KByte** beschränkt.

Sie dürfen auch **animierte Anzeigen** einsetzen. Diese müssen dann als **GIF-Datei** gespeichert werden und dürfen ebenfalls **maximal 150 KByte** groß sein. Die Animation darf nicht **länger als 30 Sekunden** dauern. Sie können also eine Animation auch mehrfach wiederholen, solange die gesamte Sequenz nach 30 Sekunden stoppt.

Des Weiteren dürfen Anzeigen nicht so gestaltet sein, dass sie den Nutzer dazu verleiten, **irrtümlich** auf die Anzeige zu klicken. Dies bedeutet unter anderem, dass Anzeigen nicht wie die **Warnung des Betriebssystems** oder wie ein **Dialogfeld** aussehen dürfen. Sollte eine Anzeige abgelehnt werden, passen Sie sie so an, dass sie den Richtlinien entspricht, und speichern Sie die Anzeige erneut ab. Dadurch wird die Anzeige wieder zur **Überprüfung eingereicht** und kann nach **erfolgreicher Änderung** freigeschaltet werden.

Richtlinien in der Übersicht

Einen Überblick über alle Richtlinien zu Image-Anzeigen finden Sie unter dem Link https://support.google.com/adspolicy/answer/176108?hl=de.

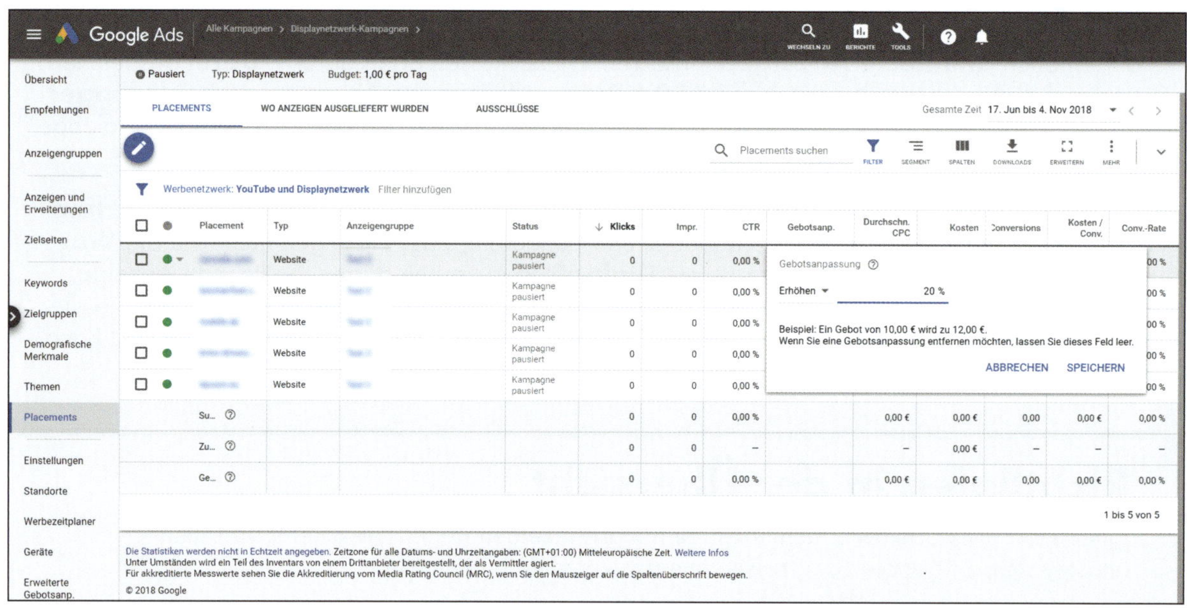

Anzeigen ausrichten

Beim Ausrichten von Anzeigen sollten Sie ein paar Punkte berücksichtigen. Durch die **Kombination von verschiedenen Placements** können Sie Ihre **Zielgruppe sehr stark eingrenzen**. Achten Sie darauf, dass Sie Ihre **Zielgruppe nicht zu klein** wählen, um die Reichweite nicht zu stark einzuschränken. Dies kann vor allem dann schnell passieren, wenn Sie nur in einem geografisch begrenzten Raum werben wollen.

Bei allen Ausrichtungsmöglichkeiten – Keywords ausgenommen – haben Sie die Möglichkeit, zwischen Ausrichtung und Beobachtung zu wählen. Ausrichtung ist die Standardeinstellung, die Ihnen erlaubt, die gewünschte Zielgruppe anzusprechen oder im geeigneten Content Ihre Anzeigen zu schalten. Wenn Sie die Funktion Beobachten wählen, können Sie zusätzliche Auswertungen zu den entsprechenden Ausrichtungen vornehmen, ohne dass es zu einer Einschränkung der Zielgruppe bzw. des Contents kommt. Die Funktion ist dann hilfreich, wenn man neue Zielgruppen ausmachen will.

Für eine Ausrichtungsart können Sie die Gebote unabhängig vom Standardgebot der Anzeigengruppe in der Spalte Gebotsanpassung festlegen. Diese Spalte müssen Sie über das Spaltensymbol unter dem Punkt Attribute einblenden. Wenn Sie für ein Keyword 0,50 Euro für einen Klick bieten und bei einer bestimmten Website Ihre Präsenz verbessern wollen, können Sie das Gebot für diese Website und das entsprechende Keyword um 20 % auf 0,60 Euro erhöhen.

Eine weitere Möglichkeit, die Ausrichtung Ihrer Anzeigen festzulegen, finden Sie in der Hauptnavigation unter Erweiterte Gebotsanpassung. Dort werden Ihnen beliebte Inhalte vorgeschlagen, für die Sie Ihre Gebote anpassen können, um dort verstärkt zu werben.

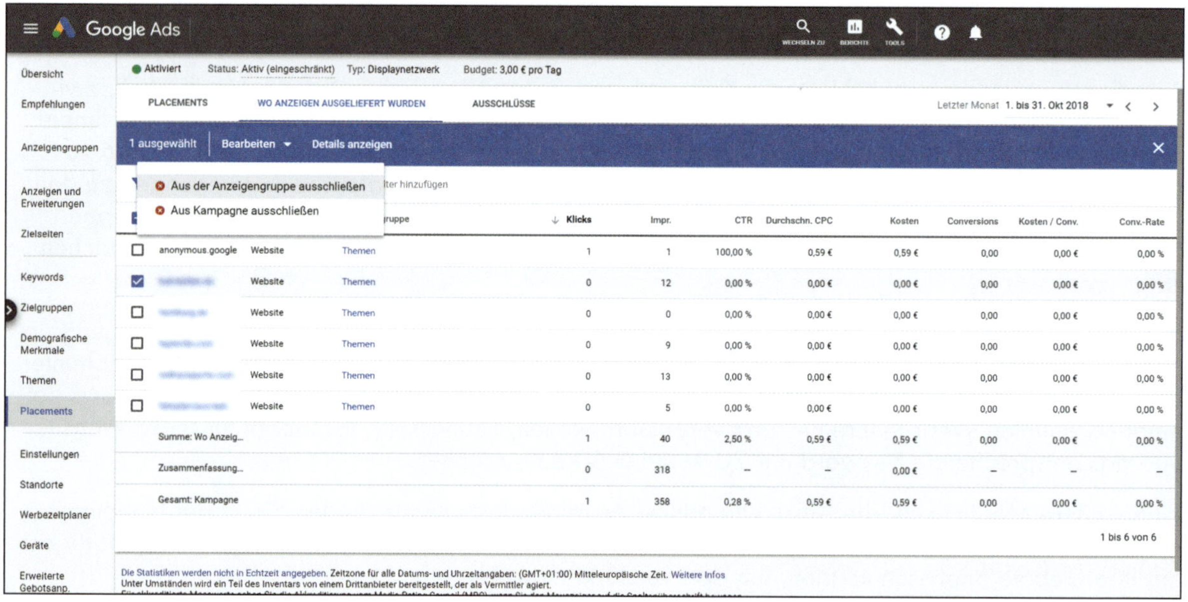

Google Ads

WECHSELN ZU BERICHTE TOOLS

Übersicht
Empfehlungen
Anzeigengruppen
Anzeigen und Erweiterungen
Zielseiten
Keywords
Zielgruppen
Demografische Merkmale
Themen
Placements
Einstellungen
Standorte
Werbezeitplaner
Geräte
Erweiterte Gebotsanp.

Aktiviert Status: Aktiv (eingeschränkt) Typ: Displaynetzwerk Budget: 3,00 € pro Tag

PLACEMENTS WO ANZEIGEN AUSGELIEFERT WURDEN AUSSCHLÜSSE

Letzter Monat 1. bis 31. Okt 2018

1 ausgewählt Bearbeiten Details anzeigen

Aus der Anzeigengruppe ausschließen
Aus Kampagne ausschließen

lter hinzufügen

			gruppe	Klicks	Impr.	CTR	Durchschn. CPC	Kosten	Conversions	Kosten / Conv.	Conv.-Rate
☐	anonymous.google	Website	Themen	1	1	100,00 %	0,59 €	0,59 €	0,00	0,00 €	0,00 %
☑		Website	Themen	0	12	0,00 %	0,00 €	0,00 €	0,00	0,00 €	0,00 %
☐		Website	Themen	0	0	0,00 %	0,00 €	0,00 €	0,00	0,00 €	0,00 %
☐		Website	Themen	0	9	0,00 %	0,00 €	0,00 €	0,00	0,00 €	0,00 %
☐		Website	Themen	0	13	0,00 %	0,00 €	0,00 €	0,00	0,00 €	0,00 %
☐		Website	Themen	0	5	0,00 %	0,00 €	0,00 €	0,00	0,00 €	0,00 %
	Summe: Wo Anzeig...			1	40	2,50 %	0,59 €	0,59 €	0,00	0,00 €	0,00 %
	Zusammenfassung...			0	318	–	–	0,00 €	–	–	–
	Gesamt: Kampagne			1	358	0,28 %	0,59 €	0,59 €	0,00	0,00 €	0,00 %

1 bis 6 von 6

Die Statistiken werden nicht in Echtzeit angegeben. Zeitzone für alle Datums- und Uhrzeitangaben: (GMT+01:00) Mitteleuropäische Zeit. Weitere Infos
Unter Umständen wird ein Teil des Inventars von einem Drittanbieter bereitgestellt, der als Vermittler agiert.

Optimierung im Displaynetzwerk

Genauso wie im Suchnetzwerk müssen Sie Ihre Werbung auch im Displaynetzwerk optimieren. Wenn Ihre Anzeigen eine gewisse Zeit laufen, werden Sie auf der Seite Placements, wenn Sie eine Displaykampagne ausgewählt haben, eine Liste mit Websites vorfinden, auf denen Ihre Anzeigen **automatisch aufgrund Ihrer Ausrichtung** geschaltet wurden. Die Placements finden Sie unter dem Punkt Wo Anzeigen ausgeliefert wurden. Sie erhalten zu allen Placements die bereits bekannten Leistungsdaten wie Klicks, Impressions, Klickrate und Conversions, wenn Sie diese eingerichtet haben.

Werten Sie die Daten aus und **beurteilen Sie die Leistung** für jedes einzelne Placement. Wenn Sie Conversion Tracking nutzen, sollten Sie vor allem diese Daten analysieren. Wenn Sie durch automatische Placements Websites in der Liste finden, auf denen Sie **keine Anzeigen** schalten wollen oder wo die **Leistungsdaten schlecht** sind, können Sie diese **ausschließen**. Setzen Sie hierzu einen Haken vor jede Website, die Sie ausschließen wollen, und klicken Sie dann auf den Button Bearbeiten über der Tabelle. Es öffnet sich ein Menü, und Sie können die **gewählten Placements** für die gesamte Kampagne oder eine bestimmte Anzeigengruppe ausschließen.

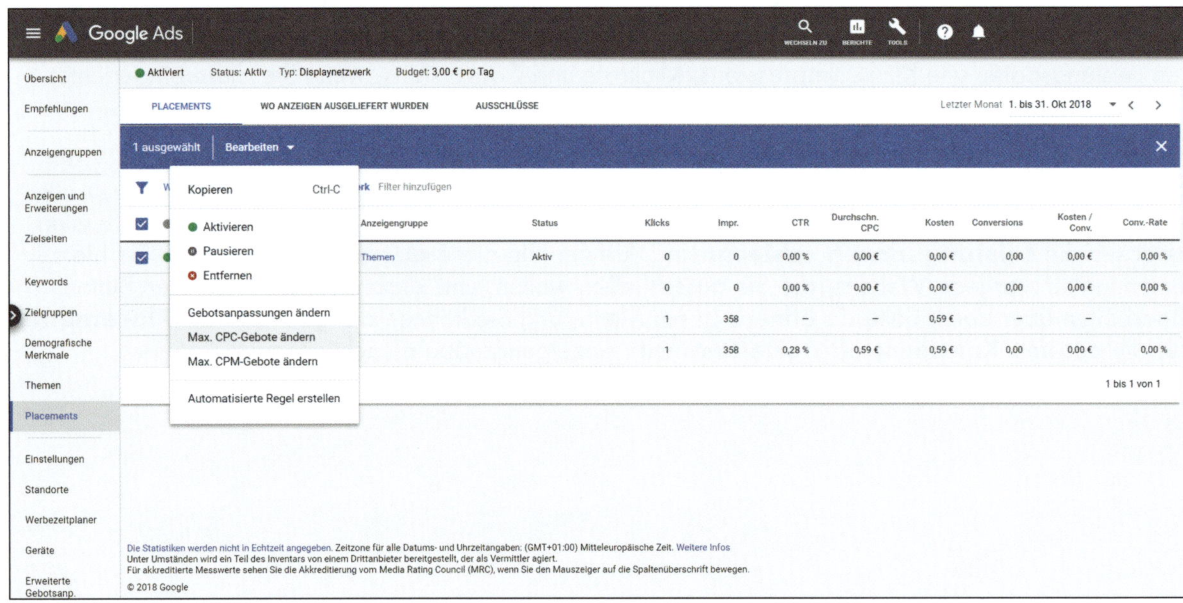
Google Ads
WECHSELN ZU
BERICHTE
TOOLS
Aktiviert
Status: Aktiv
Typ: Displaynetzwerk
Budget: 3,00 € pro Tag
Übersicht
Empfehlungen
Anzeigengruppen
Anzeigen und Erweiterungen
Zielseiten
Keywords
Zielgruppen
Demografische Merkmale
Themen
Placements
Einstellungen
Standorte
Werbezeitplaner
Geräte
Erweiterte Gebotsanp.
PLACEMENTS
WO ANZEIGEN AUSGELIEFERT WURDEN
AUSSCHLÜSSE
Letzter Monat 1. bis 31. Okt 2018
1 ausgewählt
Bearbeiten
Kopieren Ctrl-C
Aktivieren
Pausieren
Entfernen
Gebotsanpassungen ändern
Max. CPC-Gebote ändern
Max. CPM-Gebote ändern
Automatisierte Regel erstellen
Filter hinzufügen
Anzeigengruppe
Status
Klicks
Impr.
CTR
Durchschn. CPC
Kosten
Conversions
Kosten / Conv.
Conv.-Rate
Themen
Aktiv
0
0
0,00 %
0,00 €
0,00 €
0,00
0,00 €
0,00 %
0
0
0,00 %
0,00 €
0,00 €
0,00
0,00 €
0,00 %
1
358
–
–
0,59 €
–
–
–
1
358
0,28 %
0,59 €
0,59 €
0,00
0,00 €
0,00 %
1 bis 1 von 1
Die Statistiken werden nicht in Echtzeit angegeben. Zeitzone für alle Datums- und Uhrzeitangaben: (GMT+01:00) Mitteleuropäische Zeit. Weitere Infos
Unter Umständen wird ein Teil des Inventars von einem Drittanbieter bereitgestellt, der als Vermittler agiert.
Für akkreditierte Messwerte sehen Sie die Akkreditierung vom Media Rating Council (MRC), wenn Sie den Mauszeiger auf die Spaltenüberschrift bewegen.
© 2018 Google

Weitere Optimierung

Sie wissen jetzt, wie Sie **leistungsschwache Placements** ausschließen können. Zusätzlich sollten Sie versuchen, **leistungsstarke Placements** zu optimieren. Wenn Sie Ihre Anzeigen im Displaynetzwerk unter anderem über Keywords, Themen oder Interessen festgelegt haben, wurden alle Placements von Ads automatisch ausgewählt. Sie haben an dieser Stelle **keinen Einfluss auf das Gebot** für das jeweilige Placement. Es ist also sinnvoll, gute Placements in eine eigene Anzeigengruppe auszulagern und diese auf die erfolgreichen Placements auszurichten. Bei **ausgewählten Placements** können Sie ein **individuelles Gebot** festlegen.

Legen Sie hierzu eine neue Anzeigengruppe mit den gewünschten Anzeigen an. Wählen Sie in der ursprünglichen Anzeigengruppe die Placements aus, die Sie in die neue Anzeigengruppe übernehmen wollen, und klicken Sie dann auf Bearbeiten > Kopieren. Wechseln Sie in der neue Anzeigengruppe auf den Tab Displaynetzwerk > Placements und fügen Sie die Placements über Bearbeiten > Einfügen dort ein. Jetzt müssen Sie das Placement in der alten Anzeigengruppe noch löschen oder pausieren. In der neuen Anzeigengruppe können Sie nun über ein **höheres Standardgebot**, eine Anpassung des **maximalen CPC** oder eine **Gebotsanpassung** das Gebot für dieses Placement individuell ändern.

Achten Sie darauf, dass Sie den **maximalen CPC** nur festlegen können, wenn Ihre Kampagne auf manuelle CPC-Gebote eingestellt ist.

PLAN
DO
CHECK
ACT

Ads Checkliste

Diese Punkte sollten Sie bei Ihrer Arbeit mit Google Ads berücksichtigen:

- Legen Sie am Anfang **Ziele** fest, die Sie erreichen wollen.
- Entwickeln Sie eine **Struktur** für Ihre Anzeigen, um Ihre Produkte und Dienstleistungen gezielt bewerben zu können.
- Schalten Sie Anzeigen für das **Suchnetzwerk** und das **Displaynetzwerk** in getrennten Kampagnen.
- **Optimieren** Sie Ihr Ads-Konto **regelmäßig** und überwachen Sie die Leistungsdaten.
- **Kombinieren Sie Keywords** miteinander und setzen Sie **Keyword-Optionen** ein.
- **Testen** Sie Ihre **Anzeigen** immer wieder, um sie zu optimieren.
- Versuchen Sie ständig, den **Qualitätsfaktor** zu verbessern. Auf Dauer gesehen ist dies eine bessere Strategie als das Erhöhen der Gebote.
- Nutzen Sie **Anzeigenerweiterungen** für Ihre Anzeigen.
- Setzen Sie **Conversion-Tracking** ein, um den Erfolg Ihrer Anzeigen zu überprüfen.

Glossar

Abgelehnt

Abgelehnt ist ein Status Ihrer Anzeigen, wenn diese nicht geschaltet werden, da Sie gegen die Richtlinien von Google Ads verstoßen. Wenn Sie mit der Maus über den Statustext in der Statusspalte fahren, erhalten Sie genaue Informationen über den Grund der Ablehnung. Beheben Sie den Verstoß, und die Anzeige wird erneut überprüft.

Abrechnungsgrenzbetrag

Der Abrechnungsgrenzbetrag legt fest, wann Google von Ihrem Konto Geld abbucht. Jedes Mal, wenn Sie den entsprechenden Betrag (50 Euro, 200 Euro, 350 Euro, 500 Euro) innerhalb eines 30-Tage-Zeitraums erreicht haben, wird der Betrag bis maximal 500 Euro erhöht, und es beginnt ein neuer Abrechnungszeitraum.

AdSense

AdSense ist ein Werbeprogramm von Google, das Betreiber von Websites nutzen können, um Werbung auf Ihrer Website zu schalten, die von Google ausgeliefert wird. Der Website-Betreiber ist an den Umsätzen für die Klicks auf die Anzeigen beteiligt.

Ads

Ads ist ein Werbeprogramm für das Onlinemarketing, mit dem Sie Anzeigen für Nutzer schalten können, wenn diese konkret nach Ihren Produkten oder Dienstleistungen suchen.

Analytics

Google Analytics ermöglicht Ihnen, das Benutzerverhalten auf Ihrer Website zu analysieren. Sie können Ads mit Analytics verknüpfen, um in Analytics weitere Auswertungen Ihrer Ads-Aktivitäten durchzuführen.

Änderungsverlauf

Dieser Punkt befindet sich in der Hauptnavigation und gibt Ihnen Aufschluss darüber, wann wer was im Ads-Konto angepasst hat. Diese Funktion ist nützlich, wenn mehrere Personen an einem Konto arbeiten.

Angezeigter Pfad

Der angezeigte Pfad ist Teil der Textanzeige und wird dem Nutzer in grüner Schrift angezeigt. Sie können den angezeigten Pfad für die inhaltliche Gestaltung (maximal 2×15 Zeichen) der Textanzeige nutzen. Der angezeigte Pfad muss dieselbe Domain enthalten wie die finale URL.

Anruferweiterung

Die Anruferweiterung blendet eine Rufnummer oder einen Button mit einer Anruffunktion (mobile Endgeräte) bei Ihren Anzeigen ein. Die Anwender können diese dann zur Kontaktaufnahme nutzen.

Anzeigenerweiterungen

Anzeigenerweiterungen ergänzen Ihre Textanzeigen mit zusätzlichen Informationen wie z. B. Links, Ihrer Adresse oder Ihrer Telefonnummer. Anzeigenerweiterungen haben Einfluss auf die Berechnung des Anzeigenrangs.

Anzeigengruppe

Anzeigengruppen liegen in der Ads-Struktur unterhalb der Kampagne und beinhalten Anzeigen, Keywords und Gebote. Für jedes einzelne Produkt oder jede Dienstleistung, die Sie gezielt bewerben wollen, sollten Sie eine eigene Anzeigengruppe für die optimale Ausrichtung anlegen.

Anzeigenposition

Die Anzeigenposition gibt an, an welcher Stelle Ihre Anzeige geschaltet wird. Die Anzeigenposition wird über den Anzeigenrang ermittelt.

Anzeigenrang
Wenn ein Nutzer durch seine Suchanfrage die Schaltung von Anzeigen auslöst, wird für alle Anzeigen der Anzeigenrang berechnet, und somit werden die Anzeigenposition und die tatsächlichen Klickkosten ermittelt.

Anzeigenrelevanz
Die Anzeigenrelevanz ist auf Keywordebene eine von drei Informationen zum Qualitätsfaktor und gibt Auskunft darüber, wie gut Keyword und Anzeige zusammenpassen. Der Status kann über den Statustext in der Spalte Status aufgerufen werden.

Anzeigenstatus
Der Anzeigenstatus, der auf dem Tab Anzeigen verfügbar ist, gibt in der Spalte Status Auskunft über den aktuellen Status Ihrer Anzeige. Dies kann z. B. Pausiert, Gelöscht, Aktiv oder Abgelehnt sein.

App-Erweiterung
Mit der App-Erweiterung können Sie Apps für Android oder iOS in Ihren Anzeigen bewerben. Der Nutzer kann die App direkt über einen Klick installieren.

Auktion
Wenn ein Nutzer eine Suchanfrage bei Google eingibt, findet eine Auktion um den Anzeigenrang statt, an der alle Werbenden mit ihren Anzeigen teilnehmen, die passende Keywords und Anzeigen zur Suchanfrage eingerichtet haben.

Ausgewählte Placements
Placements sind unter anderem Websites und Apps, auf denen Ihre Anzeigen im Displaynetzwerk geschaltet werden können. Wenn Sie Ihre Werbung auf bestimmten Seiten schalten wollen, können Sie die Placements direkt auswählen.

Auslieferungsmethode

Hiermit legen Sie in den Kampagneneinstellungen fest, ob Ihr Tagesbudget gleichmäßig über den Tag verteilt ausgegeben wird oder ob Ihre Anzeigen bei jeder passenden Suchanfrage beschleunigt geschaltet werden.

Ausrichtungseinstellungen im Displaynetzwerk

Im Displaynetzwerk stehen Ihnen verschiedene Ausrichtungseinstellungen zur Verfügung, um die gewünschte Zielgruppe zu erreichen. Dies sind unter anderem Keywords, Themen, Placements, Interessen, Alter und Geschlecht. Ausrichtungseinstellungen können miteinander kombiniert werden.

Auszuschließende Keywords

Mit ausschließenden Keywords können Sie die Anzeigenschaltungen für Suchanfragen, die für Sie nicht relevant sind, verhindern und damit unnötige Impressions vermeiden. Ausschließende Keywords werden im Register Auszuschließende Keywords hinzugefügt.

Automatische Gebotseinstellung, Klicks maximieren

Die automatische Gebotseinstellung erfolgt im Bereich der Kampagneneinstellung. Damit legen Sie fest, dass Google automatisch Gebote für Ihre Keywords festlegt, um die Klicks in einem 30-Tage-Zeitraum und innerhalb des Tagesbudgets zu maximieren. Sie können diese Funktion begrenzen, indem Sie ein maximales Gebot pro Klick (ein maximales CPC-Gebot) festlegen.

Automatische Placements

Wenn Sie im Displaynetzwerk z. B. Keywords oder Themen für die Ausrichtung Ihrer Anzeigen auswählen, wählt Ads die Websites und Apps aus, zu denen Ihre Anzeigen am besten passen. Dies sind die automatischen Placements. Sie können bestimmte automatische Placements auch ausschließen, wenn Sie dort eine Anzeigenschaltung verhindern wollen.

Auto-optimierter CPC

Wenn Sie Conversion-Tracking einsetzen, um bestimmte Ziele auf Ihrer Website zu messen, können Sie auf die Gebotsoption Auto-optimierter CPC zugreifen. Diese befindet sich in den Kampagneneinstellungen und erlaubt Ads, Ihr maximales Gebot um bis zu 30 % zu erhöhen, wenn der Klick auf die Anzeige wahrscheinlich zu einer Conversion führt.

Bewertungserweiterungen

Wenn Ihr Unternehmen oder Ihre Produkte positiv erwähnt wurden, können Sie diese Aussagen über die Bewertungserweiterung in Ihre Anzeigen einbinden.

Bildanzeige

Siehe **Image-Anzeigen.**

Call-to-Action

Siehe **Handlungsaufforderung.**

Conversion

Sie können mit Ads Handlungen und Ziele messen, die der Nutzer, der auf Ihre Anzeige geklickt hat, durchführen oder erreichen soll. Wenn der Nutzer dies tut, wird eine Conversion gemessen.

Conversion-Rate

Die Conversion-Rate ist das Verhältnis von Klicks zu Conversions und wird mit der Formel:
Conversion-Rate = Anzahl der Conversions / Anzahl der Klicks gemessen.

Conversion-Seite

Die Conversion-Seite ist die Seite, die der Nutzer erreichen muss, damit eine Conversion gemessen wird.

Conversion-Tracking

Conversion-Tracking bezeichnet das Verfolgen und Messen von Conversions auf Ihrer Website und muss in Google Ads von Ihnen angelegt werden. Auf der Seite, die Sie messen wollen, muss der Tracking-Code eingebunden werden.

Conversion-Tracking-Zeitraum

Conversions werden standardmäßig über einen bestimmten Zeitraum erfasst. Sollte der Nutzer, der auf eine Anzeige geklickt hat, Ihre Website verlassen und z. B. innerhalb von 30 Tagen zurückkehren und die Conversion-Seite aufrufen, wird diese Conversion gezählt.

Cost-per-Click (CPC)

Cost-per-Click bedeutet, dass Sie nur dann zahlen, wenn ein Nutzer auf Ihre Anzeige klickt. Sie legen ein maximales Gebot mit dem Betrag fest, den für einen Klick zu bezahlen Sie bereit sind.

CPM-Gebote (Cost-per-1000-Impressions)

CPM-Gebote stehen Ihnen im Displaynetzwerk zur Verfügung. Hierbei zahlen Sie einen bestimmten Betrag für 1.000 Einblendungen Ihrer Anzeigen. Diese Gebotsstrategie eignet sich für Markenkampagnen, wenn in den Anzeigen die vollständige Werbebotschaft erscheint.

Displaynetzwerk

Das Displaynetzwerk umfasst alle Websites, die Werbung von Google einblenden. Dies können unter anderem große Portale, Blogs, private Websites oder Foren sein.

Durchschnittliche Position (Durchschn. Pos.)

Die durchschnittliche Position gibt an, an welcher Position Ihre Anzeige im Verhältnis zu Ihren Wettbewerbern in der Regel geschaltet wird.

Durchschnittlicher Cost-per-Click (durchschn. CPC)

Die durchschnittlichen Kosten pro Klick ergeben sich wie folgt:
Kosten für alle Klicks / Anzahl der Klicks = durchschnittliche Kosten pro Klick

Eingeschränkt durch Budget

Dieser Status erscheint auf der Seite Kampagne, wenn Ihre Anzeigen mehr Impressions und Klicks erzielen könnten, aber Ihr Tagesbudget dafür erhöht werden müsste. Mit einem Klick auf das Icon in der Spalte Status können Sie sich eine Budgetempfehlung anzeigen lassen.

Enddatum

Mit dem Festlegen eines Enddatum können Sie für eine Kampagne bestimmen, ab wann keine Anzeigen mehr geschaltet werden sollen. Dies ist z. B. für saisonal ausgerichtete Kampagnen sinnvoll.

Filter

Die Funktion Filter (Trichtersymbol) steht Ihnen auf verschiedenen Seiten in Ads zur Verfügung. Damit können Sie die Leistungsdaten nach vorgegebenen Filtern sortieren oder eigene Kriterien für den Filter festlegen, um z. B. Anhaltspunkte für eine Optimierung zu finden.

Genau passend

Genau passend ist die präziseste Keyword-Option, die Sie nutzen können. Das Keyword wird in eckige Klammern [ ] gesetzt, und die Suchanfrage muss genau dem Keyword entsprechen. Je nach Kampagneneinstellung sind unter anderem falsche Schreibweisen sowie Singular- und Pluralformen zulässig.

Geografische Ausrichtung

Mit der geografischen Ausrichtung in den Kampagneneinstellungen legen Sie fest, wo Sie Ihre Anzeigen schalten wollen. Dies können Länder, Bundesländer, Städte oder selbst definierte Räume sein.

Geringes Suchvolumen

Dies ist ein Status für Keywords, die kaum oder gar keine Anzeigenschaltung auslösen. Der Grund hierfür kann z. B. eine zu konkrete Formulierung des Keywords sein.

Geschätztes Gebot für die erste Seite

Diesen Wert können Sie sich auf der Seite Keywords über den Button Spalten einblenden. Er ist eine Schätzung für Ihr Gebot, damit die Anzeigen auf der ersten Seite erscheinen. Der Wert ist abhängig vom Qualitätsfaktor, den Wettbewerbern und ihren Geboten.

Google-Konto

Sie benötigen ein Google-Konto, um die unterschiedlichen Dienste von Google nutzen zu können. Wenn Sie Ads einsetzen wollen und noch kein Google-Konto besitzen, wird dieses während der Registrierung angelegt.

Google My Business

Google My Business ist ein Dienst von Google, in dem Sie Informationen und Bilder über Ihr Unternehmen hinterlegen können. Google My Business können Sie mit Ihrem Ads-Konto verknüpfen, um den Eintrag für Standorterweiterungen zu nutzen.

Google-Weiterleitungsrufnummer

Die Weiterleitungsrufnummer können Sie bei der Anruferweiterung einrichten, um Anrufe über diese Nummer in Ads zu messen. Die Weiterleitungsrufnummer ist eine lokale oder 0800-Rufnummer, die auf eine von Ihnen festgelegte Rufnummer umgeleitet wird.

Google-Werbenetzwerk

Das Google-Werbenetzwerk unterteilt sich in Suchnetzwerk und Displaynetzwerk und umfasst alle Möglichkeiten zur Anzeigenschaltung mit Ads.

Handlungsaufforderung

Durch eine Handlungsaufforderung, z. B. ein Formularbutton mit dem Text Jetzt unverbindlich anfragen, teilen Sie dem Nutzer mit, welcher der nächste Schritt auf Ihrer Website ist und was er dort erwarten kann.

Image-Anzeigen

Image-Anzeigen sind grafische Banner in unterschiedlichen Formaten, die im Displaynetzwerk eingesetzt werden können. Diese Banner können sowohl animiert als auch nicht animiert sein.

Impressionen

Impressionen geben an, wie oft Ihre Anzeigen eingeblendet wurden. Sie können z. B. überprüfen, wie viele Impressionen ein Keyword ausgelöst hat oder wie viele Impressions eine einzelne Anzeige aufweist.

Kampagne

Die Kampagne ist nach dem eigentlichen Konto die höchste Ebene in Ihrem Ads-Konto. Dort legen Sie unter anderem das Werbenetzwerk, die geografische Ausrichtung, die Sprache und das Budget fest. Eine Kampagne kann mehrere Anzeigengruppen enthalten.

Kampagnenstatus

Den Status Ihrer Kampagnen finden Sie auf der Seite Kampagnen. Dort erfahren Sie, ob die Anzeigen Ihrer Kampagnen gerade geschaltet werden oder aus welchem Grund nicht.

Keyword-Optionen

Mit Keyword-Optionen können Sie Ihre Keywords besser auf die Suchanfragen der Nutzer ausrichten mit dem Ziel, dass Ihre Anzeigen bei relevanten Anfragen geschaltet und unnötige Anzeigenschaltungen vermieden werden.

Keyword-Planer

Der Keyword-Planer befindet sich im Bereich Tools und unterstützt Sie bei der Keywordrecherche und dem Aufbau von Keywordlisten.

Keywords

Keywords sind ein oder mehrere Begriffe, die Sie festlegen, um Anzeigen bei passenden Suchanfragen zu diesen Begriffen in der Google Suche zu schalten.

Keywordstatus
Der Keywordstatus gibt Auskunft darüber, ob dieses Keyword eine Anzeigenschaltung auslösen kann oder ob es einen bestimmten Optimierungsbedarf gibt (z. B. Qualitätsfaktor verbessern).

Klick
Ein Klick wird dann gezählt, wenn ein Nutzer auf Ihre Anzeige geklickt hat.

Klickrate (Click-through-Rate – CTR)
Die Klickrate ist das Verhältnis von Einblendungen Ihrer Anzeigen zu Klicks auf diese und wird wie folgt berechnet:
Klickrate = Anzahl der Klicks / Impressions

Kontext-Targeting
Kontext-Targeting bezeichnet die Schaltung von Anzeigen im Displaynetzwerk auf passenden Websites, wenn Sie die Ausrichtung mit Keywords oder Themen eingestellt haben. Google analysiert, welche Websites zu den gewählten Ausrichtungen passen.

Manuelle Gebotseinstellung
Die manuelle Gebotseinstellung erlaubt Ihnen, die Gebote für Ihre Keywords selbst festzulegen und zu optimieren. Hierbei haben Sie die größte Kontrolle über Ihre Ausgaben mit Ads.

Maximales CPC-Gebot (Cost-per-Click)
Mit diesem Gebot legen Sie fest, wie viel Sie maximal für einen Klick auf Ihre Anzeige zu bezahlen bereit sind.

Maximales CPM-Gebot (Cost-per-1000-Impressions)
Im Displaynetzwerk können Sie ein Gebot für 1.000 Anzeigenschaltungen festlegen. Dies ist der maximale Betrag, den Sie dafür zu bezahlen bereit sind.

Nachzahlung

Google Ads nutzt in Deutschland die Methode der Nachzahlung. Dies bedeutet, dass Ihr Konto erst dann belastet wird, wenn Sie den Abrechnungsgrenzbetrag erreicht haben oder der Zeitraum von 30 Tagen vergangen ist.

Passende Wortgruppe

Passende Wortgruppe zählt zu den Keyword-Optionen. Das Keyword wird in Anführungszeichen gesetzt. Die Suchanfrage muss dann aus dem angegebenen Keyword oder der Keywordkombination bestehen, und es sind nur weitere Begriffe vor oder nach dem Keyword zulässig.

Placements

Placements sind unter anderem Websites und Apps, auf denen Ihre Anzeigen im Displaynetzwerk geschaltet werden können. Placements können von Ihnen selbst ausgewählt werden oder werden von Google auf Basis der gewählten Ausrichtung gewählt.

Qualitätsfaktor

Der Qualitätsfaktor gibt an, wie relevant Ihre Anzeigen und Keywords für den Nutzer sind. Der Qualitätsfaktor ist Bestandteil der Auktion in Ads und hat unter anderem Einfluss auf Ihre Anzeigenposition und Ihre tatsächlichen Klickkosten.

Remarketing

Mit Remarketing können Sie Anzeigen für Nutzer schalten, die Ihre Website bereits besucht haben, und für diese gezielt Anzeigen ausliefern.

Return on Investment (ROI)

Der ROI gibt Auskunft über das Verhältnis von Kosten und Gewinn. Damit können Sie ermitteln, wie erfolgreich Ihre Werbung ist oder wo Handlungsbedarf besteht. Eine mögliche Formel für den ROI lautet:
ROI = (Umsatz – Herstellungskosten) / Herstellungskosten

Segment
Über den Punkt Segment auf den unterschiedlichen Seiten lassen sich zusätzliche Informationen zu den jeweiligen Leistungsdaten einblenden.

Shopping-Anzeigen
Shopping-Anzeigen sind Anzeigen, die Bilder und Produktinformationen zu Produkten aus Onlineshops enthalten. Hierfür ist eine Verknüpfung zwischen Google Merchant Center und Ads-Konto erforderlich.

Sitelinks-Erweiterung
Die Sitelinks-Erweiterung ermöglicht die Einrichtung von Links auf unterschiedliche Webseiten, die dann in Ihrer Anzeige eingeblendet werden und von den Nutzern angeklickt werden können.

Standardgebote für Anzeigengruppe
Wenn Sie Gebote manuell festlegen, können Sie für jede Anzeigengruppe ein Standardgebot festlegen, das dann für alle Keywords in dieser Anzeigengruppe gilt.

Standorterweiterungen
Mit der Standorterweiterung können Sie eine oder mehrere Adressen hinterlegen, die bei entsprechender Relevanz zusammen mit Ihren Anzeigen ausgeliefert werden.

Startseite
Die Startseite in Ads liefert verschiedene Leistungsdaten, aufgeteilt in unterschiedliche Module.

Suchbegriffe
Auf dieser Seite werden alle Suchanfragen aufgelistet, die zu einer Anzeigenschaltung geführt haben. Dieser Bericht hilft Ihnen bei der Optimierung Ihrer Keywordlisten, da Sie dadurch neue Keywords finden und ausschließende Keywords festlegen können.

Suchnetzwerk

Das Suchnetzwerk umfasst die Produkte Google Suche, Shopping, Maps und Bilder. Auf diesen Seiten werden Ihre Anzeigen geschaltet, wenn Sie Ihre Kampagne auf das Suchnetzwerk ausgerichtet haben.

Tagesbudget

Das Tagesbudget ist der Betrag, den Sie maximal pro Tag für Ads-Werbung auszugeben bereit sind. Der Betrag kann an einem Tag überschritten werden. Auf den Monat gerechnet, zahlen Sie aber nie mehr, als das Tagesbudget vorgibt.

Tatsächlicher Cost-per-Click (CPC)

Der tatsächliche CPC gibt an, wie viel Sie für den Klick wirklich zahlen müssen. Der Betrag hängt von Ihrem Anzeigenrang und dem Qualitätsfaktor ab. Ein hoher Qualitätsfaktor hilft Ihnen dabei, die Klickkosten zu senken oder Ihr Budget effektiver zu nutzen.

Textanzeige

Die Textanzeige ist die Grundlage für Anzeigen im Suchnetzwerk und sollte immer gut auf die Keywords, die eine Anzeigenschaltung auslösen, abgestimmt sein. Im Displaynetzwerk kommen Textanzeigen ebenfalls zum Einsatz.

Tool zur Anzeigenvorschau und -diagnose

Mit diesem Tool können Sie überprüfen, ob Ihre Anzeigen bei bestimmten Suchanfragen und ausgewählten geografischen Regionen geschaltet werden. Durch den Einsatz dieses Tools verhindern Sie, dass Sie Impressions für Ihre Anzeige auslösen, die dann von Ads erfasst werden.

Ungültige Klicks

Google untersucht jeden Klick. Wenn es sich um ungültige Klicks handelt (z. B. häufiges manuelles Klicken), werden diese herausgefiltert und Ihnen nicht in Rechnung gestellt.

Voraussichtliche Klickrate

Die voraussichtliche Klickrate ist Bestandteil des Qualitätsfaktors. Der aktuelle Status kann für jedes Keyword über das Sprechblasensymbol aufgerufen werden. Diese Klickrate gibt Auskunft über die Wahrscheinlichkeit, dass das entsprechende Keyword zu einem Klick führt.

Weitgehend passend

Weitgehend passend ist die voreingestellte Keyword-Option. Bei dieser Keyword-Option werden Sie wahrscheinlich sehr viele Impressions erzielen, aber auch viele Suchanfragen, die nicht optimal zu Ihrer Anzeige passen.

Werbezeitplaner

Mit dem Werbezeitplaner können Sie festlegen, zu welchen Zeiten Ihre Anzeigen geschaltet werden sollen und wann nicht. Der Werbezeitplaner befindet sich im Bereich Kampagnen > Einstellungen.

Zielseite

Die Zielseite ist die Seite, auf die der Nutzer gelangt, wenn er auf Ihre Anzeige geklickt hat. Die Zielseite wird mit der Ziel-URL in der Anzeige festgelegt.

Zielseitenerfahrung

Die Zielseitenerfahrung gehört mit zum Qualitätsfaktor. Der aktuelle Status lässt sich über das Sprechblasensymbol bei den Keywords aufrufen. Laut Google fließen die Relevanz und die Nützlichkeit der Seite für den Nutzer in die Bewertung mit ein.

Index

A

B

C

D

E

F

G

H

R

S

T

U

V

W

Z